复合机器人技术及典型应用

陶 永 魏洪兴 刘晶晶 编著

北京航空航天大学出版社

内容简介

复合机器人是集成了机械臂和移动平台的全新机器人构型，整合了离散部件移动性和操作性的优势，在智慧工厂和智能家居场景中应用前景良好。本书基于作者近年来在复合机器人建模、感知、规控技术方面的研究成果，系统介绍了复合机器人的相关概念和关键技术。全书共分7章，第1、2章，介绍复合机器人的概念和部件构成。第3～5章总结了系统运动学、动力学建模方法，以及操作系统和关键核心算法。第6章介绍重点应用领域和典型应用案例。第7章展望未来创新发展趋势。

本书可作为高等或职业院校机器人专业基础课的教材，也可供人工智能与智能装备行业的技术人员参考。

图书在版编目(CIP)数据

复合机器人技术及典型应用 / 陶永，魏洪兴，刘晶晶编著. -- 北京 ：北京航空航天大学出版社，2024.6

ISBN 978-7-5124-4380-8

Ⅰ. ①复… Ⅱ. ①陶… ②魏… ③刘… Ⅲ. ①机器人 Ⅳ. ①TP242

中国国家版本馆CIP数据核字(2024)第067567号

复合机器人技术及典型应用

陶　永　魏洪兴　刘晶晶　编著

策划编辑　董宜斌　　责任编辑　王　实

*

北京航空航天大学出版社出版发行

北京市海淀区学院路37号(邮编100191)　http://www.buaapress.com.cn

发行部电话：(010)82317024　传真：(010)82328026

读者信箱：copyrights@buaacm.com.cn　邮购电话：(010)82316936

涿州市新华印刷有限公司印装　各地书店经销

*

开本：710×1 000　1/16　印张：16.5　字数：352千字

2024年6月第1版　2024年6月第1次印刷

ISBN 978-7-5124-4380-8　定价：79.00元

若本书有倒页、脱页、缺页等印装质量问题，请与本社发行部联系调换。联系电话：(010)82317024

前　言

《"十四五"机器人产业发展规划》指出，机器人被誉为"制造业皇冠顶端的明珠"，其研发、制造、应用是衡量一个国家科技创新和高端制造业水平的重要标志。当前，机器人产业蓬勃发展，正极大改变着人类生产、生活方式，为经济社会发展注入强劲动力。当前新一轮科技革命和产业变革加速演进，新一代信息技术、生物技术、新能源、新材料等与机器人技术深度融合，机器人产业迎来升级换代、跨越发展的窗口期。世界主要工业发达国家均将机器人作为科技产业竞争的前沿和焦点，加紧谋划布局。我国已转向高质量发展阶段，建设现代化经济体系，构筑美好生活新图景，迫切需要新兴产业和技术的强力支撑。机器人作为新兴技术的重要载体和现代产业的关键装备，将引领产业数字化发展和智能化升级，不断孕育新产业、新模式、新业态。机器人作为人类生产、生活的重要工具和应对人口老龄化的得力助手，将持续推动生产水平的提高和生活品质的提升，有力促进经济社会可持续发展。

在机器人技术的众多分支中，复合机器人作为一种融合移动机器人与机械臂功能的新型机器人，引起了广泛的关注和研究。复合机器人的概念源于对机器人应用需求的不断更迭和创新。传统的移动机器人通常具备较强的导航和定位能力，可以在复杂的环境中自主移动和执行任务。而机械臂则具备精确的操作和灵活的抓取能力，能够处理各种复杂的物体和工件。然而，单独使用移动机器人或机械臂在某些任务上可能会受到限制，因此人们开始思考如何将两者的优势结合起来，创造出更加高效、灵活和智能的机器人系统，于是复合机器人应运而生。

复合机器人的核心思想是将移动机器人和机械臂的功能融合在一起，通过协同工作和互补性能，实现更加复杂、灵活、多样化的任务。它们可以在工业生产线上进行物料搬运、装配、喷涂、打磨，可以在仓储与物流领域实现自动化的货物存储和分拣，可以在医疗护理领域提供精确的手术辅助和康复治疗，可以在家庭生活中完成清扫、洗衣等家务，还可以在农业领域进行农作物的种植和收割等。复合机器人的广泛应用为人们的生活和工作带来了极大的便利和效益。

本书是一本关于复合机器人概述与入门的书，旨在帮助读者从定义与特征、国内外发展概况、构成与核心部件、操作系统、核心算法、应用领域与案例、未来发展趋势等方面全方位地了解复合机器人，为后续的深入学习和研究奠定坚实的理论基础。本书可作为复合机器人基础课程教材，也可作为复合机器人领域研究人员以及工程师的参考资料。

本书内容主要由三部分组成：

第一部分介绍复合机器人的定义与发展概况，包含第1、2章。第1章复合机器人概述，介绍复合机器人的定义与内涵、国内外发展现状、典型特征与优点、应用现状、未来发展趋势。第2章复合机器人的构成与核心部件，围绕复合机器人的系统构成、复合机器人的本体（包括移动底盘、机械臂、末端执行器）、复合机器人的传感器和复合机器人的核心零部件四个方面介绍复合机器人的结构特性和核心部件。

第二部分介绍复合机器人的核心关键技术，包括第3～5章，围绕复合机器人的运动学和动力学模型、操作系统、关键核心算法三个方面进行详细讲解。第3章从移动底盘和机械臂二者各自的运动学和动力学模型分析出发，通过坐标变换，将移动底盘与机械臂二者组合，形成完整的复合机器人运动学和动力学模型，由浅入深地带领读者一步步搭建起对复合机器人运动学和动力学模型的认知，为后续复合机器人运动控制的研究打下坚实的理论基础。第4章介绍复合机器人的操作系统，描述了其构成与主要任务、主要功能与特点，详细分析了其核心功能模块包括硬件管理、运动控制、感知、交互、协作等，并介绍了几种典型的复合机器人操作系统，对比了这几种操作系统的优缺点。第5章介绍复合机器人的关键核心算法，包含建图与定位、路径规划、导航、视觉应用、多机协同控制五个方面，并针对这五方面目前的主流算法进行详细分析和探讨。

第三部分介绍复合机器人的典型应用与未来发展趋势，包括第6、7章。第6章列举了农业、建筑、工业、半导体、3C电子、智能巡检等多领域的应用场景，并结合案例展开对复合机器人应用的深入分析。第7章围绕复合机器人的前沿技术、创新趋势、融合发展，展望未来的发展趋势。

本书第1～4章由陶永、魏洪兴编写，张宇帆、陈硕、万嘉昊博士协助整理相关资料；第5～7章由陶永、刘晶晶编写，薛蛟博士、刘海涛博士协助整理相关资料。全书由陶永、魏洪兴、刘晶晶统稿，高赫博士协助统稿。在此对他们的帮助表示衷心的感谢。

在本书编写过程中，编者参考了国内外大量书籍和论文，在此对相关机器人学专著、教材和论文的作者深表感谢。

复合机器人是一个复杂的交叉综合性机器人方向，涉及专业知识范围广，由于编者水平有限，书中难免存在不足之处，恳请读者批评指正。

编　者

2024年3月

目　　录

第1章 复合机器人概述

本章首先介绍复合机器人的定义、内涵、典型特征与优点，然后介绍国内外复合机器人的发展现状及其应用情况，并简要分析复合机器人的未来创新发展趋势。

1.1 复合机器人的定义与内涵

复合机器人是指由移动平台、机械臂、视觉模组、末端执行器等组成，利用多种机器人学相关原理，融合环境感知、定位与导航、移动操作、人工智能、机械电子、智能传感器等技术，集成了移动机器人与机械臂功能的新型机器人。

传统的工业机器人，在工程现场安装时机身位置固定，运动半径受机器人臂展大小的限制，导致作业范围不可改变且受限制较大，无法根据生产线和车间的调整情况做出灵活的部署，因而难以适应新市场需求下的柔性生产方式。目前，在制造业和服务业的生产与服务环节中，往往面临产品生产环节的多品种、多规格、短周期、高安全，以及服务环节的多方式、广需求、强智能，这些都对机器人提出了更高的要求，尤其是在机器人柔性化操作的灵活智能、对环境的灵活自适应，以及部署的低成本、高效率等方面的要求越来越高。

前期相关研究机构尝试将机械臂与移动机器人进行组合，设计出搭载机械臂的移动机器人。虽然这种早期的“移动机器人＋机械臂”组合产品实现了机械臂操作范围的扩展和移动机器人功能的增加，但是仅实现了物理层面的设备融合。移动机器人与机械臂仍然采用两套控制系统分别进行独立的控制，彼此互不联通，或仅依赖Modbus、I/O等外部通信方式，对各独立设备之间的运行状态等简单信息进行传输，存在较大的信息延迟，导致协同控制存在困难，无法实现移动机器人与机械臂的强实时性协同操作。另外，这种各自独立的设计与部署方式，不论是硬件系统还是软件控制系统均较为冗杂，不仅生产成本高，而且难以保障设备运行的稳定性，还增加了设备的部署、调试与维护的复杂度。由于各设备相对独立，工作过程的人机安全、信息安全防护也存在不足。随着应用环节对于机器人智能化的要求不断提高，只有将视觉、触觉等多模态传感模块也添加到机械臂与移动机器人的组合中，才能增强复合机器人的智能感知能力，从而提升复合机器人的自主决策能力和自适应动态任务调整能力。

上述提到的多类异构执行设备及多模态传感装置，亟需一套完整的控制系统进行有效连通，通过单独一套控制系统实现不同执行设备和传感装置的综合控制，提升控制系统的稳定性和任务分配效率，打通不同品牌、不同型号设备之间的通信壁垒，提高操作安全性和信息安全性，同时降低复合机器人的成本。

目前，国内外部分企业研发出的复合机器人将协作机器人与自主移动机器人进行融合，并增加激光、视觉、力控等多种传感模块，同时采用一套控制系统将各部件统一纳入并进行控制，各设备与模块之间互连互通，集成更多功能。高性能“手脚眼”一体化的复合机器人在操作精度、智能化水平、可靠性等方面都得到较大提升，高精度导航传感器、视觉传感器、机器人操作系统及算法等核心软硬件技术取得较大突破，形成独立自主的研发体系，实现了核心技术自主化、产品国产化；使复合机器人机械臂的作业地点不再受限，可触达更多区域，并能够在整机移动的过程中开展机械臂相关作业和操作，提高了任务执行效率，以更好地满足柔性生产等的需求，实现“一机多用”，并可快速布局于智慧工厂和自动化车间、机房数据管理、电力巡检、仓储分拣、自动化货仓等场景，满足多行业需求，如图 1.1 所示。综上所述，复合机器人是目前促进制造业转型升级的关键核心装备和生产设备之一。

(图片来源微信公众号：518智能装备在线)

(图片来源微信公众号：工博士)

图 1.1　复合机器人

1.2 复合机器人的发展现状

1.2.1 国外复合机器人的发展现状

1. 全球主要制造强国布局机器人复合化智能化升级

近些年来国际环境日趋复杂,全球科技和产业竞争更趋激烈,大国之间的战略博弈进一步聚焦制造业。美国“先进制造业领导力战略”、德国“国家工业战略2030”、日本“社会5.0”和欧盟“工业5.0”等以提振制造业为核心的发展战略,均以智能制造为主要抓手,力图抢占全球制造业新一轮竞争制高点。这当中包含不少新的领域和新的产品,复合机器人(Mobile Manipulation Robot)就是其中的一类新产品和热点领域。

国际上对于复合机器人的通用定义为:集移动机器人和协作机器人功能于一体的新型机器人。协作机器人主要模仿人类手臂和手的功能,重点突出灵活性和灵巧性;而移动机器人即AGV,模仿了人类腿和脚的行走功能,重点突出工作空间的变换与扩展能力。

实际上,国外几大制造业强国对于复合机器人的研究开始较早,但由于市场需求与工业应用场景的局限性,复合机器人尚未打开应用市场。传统工业机器人在此前相当长一段时间里已可较好地满足工程应用,而对于其他新型机器人并无很大的实际需求,从而导致复合机器人一直未形成产业应用体系,仅仅进行了复合机器人的研发与探索布局。早在1984年,德国MORO公司就开发了复合机器人系统,但由于受当时人工智能技术的局限,这种机器人只是做一些简单的搬运工作。1994年,Yamamot公司用操作度准则确定机械臂的理想构形,但没有将移动机械臂作为一个整体进行考虑;1999年,该团队又研究了移动机械臂平台与机械臂间的协调问题,但是对移动机械臂的移动性与操作性之间的关系没有做出系统揭示。

2010年,随着计算机视觉、激光传感器和机器学习应用等技术的成熟,复合机器人增加了更大的灵活性,具备了更多的功能扩展性。各公司在这一时期推出了多种复合机器人,比较典型的是库卡机器人有限公司发布的KMR复合移动机械臂机器人。之后,复合机器人集成了具有力反馈的末端执行装置、激光或红外传感、视觉识别等多种产品与技术,使自动化程度进一步提高,如美国的PR2机器人。除了涉足此领域较早的库卡公司外,近年来,包括发那科、ABB以及安川等公司在内的机器人“四大家族”均开发了复合机器人的相关产品。2017年,ABB公司与Guozi移动机器人公司合作推出了一款移动操作机器人IRB-1600。该款产品以ABB公司的机械臂为核心,搭载于Guozi自主移动平台之上,可在机器人上部署移动工位。安川公司则选择与OttoMotors公司合作,开发出了在复合机器人模拟器上自动生成机器人动作轨道的路径规划功能。发那科公司与安吉智能公司合作,在2018年联合推出了具有区域移动能力的协作机器人，将各自在协作机器人与智能 AGV 技术方面的优势相结合。

近年来，随着全球制造业的新一轮技术升级，市场需求不断变化，世界主要制造强国纷纷开始部署复合机器人的研发与市场化应用。如德国宇航中心基于商用飞机复合材料自动铺带工艺的需求，于 2019 年开发了多机复合机器人系统，通过预编程的移动机器人和机械臂在指定位置操作，可同时部署不同数量和宽度的丝束，消除了对烦琐布线的需求，提高了制造能力和灵活性。2021 年 7 月 20 日，全球机器人“四大家族”之一的 ABB 公司宣布将收购 ASTI 移动机器人集团，正式进军复合机器人的研发生产领域。工业机器人巨头开辟新市场的行动，给机器人行业发出了新热点和新方向的明确信号。

总体而言，国外对于复合机器人的研究要早于国内，且在落地应用方面也一直在探索。目前，除了半导体以及 3C 行业的定制化需求外，欧美国家的复合机器人应用较多的场景是高校及相关研究机构的教学。国际上复合机器人基本处于项目研发与技术验证阶段，不论是专注于新型协作机器人、移动机器人的企业，还是在既有产品上做出革新的传统工业机器人企业，目前都尚未拿出一套能够面向更广阔市场的产品技术方案和市场运作规则，相关机器人厂商同时在这条新的赛道上开展角逐，发展势头良好。

2. 国际机器人先进制造技术与智能化、数字化、网络化技术融合，推动机器人产品功能复合化

随着全球新一轮科技革命和产业变革的深入发展，新一代信息技术、新材料技术、新能源技术等不断突破并与先进制造技术加速融合，制造业高端化、智能化、绿色化的发展迎来了新的历史机遇。目前，正值以人工智能、虚拟现实、量子信息技术、石墨烯、基因工程、可控核聚变、清洁能源以及生物科技等为技术突破口的第四次工业革命，全球各制造业强国纷纷把握住高新技术发展带来的机遇，加速布局工业产业升级。其中，机器人领域的创新变革更是一大发展热点，结合新市场环境下的工业生产需求，匹配合适的机器人产品与系统，如图 1.2 所示，各种新型机器人产品层出不穷。如高端芯片制造中的多种高灵活性＋无损制造、航空航天大型结构件与多种精密定制件装配、生物医疗高标准多学科融合制造等技术，亟待利用新型机器人实现生产效率与产品质量的提升。

传统的机器人以机械臂抓取类、移动机器人运输类、机床加工上下料类等单一功能为主，虽然有效保证了某单一工艺的完成度，但是面临转型后的新工业，功能单一的专用机器人往往难以满足新需求，机器人复合化成为工业转型升级过程中的必选项。

另一方面，突如其来的新冠肺炎疫情打乱了原有的国际市场格局，影响了制造业的发展趋势。后疫情时代，对全球市场供应链和产业链的调整、市场不确定因素的增加，从需求侧提出了对于制造环节智能化、数字化、网络化的升级目标，以应对疫情影

图 1.2　工业博览会上的机器人产品

响下制造业的机动调整。新冠疫情造成了人力资源供给的不稳定和用人成本的持续提高,使得部分中小企业不得不选择自动化转型升级,由此产生了对智能机器人需求大幅增长。由于当前正值市场周期转化,不少原本已形成固定生产模式的制造业企业不得不调整转型,开始布局新的生产线。如原先占据需求大头的传统汽车企业,近几年开始向着新能源汽车转型,厂商们正在探索新的产业链,同时建设更加高级别的智能工厂。中大型工业机器人的需求间隔期出现,此时正是以灵活性、多功能为主要特点的复合机器人彰显其市场优势的最好时机。正如图 1.3 所示,自 2012 年以来,全球工业机器人年销量稳步增加,并在 2022 年达到 553 052 台,再创历史新高。

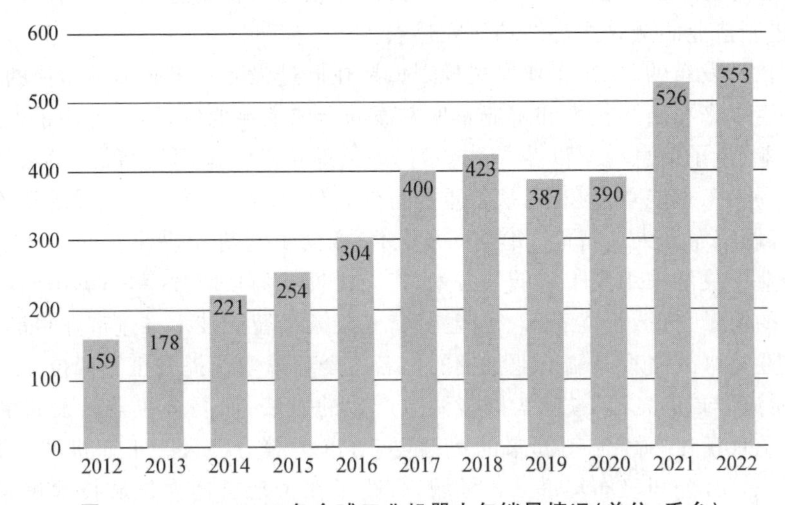

图 1.3　2012—2022 年全球工业机器人年销量情况(单位:千台)

同样,3C 产业链上下游相关产品的制造随着消费需求的高端化转变而全面升级,但传统的、在固定点完成固定工序的小微型工业机器人却难以适应生产线频繁的升级;而负载适中、部署简单的复合机器人可随着生产线的变化灵活调整,并且可实现与工人协作,在快速迭代的 3C 领域有望迅速打开市场。

面向更为灵活、多变的国际市场环境，传统的工业机器人在从事多种任务的灵活处理工作时显得愈发捉襟见肘，不利于制造业在新的市场环境下的持续发展。灵活性、稳定性、效率等亟待解决的工业问题限制了工业技术的升级。以移动机器人、协作机器人、复合机器人等为代表的新型机器人，具备智能化、模块化、网络化、功能复合化等特点，非常适合在新需求下的工业场景中使用。

3. 国外相关系统的发展程度与技术成果

早期国外对复合机器人的研究是以理论研究和实验验证方式为主，对机器人结构参数、控制系统等进行理论设计，搭建技术测试平台对复合机器人的相关技术进行实验验证。受制于当时的实验条件和技术水平，复合机器人的早期探索没能达到预期的效果，研究成果还不足以应用于工业生产。但是，复合机器人的发展并没有因此停滞不前，进入移动互联网时代后，得益于高速高带宽网络数据传输技术的成熟，复合机器人相关技术得到突破，与复合机器人相关的各种应用场景也开始出现，并为复合机器人的后续进一步发展提供了无限可能。目前，复合机器人已经应用到工业生产、物流配送、商业服务、家庭服务和医疗协助等诸多领域，形成了形态各异、性能优越的复合机器人家族。

复合机器人是在多种新技术发展的前提下产生的高技术含量产品，复合机器人的发展离不开相应机械装备、信息技术、传感器技术、自动控制技术、人工智能与大数据技术等的突破和发展。近年来，在美、德、日、韩等国家制定的顶层科技发展战略中，均积极布局人工智能、5G、工业物联网、机器人等智能制造关键技术，人工智能、5G 与先进制造业的融合成为新的研究热点。

美国白宫发布的《未来工业发展规划》，旨在通过强化对未来前沿产业的投资，确保美国一直以来在新兴技术和工业发展方面的全球主导地位，提出专注于人工智能、先进制造业、量子信息科学以及 5G 技术四项关键技术。德国发布的《国家工业战略2030》，布局人工智能重点技术，扶持重点行业，以确保在欧洲乃至全球的竞争力。日本、韩国等国家布局人工智能、机器人等技术，推动了制造业快速发展。日本政府建议在制造业中灵活采用人工智能等技术，将工匠拥有的技能数字化；韩国政府发布制造业复兴的愿景，打造智能工厂、智能园区，基于人工智能技术推进产业智能化，计划通过制造业复兴战略将其制造业规模的排名由全球第六位提升至第四位。

“物质流”与“信息流”被喻为智能制造产业的血液，而复合机器人及其多机协同作业系统是真正让“血”流动起来的关键要素，市场潜力巨大。工业机器人“四大家族”之一的 ABB 公司已布局进入该领域，收购了在移动机器人领域技术积累与市场实力较为雄厚的 ASTI 公司，在对方拥有的技术上进行整合和升级，凭借自己的影响力和研发实力，布局更大的复合机器人市场。ASTI 产品与 ABB 机器人、机械自动化、模块化解决方案和配套软件实现集成，可满足更广泛制造业智能制造转型升级的需要。综上所述，ABB 公司等机器人巨头对于协作机器人或者移动机器人的市场，仍然处于尝试阶段，通过不断完善布局，为用户以及代理商提供一种多元化选择，但当这个市场得到深度开发，机器人巨头真正选择切入并进入同一赛道竞争时，对于国产机器人必然又是新的挑战。

1.2.2　国内复合机器人的发展现状

1. 国内智能制造和机器人相关政策推动复合机器人高速发展

从2014年开始，我国机器人产业规模不断扩大，增速持续加快，连续七年成为全球最大需求和应用市场。但是，前期国内机器人市场的增量基本依靠低成本、低技术附加值的产品提供，随着国内工业制造业向高端化转型，传统的依靠仿造、改装的中低端工业机器人逐渐难以满足市场需求，技术创新性差的低端产品逐渐被市场淘汰。国内制造业的数字化转型之路，必须由智能化的机器人进行辅助。对此，从国家、省市、企业组织层面均针对机器人智能化升级出台了各项政策、指导意见、发展纲要等，作为机器人智能化转型的代表产品——复合机器人，其发展必然会受到相关政策的极大推动。

截至2021年，全国已有超过15个省市地区对于机器人的发展制定了一系列相关支持政策，如表1.1所列，包括培育龙头企业、培养产业链、补贴终端应用、加大企业优惠力度等。特别是"十四五"开局以来，从国家到地方层面都对于机器人，特别是智能化、数字化、高端化、柔性化的机器人的发展提出了新的目标引导和发展纲要。复合机器人作为智能机器人的代表之一，在近年来受到了极大的关注。

表1.1　2016—2021年复合机器人发展相关政策方案

时　间	制定单位	方案名称	相关内容
2023.01	工业和信息化部等十七部门	"机器人＋"应用行动实施方案	到2025年，制造业机器人密度较2020年实现翻番，服务机器人、特种机器人行业应用的深度和广度显著提升，机器人促进经济社会高质量发展的能力明显增强。聚焦10大应用重点领域，突破100种以上机器人创新应用技术及解决方案，推广200个以上具有较高技术水平、创新应用模式和显著应用成效的机器人典型应用场景，打造一批"机器人＋"应用标杆企业，建设一批应用体验中心和试验验证中心。推动各行业、各地方结合行业发展阶段和区域发展特色，开展"机器人＋"应用创新实践。搭建国际国内交流平台，形成全面推进机器人应用的浓厚氛围
2021.12	工信部、国家发改委等十五部委	《"十四五"机器人产业发展规划》	实施工业机器人创新产品发展行动，研制面向3C、汽车零部件等领域的大负载、轻型、柔性、双臂、移动等协作机器人，以及可在转运、打磨、装配等工作区域内任意位置移动，实现空间任意位置和姿态可达，具有灵活抓取和操作能力的移动操作机器人

续表 1.1

时　间	制定单位	方案名称	相关内容
2021.04	工信部、科技部等八部门	《“十四五”智能制造发展规划》	实施智能制造装备创新发展行动，研制智能焊接机器人、智能移动机器人、半导体（洁净）机器人等工业机器人
2021.03	国务院	《中华人民共和国国民经济和社会发展第十四个五年规划和2035年远景目标纲要》	培育先进制造业集群，推动集成电路、航空航天、船舶与海洋工程装备、机器人等产业创新发展
2019.10	国家发改委	《产业结构调整指导目录》	重点鼓励发展人机协作机器人、双臂机器人、弧焊机器人、AGV、专用检测与装配机器人集成系统等产品，以满足我国量大面广制造业转型升级的需求
2019.10	工信部、国家发改委等十三部委	《制造业设计能力提升专项行动计划》	重点突破系统开发平台和伺服机构设计，多功能工业机器人、服务机器人、特种机器人等设计
2017.12	工信部	《促进新一代人工智能产业发展三年行动计划(2018—2020)》	重点培育和发展智能服务机器人、视频图像识别系统、智能语音交互系统、智能翻译系统、智能家居产品等智能化产品，推动智能产品在经济社会的集成应用
2017.11	国务院	《国务院关于深化“互联网＋先进制造业”发展工业互联网的指导意见》	围绕数控机床、工业机器人、大型动力装备等关键领域，实现智能控制、智能传感、工业级芯片与网络通信模块的集成创新
2017.07	国务院	《新一代人工智能发展规划》	研制智能工业机器人、智能服务机器人，实现大规模应用，并进入国际市场。在智能机器人领域加快培育一批龙头企业
2017.04	国务院	《国务院关于推进供给侧结构性改革　加快制造业转型升级工作情况的报告》	培育创建新材料、机器人等制造业创新中心，启动国家制造业创新中心网络化布局的顶层设计
2016.12	工信部、国家发改委、国家认监委	《关于促进机器人产业健康发展的通知》	推动机器人产业理性发展，强化技术创新能力，加快创新科技成果转化

综合上述诸多国家政策与产业规划可以看出，复合机器人是目前顺应政策导向的创新性产品，符合时代发展方向与市场需求。目前是“十四五”规划全面落地、全面部署的时期，是我国开启全面建设社会主义现代化国家新征程、向第二个百年奋斗目标进军的关键阶段，国内各大机器人厂商立足新发展阶段，通过不断提升技术水平完

整、准确、全面地贯彻新发展理念，构建新发展格局。我国机器人产业正在以高端化、数字化、智能化、自主化发展为导向，面向产业转型和消费升级需求，坚持“创新驱动、应用牵引、基础提升、融合发展”，着力突破核心技术，夯实产业基础，增强有效供给，拓展市场应用。通过政策引导，提升产业链、供应链的稳定性和竞争力，持续完善产业发展生态，推动复合机器人产业高质量发展，为建设制造强国、创造美好生活提供有力支撑。

2. 国内制造业高端化智能化转型需求推动机器人产业复合化升级

近年来，国内复合机器人发展得风生水起，离不开制造业转型升级的需求推动。随着制造业朝着高端化、智能化、定制化发展，各企业对于生产环节相关技术装备向先进化、集成化、柔性化转型的愿望更为迫切。从外部环境来看，目前已进入后疫情时代，市场需求的不稳定性普遍存在，制造业面临的生产压力和市场压力都较大；而且我国的人口结构正在迎来转变，人口红利逐渐减小，而高质量人才对于工作质量的要求也日益提高，工厂对于自动化升级、生产线柔性化的需求日益凸显。

上述种种因素表明，复合机器人这个增量市场，有着巨大的潜力，目前的复合机器人需求仅仅是冰山一角。据统计，目前国内复合机器人的应用：半导体、智能巡检、3C、高端机床加工、新能源、汽车、工程机械等领域，客户普遍为自动化程度较高的企业。可见，复合机器人是助推制造业高质量发展的利器。例如，电商平台的快速发展，对仓储和物流系统提出了极高的效率要求。虽然很多仓库已经使用了自动分拣系统，但在货物分类、打包、搬运等环节中，仍然需要大量人工介入，劳动强度高及工作时间长容易导致工人操作出错，使仓储效率受到影响，且人力资源难以持续稳定。而复合机器人可以集成视觉、抓取、搬运等功能，减少对人工的依赖，提高整体物流作业效率和准确性。又如，医疗器械生产涉及精密组件的装配、质检和包装，对环境的要求非常高，工人需要在洁净环境中作业，人工操作的频繁介入可能会影响产品的无菌要求。而引入能够自动装配和质检的复合机器人，不仅能减少人工干预，还能保障产品质量，提升整个生产过程的效率和一致性。

另外，国家目前正大力助推高新技术企业发展，深化供给侧结构性改革，调整释放高效产能，制造出高质量产品，各高新技术企业势必会对于生产环节的要求更为严苛。复合机器人在设计之初就通过硬件互连匹配、软件优化设计实现了高灵活性、高作业可靠性、高用户友好度，为高新技术产业的产品制造提供了有效的解决方案。相信随着科技的发展与进步，复合机器人的应用将更为广泛，需求量有望实现爆发式增长。

目前，复合机器人已落地应用的场景主要包括机床上下料、3C电子制造、电商物流行业、无人化巡检、精密制造行业等领域，这些领域的需求点与复合机器人的优势发挥点较为匹配。其中，复合机器人在精密制造业的应用，可分为“动”和“静”两方面：“动”指的是在精密电子制造等小型作业场景的生产环节中，生产所需的物料是在不同工位之间流转的，复合机器人上主要搭载的是小型、轻载的协作型机械臂，兼具高效率、连续性、精确性、灵活性和安全性。此场景中的复合机器人可取代大部分转运与上下料等枯燥乏味的工作，可与人在车间协同作业，实现集物料缓存、搬运、上下料等功能于一体的智能解决方案。“静”指的是在汽车、新能源、工程机械、农用机械、高铁、航空等高端制造领域，相关大型结构件等由于体积庞大，在生产过程中的位置是固定的，机械臂往往需在大型部件上进行位置匹配才可进行喷涂、钻孔、打磨、检测等操作，而安装大量的机械臂会导致高昂的成本，复合机器人通过一套符合各点位工况要求的机械臂和末端执行机构，在不同点位之间移动作业，完成原本需要在多个位置布置多套机械臂才能完成的任务，成为综合性价比高的方案之一。

当前，我国已转向高质量发展阶段，正处于转变发展方式、优化经济结构、转换增长动力的攻关期，但制造业供给与市场需求适配性不高，产业链、供应链稳定面临挑战，以及资源环境要素约束趋紧等问题凸显。相对于传统单体机器人，复合机器人集“手脚眼”功能于一体，能完成灵活抓取、智能转运、自主移动等多种复杂任务，能有效提升生产协作效率，满足柔性化的生产需求，如图 1.4 所示。

图 1.4　复合机器人助力智慧档案管理

3. 复合机器人应用基础技术取得突破，为上下游行业培育发展新动能

复合机器人主要由移动底盘（AGV 或 AMR）、协作机械臂、视觉传感系统以及相应的末端执行器组成。其中，内置于移动底盘和机械臂末端的激光雷达、视觉模块等构成了复合机器人的“眼睛”，机械臂搭配末端执行器让它拥有了“手”一般的操作能力，移动底盘则像它的“脚”一样可以让它进行整体移动，实现工作区域的转移扩展。实际上，复合机器人通过移动底盘＋机械臂的方式，相比之前单一的移动底盘、机械臂，极大地扩展了机器人作业可达范围，可在成本不过多增加、部署复杂度不提高的前提下应用于更多的场合。具体来看，传统的移动机器人一般只有三个自由度，工业机械臂和协作机械臂一般为六个自由度或七个自由度，而搭配了不同末端工具的复合机器人可具备九个以上自由度。

复合机器人的发展经历了三个阶段如图 1.5 所示。对于复合机器人的控制方式，由最初的分别控制、相互独立，到两个独立产品的简单组合，再发展到一体化设计全机协同控制。最初的复合机器人(AGV＋机械臂)相互独立的分别控制方式，因机械臂与移动底盘分别由不同的、之间未建立通信的两套系统控制，导致两者之间的工作无法进行协同和任务统筹，难以实现柔性的工作任务。经过发展，将两个独立产品进行简单组合形成复合型机器人，它是基于机械臂与移动机器人控制系统之间的通信，对两者的工作状态进行相互读取，可实现初步的协同控制，但是控制较为分散，且延迟较大，系统的稳定性也难以保证。因此，现阶段产生了将机械臂、移动机器人与其他传感器等设备进行一体化控制设计的新型移动协作机器人，即只采用一套综合的控制系统，对复合机器人全机设备协同控制，可进行全机任务分配与动作规划，更方便进行功能开发和应用调试，提高了复合机器人的工作效率和灵活性，响应延迟大大降低，并提升了系统的稳定性。

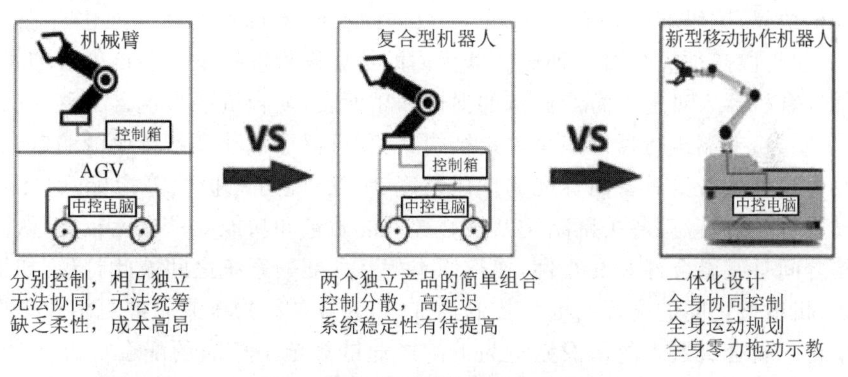

图1.5　复合机器人发展示意图

复合机器人的主体结构功能与对应技术方案，可分为以下四个部分：

① 移动　指移动机器人底盘，承载机器人自身的定位、导航、移动和避障等功能，实现自主移动。移动底盘按照驱动方式，可分为差速、舵轮、全向、阿克曼、履带等方式；按照导航方式，可分为磁导航、二维码导航、激光SLAM导航、视觉导航、惯性导航等。一般移动底盘多采用蓄电池供电，同时为整个复合机器人提供动力。

② 执行　指机器人/机械臂及末端执行器，通过机械臂搭配末端执行器(夹爪、吸盘等)执行作业，一般用于物料搬运和无人操作。机械臂通常为六自由度或七自由度协作型机械臂、工业关节机械臂、笛卡尔坐标系机械臂、SCARA机械臂等；另外，根据实际场景，同一复合机器人可搭载多个机械臂及多个额外的自由度。末端执行器根据工作场景的需求进行适配，目前国内的复合机器人厂家正在基于各类客户的复合机器人使用需求进行综合整理，开展标准化、通用化末端执行器功能设计，降低末端执行器在应用环境下的适配难度和复合机器人的制造成本。

③ 安全　由于复合机器人多用于人机混合的作业场景，一般需要有安全防护装置，安全防护装置可从移动底盘和机械臂两个方面展开设计。通常，在移动底盘上使用激光雷达、电子皮肤、视觉传感器、超声波传感器、紧急制动器等，实现障碍物智能

监测识别、自主安全路径规划导航和主动安全防护。由于复合机器人可能存在移动过程中机械臂同步开展作业的情况，因此复合机器人更青睐于采用高安全性的协作机械臂，通过协作机械臂的主动自适应柔顺力位控制技术和被动安全力反馈调节技术，进一步保障作业期间的人员、机器、物品安全。另外，复合机器人的很多应用场景是在涉及商业机密、重要数据等的操作环境中，因此复合机器人自身的信息安全保障也是至关重要的。安全总线通信架构的高安全性的商业密码、自主掌控独立成套的控制系统也是提升复合机器人安全性的重要保障。

④ 感知　复合机器人的感知功能由各类传感器实现，如摄像头、报警器、温湿度计、噪声传感器、气体传感器、指示灯等，可执行工作现场环境的实时监测与设备自动巡检等任务，并提示机器运行状态。目前，随着传感技术的不断提升和工业级传感器成本的降低，各传感器的设计布置与数据采集工作已较为成熟，但由于各传感设备采用的通信协议、编码方式等有所不同，在数据的实时接收和处理方面仍存在一定困难，因此现阶段尚须提高对多种传感器传回的信息进行数据融合和再处理的能力。

就复合机器人对上下游产业链的促进作用而言，复合机器人包含了移动底盘、机械臂、传感器、末端执行器等多个关键结构，一套机器可带动多条产业链的融合发展。由于复合机器人需要具备高标准的操作精度、灵活性、可维护性等指标，因此对于下游移动底盘、机械臂等各关键结构及核心部件的质量和功能要求也比较高，从而需要各结构之间具有融合性和交互性，使得原本相互独立的系统之间彼此打通，如推动移动底盘、机械臂之间的交互与通信控制标准化，为单一结构未来拓展更多业务提供完善的平台。复合机器人的研发制造为下游产业链规定了相应的配套标准体系，将原本较为分散的下游产业链、产品链进行融合与集成化；为下游各部件的发展提供方向引导，为上游使用商、维护商展示新的应用方向。

从市场长远发展来看，复合机器人作为机器人市场的新兴热点领域，未来具有巨大的发展空间和多条发展道路。目前，我国工业制造业正值升级转型期，行业内庞大的需求决定了复合机器人在多个技术方向和应用领域都有非常广阔的市场前景；复合机器人也势必在市场挖掘与市场扩展的过程中衍生出更多的产业链，扩展移动底盘、机械臂等关键结构的市场应用范围，提高上下游产业的附加值；将产业链供给端、维护端的产品质量有效提升后，反过来促进复合机器人的优化迭代，实现产业链供给端、需求端相互依存、共同提高的开放发展格局。

4. 复合机器人产业链断点、堵点亟待打通，提升复合机器人行业整体竞争力

复合机器人可根据场景要求采用前述不同的部分搭配组合。例如，一般用于物料搬运的复合机器人还应具备储位模块和人机交互模块，用于巡检和操作的机器人还应具备末端操作器快换等功能。目前看来，复合机器人仍具有较大的产品定制化需求，产业链涉及的产品领域、技术范围比较广，导致复合机器人所需各产品的供给之间尚存一定的壁垒。各供应商的技术标准尚未统一，不同种类机器人系统在功能

上存在明显区别。如移动底盘与协作机械臂，二者的结构和执行的功能都有本质不同，采取的通信协议、控制方式也会因厂商、产品型号的不一致而对集成应用造成阻碍。不同系统之间的壁垒在很大程度上源于此前相当长一段时间机器人应用领域较为单一的需求，使得各机器人厂商只需要分别做好各自领域的研发，维护好各自领域的产品，久而久之在机器人行业内部形成了大大小小的壁垒。目前，复合机器人的出现需要多套不同功能类型的机器人系统，要想实现产品研发制造维护的畅通，须打通现阶段机器人产业链的断点、堵点，通过机器人系统的集成化应用，提升复合机器人行业的整体竞争力。

复合机器人经过了多轮技术演变与功能迭代，目前行业内形成了相对一致的结构功能。最早开始使用的复合机器人运行路线比较简单，多以磁导航为主。由于机械臂对定位精度要求高，移动机器人的停车精度无法满足机械臂精度的要求，因此需要在机械臂上加装辅助定位装置进行二次定位。最初复合机器人生产厂家在设计时，仅仅是将机械臂作为移动机器人的执行机构使用，直接加装在标准的移动底盘上，而移动机器人与机械臂系统之间未能打通，从而无法充分发挥复合机器人的技术特点。

复合机器人的设计不仅是在原有移动机器人及协作机器人的基础上开展功能优化和技术创新，还有许多新的技术问题需要考虑。协作机械臂与移动底盘在运行过程中依赖的直流电源续航能力有所欠缺；机械臂在移动机器人上的安全设计及安全互锁机制需要重新设计；移动机器人的控制器不能直接控制机械臂的驱动器，需要通过I/O或以太网等通信方式对机械臂控制器进行控制，导致控制和反馈存在延迟；复合机器人的状态显示及报警信息更为复杂，在不同的任务执行中需要动态规划状态优先级；复合机器人各部件可能并非来自同一厂家，移动机器人厂家设计移动底盘，机械臂由另外的机械臂厂家设计，移动机器人与机械臂使用各自独立的调度系统，上位调度系统难以兼容统一。

从技术路线来看，目前延伸出了三个不同的路径。第一个是在中央调度系统的设计中，将机械臂和移动底盘分为两个不同的设备，技术门槛相对较低，但是成品的易用性和可靠性亟待提升；第二个是在机器人本体的机内调度系统中，进行整机独立控制，将移动底盘、机械臂、视觉设备等当作部件应用，技术门槛较高，但是成品的易用性得到了提高，可靠性仍在进一步完善中；第三个是直接将控制下沉到复合移动机器人的每个电机关节，对复合机器人机身的各设备分别进行控制。

从技术储备来看，市场主要分为三类运作模式，包括自有模式（自研制底盘＋自研制机械臂）、合作模式（底盘或机械臂从第三方采购）、集成模式（底盘与机械臂均采购其他品牌产品）。复合机器人产业链上的生产商与服务商需要打破目前仍然存在的信息孤岛，提供清晰的产品定义和边界，构建复合机器人系列产品的全流程体系。

随着复合机器人应用行业的增多，越来越多的移动机器人生产企业和机械臂生产企业开始重视复合机器人技术，更多新的技术开始在复合机器人上应用。以

AMR为代表的移动机器人，已成为主流的复合机器人的移动底盘，协作机械臂以其安全性高的特点成为复合机器人的最佳组合。

目前复合机器人作为中高端的生产力工具，本质上是以先进机器人技术作为依托、多机器人产品综合应用的新环节，在3C、半导体等高端制造业中已实现初具规模的落地应用。但要将中高端技术逐渐下沉，实现在全行业的大范围应用，仍需复合机器人相关研发单位在自主研发、智能控制、技术转化、市场拓展等方面有所突破，而这还需要一段时间。

5. 复合机器人产业协同创新体系有待培育和发展

2021年前后，随着移动、导航、调度、视觉等机器人技术的沉淀，以及市场培育的不断深入和零部件国产化程度的提高，使成本得到了降低，并由于受疫情的影响，制造业生产企业招工存在困难，催生了对于复合机器人的需求，复合机器人开始在人机协同的场景里部署规模化落地应用。

制造业生产企业通过使用复合机器人，提高了生产过程的自动化水平，提高了原材料零件的输送、工件的装卸、机器装配的自动化程度，从而提高了劳动生产率，降低了生产成本，加快了工业生产机械化、自动化的布局。在制造业部署的前期，通过将产品在生产环节中小范围地布置与使用，可测试复合机器人的各项性能是否达到预期，并结合实际生产中遇到的新问题做出及时的整改优化，不断在生产实际中推动复合机器人的功能优化和技术迭代，将工厂制造业生产应用环节与复合机器人研发测试环节打通融合，构建研发、调试、生产、应用、反馈各环节协同创新体系。

6. 国内机器人相关企业的研发现状与推广情况

国内机器人企业的复合机器人研发处于技术落地阶段和市场化布局初期，正在推动复合机器人走向越来越多的场景，应用到越来越多的领域。国内企业不仅有遨博智能、新松机器人、艾利特机器人、节卡机器人等协作机器人企业，优艾智合、仙工智能、灵动科技等移动机器人企业也开始发力复合机器人领域。中国企业的大量案例被成功批量化复制，资本涌入，加上国家“十四五”机器人发展规划等相关政策的大力支持，展现出了智能制造市场上复合机器人未来的更广阔的前景。

根据中国移动机器人(AGV/AMR)产业联盟数据，新战略移动机器人产业研究所统计，2020年度中国市场新增复合机器人560台，较2019年增长115.3%，市场销售额达到2.6亿元，同比增长40.5%。复合机器人在受疫情冲击的2020年依然保持了高速增长，一方面在于原有的市场应用基数小，随着技术成熟度的提升，市场对于产品认知程度也在不断提高；另一方面在于疫情导致企业用人成本的提高及生产的不稳定性，需要复合机器人帮助人工进行更加稳定灵活的生产。

前期，市场认知度及高昂的成本限制了复合机器人的应用，近几年，经过一定的市场培育及国产复合机器人技术的不断成熟，以及相关供应链的完善，复合机器人应用规模增长不断加快。据统计，2021年国内市场复合机器人的均价为30万～60万元。

一方面，不同行业不同场景对复合机器人的需求不同，导致了产品的价格差异。另一方面，各厂家采用的设计理念与设备集成方式不同，各自掌握的零部件供应链资源情况也不相同。有的企业不具备自主技术研发能力，只能以较高成本从外部购买技术，或者购买设备成品再进行集成。而那些独立掌握国产自主化机器人技术的公司，在成本方面就具有显著优势，而且拥有自主知识产权，后期产品的研发迭代也更具有优势。

1.3　复合机器人的兴起、典型特征和优点

1.3.1　复合机器人的兴起

国外早在20世纪八九十年代就开展了对复合机器人的研究。1984年，德国MORO公司开发了复合机器人系统，由于受当时人工智能技术的局限，这种机器人只是做一些简单的搬运工作。1994年，Yamamoto和Yun用操作度准则确定了机械臂的理想构形，但没有将移动机械臂作为一个整体进行考虑；1999年，他们研究了移动机械臂的平台与机械臂间的协调问题，但是没有揭示移动机械臂的移动性与操作性之间的关系。

2006年之后，随着计算机视觉、激光传感器和机器学习应用技术的成熟，给复合机器人增加了很多活力，对它的研究也层出不穷，各公司推出很多复合机器人。比较典型的是库卡公司发布的KMR复合机器人——移动机械臂机器人，美国斯坦福大学研制了PR2机器人，还有包括发那科公司、ABB公司以及安川公司在内的机器人“四大家族”均开发了相关产品。

2017年，ABB公司就与Guozi机器人公司合作推出了一款移动操作机器人IRB-1600。该款产品以ABB IRB-1600机械臂为核心，搭载于Guozi自主移动平台之上，可实现移动工位的操作。2021年7月，ABB公司宣布将收购ASTI移动机器人集团，后续双方也会在复合机器人的开发方面展开更多合作。安川公司则选择与Otto Motors合作，安川公司也尝试结合移动平台的产品，2017年开发出在机器人模拟器上自动生成机器人动作轨道的“路径规划功能”，但产品成熟度不如Otto Motors。2018年，发那科公司与安吉智能公司联合推出了具有区域移动能力的协作机械臂，将各自在智能AGV技术与协作机械臂领域的优势相结合。应用较多的复合机器人还有美国iRobot公司研制的PackBotTMEOD和PackBotTM510移动机器人，这款移动机械臂包含末端夹持器在内共具有八个独立自由度，因此具有灵活的操作能力和更强的负载能力。2015年，美国Fetch Robotics公司推出一款智能移动抓取机器人，它由一个七自由度的手臂、可拆卸的夹持器、带有扩展安装位的可伸缩躯干以及高性能的移动底座组成。

总体而言，国外对于复合机器人的研究要早于国内，在3C电子、半导体、消费

品、汽车行业及大型工件的加工搬运领域也有较多应用，目前全球半导体行业中AGV和机械臂组合的复合机器人的应用大约达到5 000台，松下、西门子、富士通等半导体企业，都将复合机器人应用到了生产中。

搬运和上下料是工业机器人首要应用领域，传统的搬运机器人没有操作臂，只能作为一个移动载体；而上下料机器人是固定在机床或自动化专机附近，不能进行搬运，二者都难以较好地满足智能工厂的需求。复合机器人的使用可较好地解决二者之间的矛盾，因此，随着复合机器人的技术越来越成熟，其需求量有望实现爆发性的增长，以安川、库卡、ABB、发那科等机器人“四大家族”为首的机器人企业纷纷布局复合机器人产业。

制造业质量是一个国家综合实力和核心竞争力的集中体现。党的十八大以来，以习近平同志为核心的党中央将做强实体经济、继续抓好制造业作为国家的重大战略选择，着力推动中国由制造大国向制造强国转变。当前，全球产业竞争格局正在发生重大调整，世界各国积极加快智能制造重大战略政策部署，在产业层面，跨国工业巨头、互联网企业等从不同角度推进智能制造发展，引发新一轮竞争热潮。

工业机器人是国家重点发展的战略性新兴产业，而复合机器人属于移动操作机器人，也属于工业机器人，是工业机器人发展的战略重点方向之一。复合机器人的产业化符合国家制造业发展的长期战略要求。工信部、发改委等15个部门联合印发的《“十四五”机器人产业发展规划》明确指出：鼓励机器人重点实验室、工程（技术）研究中心、创新中心等研发机构共同攻克机器人系统开发技术、机器人模块化与重构技术、机器人操作系统技术等核心技术。复合机器人是由移动平台、机械臂等组成的，因此，推进复合机器人的发展，将有助于我国制造业在战略机遇期突破关键技术装备受制于人的瓶颈，对于提高国内广大中小企业的自动化水平，推动制造业转型升级具有重要的战略意义。近年来，为推动制造业升级发展，我国确立了制造强国战略，《中国制造2025》作为实施制造强国战略第一个十年的行动纲领，提出要重点发展十大领域，机器人作为其中之一倍受重视。

自2014年以来，我国工业机器人产业规模和增速持续增长，连续六年成为全球最大需求和应用市场；从2017年开始，国家和地方通过加大对机器人企业的补贴投入，不仅带动了产业发展的热情，也促进了在终端应用领域一批企业的快速增长，政策补贴对产业发展的激励作用一目了然；2020年，全国超过15个省市地区对于机器人的发展制定了一系列相关支持政策，包括培育龙头企业、培养产业链、补贴终端应用、加大企业优惠力度等。

国内复合机器人的应用从2015年开始，新松公司是最早推出“AGV＋协作机器人”的厂商，2015年其发布了一款HSCR5复合机器人，也是国内第一台复合机器人。这台复合机器人的面世让业内看到了这种“手脚兼具”产品独特的应用价值。之后，国内一些移动机器人厂商和协作机器人企业也相继推出了相关产品，入局企业不断增多，进一步推动了产品技术成熟度的提升，进而推动了相关应用的深入。

根据中国移动机器人(AGV/AMR)产业联盟的数据,以及新战略移动机器人产业研究所统计,2020年度中国市场新增复合机器人560台,较2019年增长115.3%,市场销售额达到2.6亿元,同比增长40.5%;2021年度中国市场新增复合机器人980台,同比增长75%,市场销售额达到4.1亿元,同比增长57.7%,如图1.6所示。

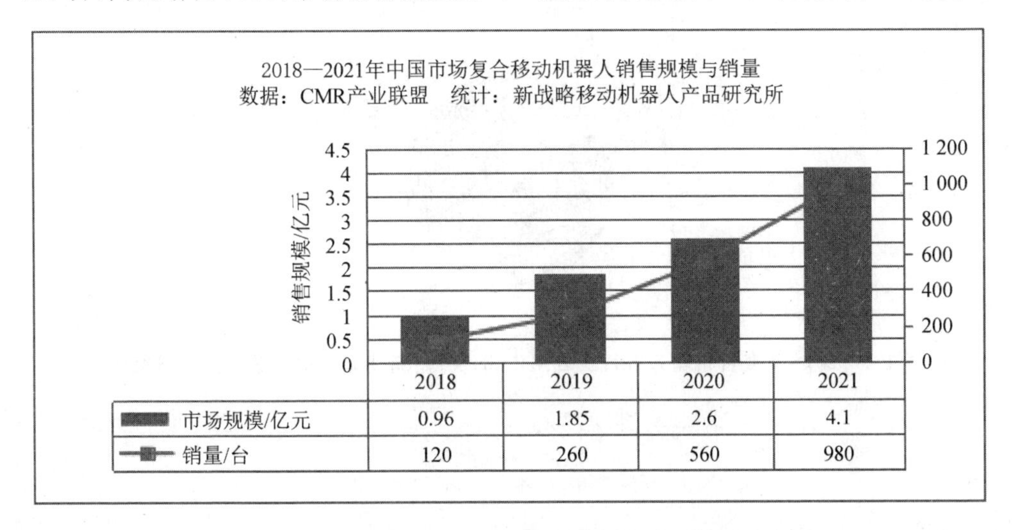

	2018	2019	2020	2021
市场规模/亿元	0.96	1.85	2.6	4.1
销量/台	120	260	560	980

图1.6　2018—2021年中国市场复合机器人销售规模与销量

(来源:中国移动机器人(AGV/AMR)产业联盟数据)

复合机器人在2019—2021年间保持了高速增长,原因在于一方面原有的市场应用基数小,另一方面是随着技术成熟度的提升,市场对于产品认知程度也在不断提高。由于技术与应用门槛高,且市场相对狭小,目前国内拥有相关产品的厂商并不多,据统计,目前国内市场复合机器人厂商有20余家。复合机器人由两大部分组成:移动底盘和协作机器人。此前,复合机器人多以企业独立开发或集成商购买相关移动底盘及协作机器人进行二次开发为主,近几年,移动机器人企业与协作机器人厂商联合开发逐渐成为趋势。

前期,市场认知度及高昂的成本限制了复合机器人的应用。近几年,经过一定的市场培育及国产复合机器人技术的不断成熟,以及相关供应链的崛起,复合机器人应用规模的扩大不断加快。据高工机器人产业研究所(GGII)的保守预计,到2025年复合机器人销量有望突破1.2万台。

按具体应用行业分,2021年复合机器人各行业应用占比,如图1.7所示。

按照导航方式分:① 2020年,以激光SLAM为主的自然导航复合机器人是应用主流,占比为60%,主要原因在于复合机器人应用的主要领域,如半导体、3C以及巡检等均对机器人的柔性化要求较高,因此,基于激光SLAM的自然导航应用较多;② 在一些工位移动路线比较固定的场景,磁导复合机器人也有一些应用,占比为20%;③ 室外巡检场景中,也会用到卫星定位导航,占比为5%;④ 视觉导航应用比例为 5%,相对激光 SLAM,视觉 SLAM 由于起步晚,成熟度需进一步加强,如图 1.8 所示。

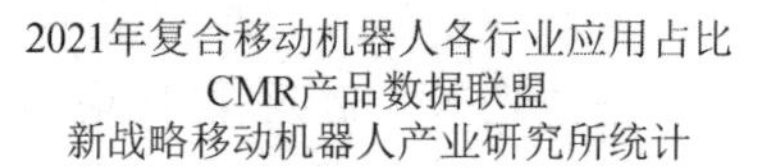

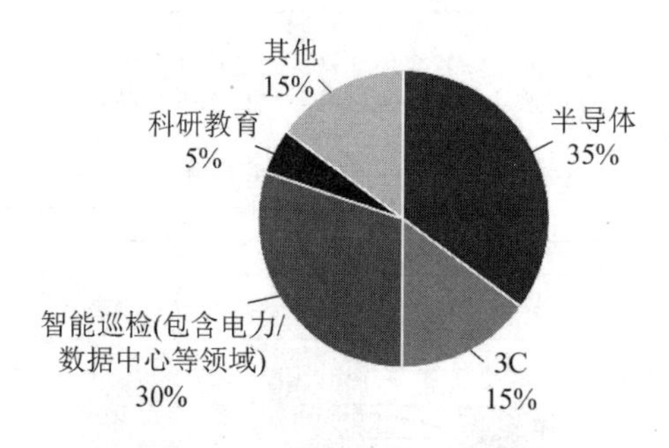

图 1.7　2021 年复合机器人各行业应用占比(图源:新战略移动机器人产业研究所)

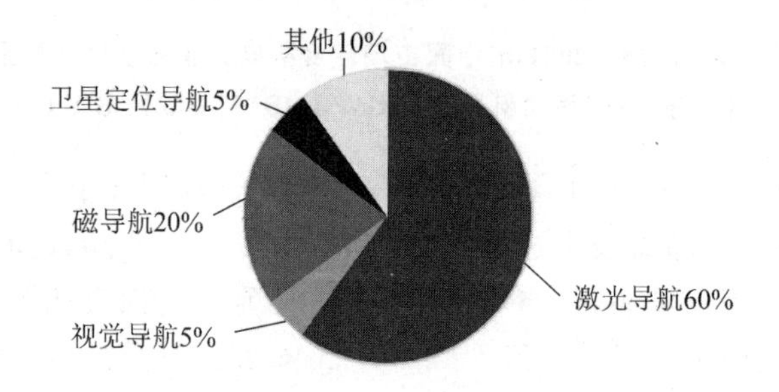

图 1.8　2020 年复合机器人主要导航方式应用占比

1.3.2　复合机器人的典型特征

复合机器人由两大最基础的部分组成,分别是移动机器人和协作机械臂。除此之外,还包括视觉感知规划系统,引导复合机器人的任务规划与动作执行,实现复合机器人更完善的应用;“手脚眼”一体化控制系统,根据机器人的作业指令程序及从传感器反馈回来的信号控制机器人的执行机构,使其完成规定的运动和功能;多机协同作业系统,对机器人集群进行调度,满足大规模应用场景下的复合机器人协同作业。

1. 高精度移动机器人

移动机器人作为复合机器人的基础设备,其技术和市场发展主要经历了三个重要阶段:第一阶段为探索起步时期(1978—1996 年),第二阶段为稳步发展时期(1996—2012 年),第三阶段为飞速发展时期(2012 年至今)。随着智能制造的发展,移动机器人行业迅猛增长,催生了一系列新兴产品和应用模式,将原本不太被关注的移动机器人行业推到了风口浪尖,甚至成为资本追逐的热点。在这样的背景下促使移动机器人从面向业务型系统向面向服务型系统演进,复合机器人对于移动机器人这一基础部件的应用,就是移动机器人扩展其技术实现方式与功能附加值的有效途径。

复合机器人所需的高精度移动机器人,首先需要拥有一套面向高频移动作业的轻量化全向移动底盘,以满足复合机器人在复杂多变的环境中进行作业的需求。目前的移动机器人技术和产品,在物流分拣行业应用得比较成熟,轻量化的灵活自主移动机器人非常适合在电商物流这类负载不大、环境复杂度不高的场景中使用。但是,复合机器人所需的移动机器人,还需要同时具备较高的负载能力,以适应复合机器人上搭载的诸多设备。

为了实现多功能融合的效果,复合机器人自身搭载了多种传感器,这些传感器的信息能够被移动机器人有效利用,并进行多传感器融合,自主构建高精度地图。同时,面向移动作业的高精度底盘伺服运动控制技术也是复合机器人所需的移动机器人应当具备的能力。在此基础上,进行模块化设计的移动机器人往往更易在复合机器人上得到更全面的功能开发。

2. 高速高精度协作机械臂

复合机器人上搭载的机械臂,需要在移动过程中和到达点位时完成高效精准的动作,是复合机器人实现其功能与任务的最重要载体。由于复合机器人具备移动能力,使协作机械臂的工作范围极大扩展,因此对协作机械臂的柔顺性、灵活性、安全性也提出了更高的要求。

现阶段高速、高精度协作机械臂通常采用阻抗控制方法实现柔顺性,但与真正的人机协作相比还存在不小的距离。特别是柔顺控制方案中的稳定性阈值的选取缺少合适的理论依据,只能根据经验得出,同时大多数集中于单一目标的优化,而缺少多目标优化方案。因此,仍需以复合机器人柔顺控制的需求为牵引,结合积累的大量用户反馈数据,通过稳定性指标确定,设计多目标优化的自适应控制算法,实现高速、高精度协作机械臂的柔顺控制,并研制高速、高精度协作机械臂系统,进行人机协作能力典型应用验证。

综上,复合机器人上使用的协作机械臂,还需要完成一体化关节设计,高速、高精度、可多圈转动的一体化关节研发,可实现高速、高精度、运动灵活的协作机械臂产品在复合机器人上的稳定安全应用。

3. 视觉感知规划系统

视觉感知规划系统主要由传感、感知、规划系统等部分组成。鉴于复合机器人的功能多样性和可扩展性,视觉规划系统应采用模块化的设计方法,构建高精度视觉感知规划系统的分层体系结构,包括核心算法层、软硬件平台层及应用层。在核心算法层面，进行成像算法、识别算法以及轨迹规划算法等的深入研究；在软硬件平台层面，形成高精度3D相机、视觉算法软件以及机器人规划软件等搭建起来的视觉规划体系；在应用层面，形成具有不同功能的视觉组件，对应的产品通过提前定义的通信协议进行互联互通，最终实现通过视觉引导复合机器人的任务规划与动作执行，实现复合机器人更完善的应用。

复合机器人视觉感知规划系统应具备自主可控的低成本核心部件，研发高性能工业3D相机。对机械臂作业环境进行感知，以及对于目标的多传感器融合感知，从而构建起多目标约束下的多自由度机械臂自主运动规划技术。

4. 复合机器人“手脚眼”一体化控制

机器人控制器是复合机器人的核心部件之一，对复合机器人的性能起着决定性的作用。它的主要任务就是根据机器人的作业指令程序及从传感器反馈回来的信号控制机器人的执行机构，使其完成规定的运动和功能。目前的复合机器人较多采用移动底盘与上面搭载的机械臂等执行器分开控制的模式，或通过上位机将其几个子系统进行通信和联调，尚未将多个系统统一到一套控制系统中，因此容易出现多个品牌机器人通信协议不一致、通信不稳定、编程烦琐、操作效果不够直观等问题，还会增加复合机器人的开发成本。

随着现代科学技术的飞速发展和社会的进步，对复合机器人的性能提出了更高的要求。复合机器人一体化控制技术的研究已成为复合机器人领域新的发展方向。通过一套复合机器人控制系统，在保证安全与效率的前提下，实现控制并监测多个执行设备的运动、读取及处理多套传感装置的信息，简洁而全面地提供人机交互功能，并具备与其他复合机器人设备进行联调联试、远程调试的能力。

目前，市面上已有将协作机器人、移动机器人、末端执行器以及多种传感设备进行“多合一”控制的复合机器人，并提供了丰富的扩展接口，可供其他辅助设备的融合与集成优化，其控制系统显示与控制界面秉承简洁化、模块化设计，便于实际生产中的调试与应用，目前已在3C产品生产线、新能源汽车电池保养和大数据中心设备自动巡检等方面进行了应用。

5. 多机器人协同作业系统

复合机器人多机协同作业系统是实现在大规模应用场景下的复合机器人集群调度和协同作业的关键技术。其核心功能包括将业务系统任务转换为机器人任务，分配任务给最适合的机器人，调度机器人集群。而场内通常存在大量的机器人和任务，因此如何保障其任务的均衡分配与及时性，如何协同多机器人在有限道路下行走及作业，同时避免碰撞，往往是其中的关键问题。

多机协同作业系统的主要技术包括：集中式机器人集群控制技术，分布式机器人集群控制技术，任务分配、资源分配等优化技术，以及多机调度与实时状态监控技术等。

1.3.3 复合机器人的优点

1. 提高生产过程中的自动化水平

复合机器人有利于提高原材料配件的传送、工件的装卸以及机器的装配等自动化程度，从而提高劳动生产效率，降低生产成本，加快实现工业生产机械化和自动化的步伐。

2. 改善劳动条件、避免人身事故的发生

复合机器人可部分或全部代替人安全地完成恶劣环境下的危险作业，极大地改善工人的劳动条件。同时，一些简单但烦琐的搬运工作可以由复合机器人来代替，可以避免由于工人操作疲劳或疏忽而造成损失。

3. 机器人生产线的柔性化

复合机器人完成了一道工序就可以进行下一道工序，具有较高的灵活性，并且多台复合机器人可以组成移动装配台、加工台使用，可形成高度柔性生产线。

复合机器人是近几年才出现的，技术、成本及市场认知度等各方面都有欠缺，导致目前复合移动机器人的应用尚未拓展开来，还处于起步阶段，但另一方面也意味着市场尚未开发，未来潜力巨大。后疫情时代，推动了中小企业的自动化转型升级，由此对于中小负载的机器人需求大幅增长，在3C电子等领域的许多订单被移动机器人和协作机器人企业抢占，这也是这两种机器人增长迅速的主要原因。

传统的工业机器人，在工程现场安装时的机身位置固定、运动半径受机器人的臂展大小限制，导致作业范围不可改变且受限制较大，无法根据生产线和车间的调整情况做出灵活的部署，因而难以适应新市场需求下的柔性生产方式。目前在制造业与服务业的生产与服务环节中，往往面临产品生产环节的多品种、多规格、短周期、高安全，服务环节的多方式、广需求、强智能，这些都对机器人提出了更高的要求，尤其是在机器人柔性化操作的灵活智能、对于环境的灵活自适应和部署的低成本高效率等方面。

复合机器人集“手脚眼”功能于一体，具有智能感知能力、自主决策能力和自适应动态任务调整能力，具备智能化、模块化、网络化、功能复合化等特点，可完成灵活抓取、智能转运、自主移动等多种复杂任务，能有效提升生产协作效率，满足柔性化的生产需求。

1.4 复合机器人的应用情况

复合机器人具有“手脚眼”的一体化集成功能，能安全地执行行走—搬运—操作等一系列复杂的动作，与传统的移动机器人和多关节工业机器人相比较，优势更加明显。复合机器人需要依据不同类型客户的需求提供具体化的解决方案，主要市场需

求应用场合类型可分为以下几类,如图 1.9 所示:

① 劳动密集型且生产波动明显场合;

② 劳动强度大或环境恶劣场合;

③ 物流及场地成本较高场合;

④ 作业流程标准化程度高场合;

⑤ 管理精细化要求较高场合。

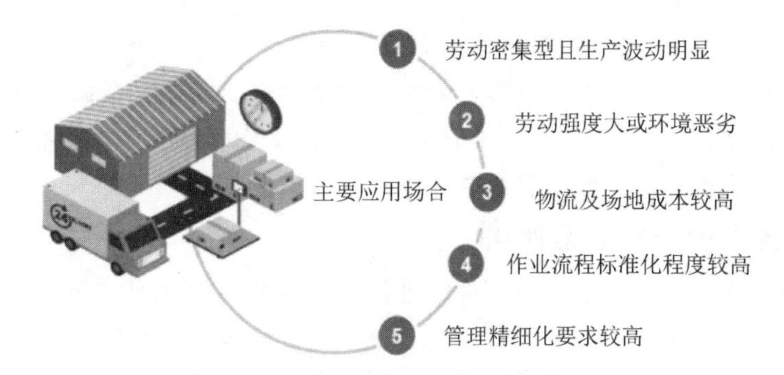

图 1.9 复合机器人应用场合类型

近几年,经过一定的市场培育及国产复合机器人技术的不断成熟以及相关供应链的完善,使复合机器人的应用规模不断扩大。按具体应用行业分:① 2021 年半导体行业仍旧是复合机器人应用的最大领域,半导体行业应用相对较为成熟,对产品认知度也最高,因此增量大;② 智能巡检,其中包括电力巡检、数据中心巡检等;③ 3C 行业则是复合机器人应用的第三大市场,占比 15%;④ 科研教育;⑤ 其他行业,包括汽车制造、新能源、医药等也有一些应用,但渗透率不高,这些行业尚处于起步阶段,不过随着时间的推移,相信也会逐渐被市场接受,实现市场规模的进一步突破。

1. 机床上下料

复合机器人作为新型物流设备,柔性程度高,适应能力强,融合了智能驱动导航等关键技术,可实现物料的自动搬运、智能分拣,已广泛应用于各种行业的制造中,如图 1.10 所示。

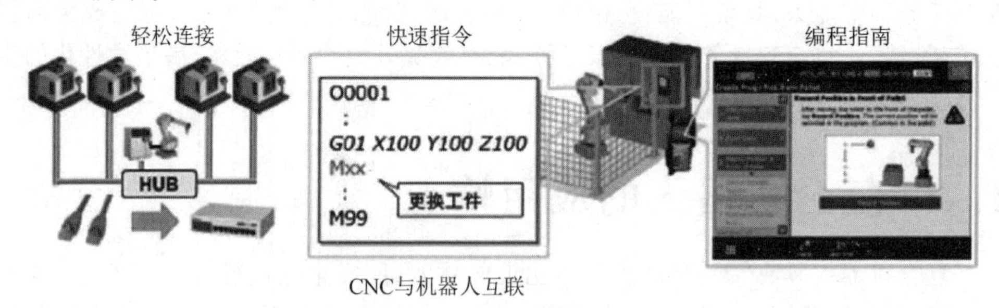

图 1.10 协作机器人在零件加工上下料单元中的应用

如半导体生产制造呈现小批量、多批次、短周期的特点，生产环境要求严格，车间对无尘等级、防振动、防静电要求较高；人工作业振动大，易污染，作业不连续，准确率低；生产过程离散，工艺流程复杂，数据不共享，生产设备种类多易造成信息孤岛。在半导体行业前期的晶体制造，中期的封装集成，后期的组装、包装、运输，以及机房数据管理（存储服务器数据取放）等环节都可见到复合机器人的身影。

某著名半导体工厂应用了达明复合移动机器人 TM12M 进行晶圆盒上下料，基于激光 SLAM 的混合定位导航技术，实现室内±5 mm 的重复定位精度，有效对接各种设备；导入 TM landmark 专利应用，复合机器到位后，达明机器人通过自带视觉完成晶圆盒的高精度上下料，实现了更简易的部署、更智能的控制、更平稳的移动、更安全的防护、更强大的调度和更持久的工作。

此外，在新能源生产工程中，也大量采用复合机器人进行原材料及成品的上下料、搬运等。以电池生产中后端工艺（含 PACK）为例，锂电池生产工艺中端环节的叠片、焊接、封装等工序，后端检测、组装和 PACK 等工序基本都采用自动化专机和工业机器人系统；原材料和成品的出入库、半成品的抓取和搬运、各工序之间的衔接也逐渐开始采用复合机器人替代人工，不仅可与生产设备无缝衔接，而且保证了生产的柔性，提高了产品的一致性。

2. 3C 电子制造

目前在技术水平很高的 3C 产品生产过程中，虽然有智能仓储系统、自动化组装系统的加持，但依旧需要在多个环节依靠人工，通过扫码识别物料，再手动搬运至自动生产线。该项工作单调、重复性高、料盘复杂、条码多，人工操作经常会出现条码漏扫、错扫的现象，直接影响后续生产的效率。加之新冠疫情后用人成本有所上升、人力资源受疫情防控措施等影响，使用人工完成中间多个环节不仅开销较大，而且效率低下，还有潜在的安全问题，与自动化的生产模式和智能化的生产理念相悖，生产线的智能化、柔性化升级迫在眉睫，使用复合机器人正是解决该问题的关键一步。

另外，随着 3C 产品定制化和个性化需求的不断增长，对机器人及自动化等设备和生产线的柔性化要求也越来越高。与此同时，3C 行业对物流搬运提出了新的需求，大批量定制、生产周期缩短对于柔性化、矩阵式生产有了更高的要求，物流必须具备快速应变能力；为了降低风险，生产线拆解更细分，物流频次上升，要求更高效率；复合机器人可与 MES 系统对接，将生产信息准确映射为生产作业，精准控制供应链和生产节拍。

据了解，目前 3C 厂家用于精密加工的 CNC 数控机床很多，仅蓝思科技一家就有 20 000 台 CNC 数控机床，主要用于加工手机壳、手机玻璃、智能手表玻璃机壳等。如果用复合机器人进行上下料，1 台复合机器人可替换 1 名工人，同时管理 8～10 台机床，还可以 24 小时工作，工作效率大大提高，劳动力成本也可大幅下降。

例如，深圳某电子厂原来生产线的物料传输是通过人工拖车的方式完成的，引进复合机器人实现了单工站之间自动化连通。首先，由复合机器人从上一个工作台拿取工件，送到检测台下料；然后，由设备进行尺寸和外观检测，检测完成后机器人拿取工件送到下一个检测站检测。复合机器人的应用使工厂提高了生产质量，减少了人为错误，运营效率提升了 20%，同时节省了约 15%的工作空间。

3. 电商物流行业

物流业是支撑国民经济发展的基础性、战略性、先导性产业。物流高质量发展是经济高质量发展的重要组成部分，也是推动经济高质量发展不可或缺的重要力量。在“工业 4.0”“互联网＋”发展的大背景下，我国物流业也迎来了智能化升级改造，为有力引导和支撑物流业规模化、集约化发展，加快物流业的转型升级和创新，政府高度重视，发布了多项政策以促进“智慧物流”的快速发展。

目前的移动机器人技术和产品，在物流分拣行业应用得比较成熟，轻量化的灵活自主移动机器人非常适合在电商物流这类负载不大、环境复杂度不高的场景中使用。但是，复合机器人所需的移动机器人，还需具备较高的负载能力，以适应复合机器人上搭载的诸多设备。

电子商务经过多年的迅猛发展，如今仍然方兴未艾，碎片化订单、众多的品类、峰值时异于寻常的高订单量，给电商订单履行带来巨大挑战，如何有效应对，提高订单履行能力，成为电商企业打造核心竞争力的关键。而物流机器人解决方案具有极强的柔性，可以机动灵活地增减机器人数量来应对电商销售波峰波谷问题，也可以按照业务量在多个仓库之间调动机器人使用，这都是传统拣选模式不能完成的。由此，物流机器人成为电商打造智能仓储的理想选择。而且，在微商、直播带货等新商业模式的推动下，未来的电商行业将会呈现持续稳步增长的态势，整个市场前景依旧广阔，这将为物流机器人行业的发展提供巨大机遇。一些物流机器人企业等不断加强新产品和新技术的研发，以满足电商企业持续增长的订单需求。

另外，在电子商务的推动下，快递末端投递的业务量迅猛增长。然而，由于多方因素，快递包裹“最后 100 米”的交付过程障碍重重。在这种情况下，末端无人配送物流车成为一项重要选择。特别是 2020 年春以来的新冠疫情，在给各行业带来巨大冲击的同时，也让末端无人配送机器人大显身手，包括京东物流、美团外卖等都推出了不同性能的无人配送物流机器人，以配送食物、药品等应急物资。后疫情时代，电商快递物流、医药、食品、冷链、新零售、商超等行业对末端配送的需求会继续保持增长，这为末端无人配送机器人的技术创新和市场应用提供了新的机会。

工业物流方面，国内某知名的半导体晶圆生产企业，面对市场柔性化的生产需求，亟须提升场内物料搬运的灵活性和稳定性，迦智科技公司为其提供了包括数台复合移动作业机器人、EMMA400 举升车、EMMA400 升降辊筒车以及自动充电桩、服务器、调度系统 CLOUDIA 等在内的整套智能物流解决方案，有效解决了生产原料、半成品等在晶圆生产线各工序设备间的自动化流转和上下料问题，大幅提升了生产效率。通过视觉辅助技术和机械臂伺服运动规划，成功达到了用户需求的 1 mm 级高精度对接要求，确保物料转运安全稳定，实现了对半导体精密元件的精准抓取、放置，满足了产品良率要求，在无尘洁净空间中高效作业，且全程无人监督，安全稳定运输。

4. 无人化巡检

无人化巡检是复合机器人应用的主要市场之一。无人化巡检的范围很广，包括电力、园区、数据中心以及矿山等行业的巡检运维。其中，电力行业是目前应用机器人巡检最多的领域。

机器人在电力行业的应用主要集中在输电、变电以及配电环节，不同环节对于巡检机器人的需求也有不同。

输电环节：对于高空输电，目前主要用无人机对架空线路、塔架进行隐患排查；对于地下输电，一般用隧道机器人对电力管廊内的设备进行监控。对于输电线路损坏等问题，可以通过带电作业机器人进行维修。

变电环节：变电站是各级电网的核心枢纽。变电站巡检机器人在室外环境下工作，需要具备自主移动、智能检测、分析预警等功能。

配电环节：配电站是电网的末端站点，数量众多。配电站巡检机器人在室内环境下工作，在小型化、轻量化、环境交互系统等方面与变电站巡检机器人存在差异。

在电力行业的三大环节中，机械臂＋移动平台式的复合型移动机器人主要应用在室内的配电环节，如电箱开柜检测等，如优艾智合公司的移动底盘＋机械臂的复合机器人，可在末端接入不同配件以满足巡检中的其他需求，搭载了视觉识别功能的巡检机器人可在二维进行移动，末端配件实现开锁功能，可进行电柜状态检测。

随着经济的发展，人工智能逐渐出现在人们的视野中，智慧化园区、智能化社区的建设为人们带来了一系列的便利，人工智能将成为新的竞争热点，巡检机器人更是其中的重中之重。传统巡检安防工作走向以人工智能技术为依托的“智能巡检”及“立体巡检”，用巡检机器人代替安保人员工作。园区巡检机器人可自由切换无轨导航和轨道导航，定制化携带摄像头，进行定时定点定路径巡检、可见光视频监控、数据分析等，可以进行违停检测，可替代人工做到异常识别与监控如火灾情况识别、园区垃圾检测、表盘数据读取等，弥补人工在收集数据时发生遗漏导致分析错误的状况。当有异常数据出现时，可在软件上迅速报警，也就是说，当有紧急情况或发现有异常安保问题时，智能移动机器人能迅速传输信号进行报警，保证在出现安全问题时，可以在很短的时间内采取行动处理好问题。

相比于单一的AGV式巡检机器人，机械臂＋移动平台式的复合机器人除了具备自主移动功能外，还可进行自主操作，即增加了“手”的功能，由此复合机器人的巡检优势大大加强，在巡检过程中可由机械臂带动相机或其他传感器进行多角度拍照、检测，也可在机械臂末端装上执行工具，进行到点操作，如电箱开柜检测等。

5. 精密制造行业

例如，里工实业有限公司于2021年对未来车间进行智能化改造，相继投入3台高寻复合自主移动机器人，与人互动打造安全协同的工作环境。高寻是基于自动驾驶技术和工业4.0标准打造的标准工业环境的通用型协作式、复合自主移动机器人，具有构建环境地图、自主规划路径、自主执行路径、安全避障等功能，其移动停止位置精度高，协作机械臂定位精度为±0.03 mm，可满足精密加工领域严苛的产品精度要求；拥有人工智能视觉模块，可利用深度学习对料仓物料进行全方位检测，预防错料、漏料，保证物料流转准确无误；自主开发的TOS人机控制系统，包括对移动机器人底盘和协作机器人手臂及其他PLC下位自动化机器的一体化控制，把原本属于多个不同系统的自动化产品、智能化产品打通，放在一个系统内进行闭环控制，用户更易上手，且学习成本低。协作机器人的控制部分集成到TOS系统界面可实现一体式控制，在常规操作和使用上完全脱离机器人示教器，实现了真正的一体化人机交互。

1.5 复合机器人的未来发展趋势

1.5.1 复合机器人核心技术创新

1. 复合机器人结构设计

面对非结构化环境中日益复杂的应用需求，复合机器人结构设计作为形成机器人本体的关键步骤，在保证结构强度、定位精度、功能实现的基础上，逐步展现出高适应性、高度可重构性的趋势。

其中，面向生产制造环节，高速重载机械臂综合性能保障技术亟待突破，具体研究内容包括：工业机器人精度、刚度与动态性能的影响机理，基于机/电/控参数耦合的联合建模与设计/仿真/验证协同一体化方法，机构的高刚度、高精度性能优化与设计技术，基于多目标优化的运动学、动力学联合建模与控制技术，动态误差实时补偿技术等。面向冗余柔性变形、模块化自重构、刚软耦合等机器人前沿技术，研究具有环境自适应能力的可变形、冗余柔性、刚软耦合结构设计理论和技术，对我国复合机器人的发展具有重要意义。

2. 复合机器人核心零部件

复合机器人产品作为进一步促进制造业转型升级的新生力量，必须走自主创新的技术道路，因此需要集中研发力量攻克机器人控制器、伺服电机、减速器三大本体核心零部件。

控制器是机器人的大脑，用于发布和传递动作指令，主要包括工业控制主板和控制算法两大部分。控制器研发总体门槛较低，目前市场的份额分布与机器人本体市场的份额分布接近。在机器人走向非结构环境的总体趋势下，控制器研发厂商可以进一步聚焦可靠性与可拓展性之间的矛盾，开发适合机器人智能化和柔性化应用的控制器产品，推动控制器接口模块化、产品系列标准落地。

伺服电机及驱动器竞争激烈，外企占据主动。国产电机产品在性价比方面优势凸显，配套能力已现雏形，市场占比高速增长。

减速器竞争压力较大，日本产品几乎垄断市场，但国内厂商已经逐步打开局面，实现了在国产机器人产品上的批量应用。然而，仍需关注减速器及其配套产品基础材料的研究，尽快补齐加工工艺短板，尽早打通产业联盟，形成质量检验标准，保障产品质量，稳定来之不易的研发势头和市场份额。

3. 复合机器人感知与决策技术

复合机器人感知与决策技术是机器人与环境交互的桥梁，能为机器人提供丰富的环境和状态信息，供机器人进行任务决策，是探索实现机器人自主行为的基础。

机器人借助传感器完成环境观测，经数据融合和算法处理得到所需的环境感知数据。视觉感知、听觉感知和触觉感知仍是当前机器人感知外部世界的主要手段，涉及深度相机、激光雷达、力觉传感器、柔性皮肤等可靠可控的传感器和稳定高效的处理算法。同时，在虚拟环境中训练机器人，是使其适应环境的一种高效途径。

机器人自主决策行为技术是使机器人具备一定独立自主解决问题的能力的技术，主要研究内容包括广义行为环境的感知与理解技术，解决机器人对动态以及非结构化环境的认知问题；机器人的自主学习技术，使机器人在与环境交互中能够自主地积累知识与经验，不断地提升其智能水平；以应对复杂环境与任务的行为决策等。当前机器人的主要研究目标是使其具有能够面对意外环境自主决定运动和完成计划外作业的能力，以便使机器人在变化的环境中，仍能完成使命。

4. 复合机器人灵巧作业技术

复合机器人依赖灵巧作业技术完成复杂的任务作业，一方面需要精准灵巧的末端执行器，包括多指灵巧手、气动抓手、工业夹爪等；另一方面需要探索灵活多变的控制方法，包括机器人自主操作、遥操作、人机协作和多模态接口等。在实际应用中，末端执行器种类繁多，以适应工作场景的千变万化。手爪及其气、电的支持系统应注意操作复杂度和整体适应性，推动行业通用标准的落地，缩短系列产品应用选型调整的周期，支撑企业自动化改造及柔性化生产的趋势。

5. 复合机器人的人机共融与集群技术

复合机器人的人机共融技术是促进复合机器人在人与机器共存、协作的非结构环境下应用的关键技术，是机器人进步的重点方向。在目前的工厂应用中，与机器人工作站独立负责单一工艺流程不同，当前的研究热点是使人和机器人同在一个物理空间协作完成给定的工作任务。为了能够保证安全和分工作业，机器人必须对人的一些选定行为和作业对象具有足够的感知能力，具有相应的行为规则与动作规划能力。这需要研究多模态人机交互方法与技术，包括基于语音指令集及机器人自主识别的语音交互技术、基于手势/姿态指令集及机器人自主识别的视觉交互技术、生机电融合交互技术，以及人机多层次指令融合技术等。

复合机器人集群技术体现在机器人与机器人之间的智能协作过程，以达到实现复杂环境任务操作智能化和简单化的目的。其主要研究方向包括集群间的高效协同规则、集群智能涌现机理（模型与计算）等基础问题，机器人集群整体适应性、稳定性、自组织性等系统特性分析技术和面向典型应用的机器人集群系统实验及其智能涌现实现技术等。

1.5.2　领域融合发展

1. 5G与复合机器人的融合

5G具有高速率、低延时、云智能、海量连接等特性，能够为工业互联网提供网络基础，被视为实现工业互联网的“助燃剂”，针对其所具有的特性，5G时代的到来将会从多个方面助力工业机器人升级：

一是安全性方面。当5G技术连接工业机器人后，将可以实时监控工业机器人的工作状态，一旦出现突发状况，可快速进行远程停止操作，进而有效避免工业机器人伤人。

二是在云化方面。在智能制造生产场景中，需要机器人有自组织和协同能力来满足柔性生产，这就带来了机器人对云化的需求。而机器人要想实现云化，无线通信网络必须具有极低的时延和高可靠的特征，5G技术刚好具备这些特征。

三是灵活性方面。5G网络的高速，将会使得机器人在应用过程中，接收信息、任务指令变得更加高效快捷，加上5G网络能够连接上万、上亿台设备，为庞大数据量的传递提供了可能性，这对于人工智能机器人的发展具有一定促进作用。

2. 工业视觉与复合机器人的融合

机器人视觉主要包含以下四个方面：① 传感，要在任何条件下看到外部的世界；② 理解，机器人只是看到是不够的，它还必须要去理解所看到的事物；③ 行动，机器人能够将所看到的转化成相应的动作，这与语音识别相似，由机器去识别、判断人类所说的话，并做出相应的回应；④ 学习，外部的世界是非结构化的、动态的，要通过不断的学习来提高自身，以适应环境。

从感知和处理端来看，视觉工业机器人在原有工业机器人的基础上，通过增加摄像头、传感器等机器感知部件，结合深度学习算法进行自身的判断和操作，可适用于零售仓库等非结构化场景。在仓储物流领域，传统的示教再现型拆垛系统无法适应垛型复杂多变、箱体种类繁多、不规则纸箱的智能化拆垛应用场景，而融入3D视觉的智能化拆垛方案可完美地解决这一问题。

工业视觉与机器人融合的另一个最前沿的研究是视觉SLAM，其依靠相机进行移动机器人的自身定位，计算量相对于激光SLAM更大。

按照工作方式的不同，相机分为单目相机、双目相机和深度相机三类，它们有各自的特点。单目相机拥有一个摄像头，记录二维的空间信息，通过采集环境的图像信息，再运用视觉几何原理获得机器人的位姿变换。双目相机有两个摄像头，类似人的双眼判断距离，解决了单目相机易产生误差的问题，但计算量较单目相机有所加大。深度相机则运用了红外传感器技术，类似激光雷达通过发射并返回光来判断距离，相比于单目、双目相机，深度相机更容易获得环境的深度信息。其操作流程简洁，但由于成本高、搭载困难，使得其应用场景有限，更适合室内的定位和导航，故深度相机目前还存在诸多局限。

3. 智能传感器与复合机器人的融合

激光传感器是一种利用激光技术进行测量的传感器。目前激光传感器与机器人融合领域应用最广泛的莫过于激光雷达，应用于测绘主要有测距、定位以及地球及地外物体的图形绘制。在激光雷达系统研究中，伴随出现了许多新兴的技术和方法，包括多孔径以及合成孔径、双向操作、多波长或宽频发射激光、光子计数和先进的量子技术、组合被动和主动系统，以及组合微波及激光雷达等。同时，期待使用相干激光雷达使人们增加获得全场数据的方法。

力觉传感器是将力的值转换为相关电信号的器件，在机器人领域，力觉传感器经常装在机器人关节处，通过检测弹性体变形来测量所受的力。目前力觉传感器与机器人融合应用的情景主要可分为恒力、重复力、称量东西、手动引导四种，分别对应抛光打磨、装配、分类拾取和示教等场景。随着复合机器人技术的成熟，力觉传感器将越来越多地应用于机器人系统中。

语音交互(VUI)指的是人类与设备通过自然语言进行信息的传递，其核心部件是麦克风阵列。目前复合机器人应用越来越广泛，机器人与人的空间和任务的交叠冲突问题日渐成为人们关注的热点，目前已有机器人企业尝试将语音交互功能加入复合机器人中，使得普通工人等也能与其进行交流，实现人机协同作业的目标。

小　结

本章介绍了复合机器人的内涵、定义及发展现状，简要阐述了复合机器人的典型特征和优点，介绍了其应用情况，并对其未来发展趋势进行了简单预测。

第 2 章

复合机器人的构成与核心部件

2.1 复合机器人的系统构成

复合机器人是一种具备环境感知、自主移动并执行任务的机器人，为实现相关功能需要具备多种不同功能的硬件设备。复合机器人的硬件构成通常包括底盘、传感器、计算机、执行器、电源和机械臂等多个部件，如图 2.1 所示。下面对每个部件进行详细介绍。

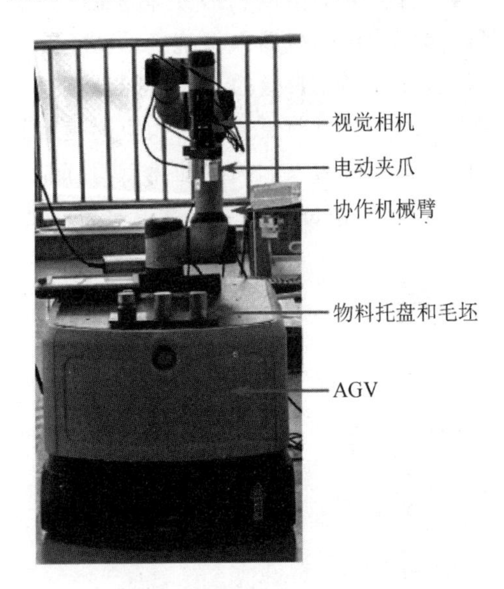

图 2.1 某品牌复合机器人的整机结构示意图

复合机器人是指由多个独立子系统组成的机器人系统，包括感知、控制、执行、通信和能源等多个方面。这些子系统通过能源与控制系统互联互通，形成一个整体，实现对机器人的全面管理。复合机器人的系统构成包括硬件和软件两个方面，其中硬件包括机械、电子、传感器和执行器等组件，软件包括操作系统、控制算法、通信协议和人机界面等。在复合机器人中，不同的子系统之间需要进行良好的协调合作，才能实现机器人的高效工作和流畅应用。

2.1.1 机械系统

机械系统是复合机器人的核心组成部分，包括移动底盘、机械臂和其他机械部件。移动底盘是机器人的底部，负责机器人的移动和导航，其类型和特点已在第 1 章介绍过。机械臂是机器人的上部，负责机器人的操作和执行，其类型和特点已在第 1 章介绍过。其他机械部件包括连接件、驱动器、减速器和传动系统等，用于将电力转化为机械动力，实现机械部件的运动和控制。机械系统需要具备良好的结构设计、稳定性和精度，以确保机器人在运动和操作过程中具有高效性和精确性。下面从机械结构、驱动装置、传动装置和传感器四个方面介绍复合机器人的机械系统。

1. 机械结构

机械结构是复合机器人的基础，是机器人机械系统中最重要的部分之一。机械结构的设计要考虑机器人的运动范围、载荷能力、刚度、精度等因素，以确保机器人在各种环境下的稳定性和可靠性。常见的机械结构有平行机构、串联机构、混合机构等。

平行机构是指机械臂上的多个运动副构成的一个平行结构，可实现多自由度的运动。平行机构具有高精度、高刚度、高负载能力等优点，适用于需要高精度和高负载能力的场合，如焊接、切割等工业应用。

串联机构是指机械臂上的多个运动副按照一定的顺序串联在一起的结构，可实现多自由度的运动。串联机构具有结构简单、易于控制等优点，适用于需要灵活运动和高精度的场合，如组装、装配等工业应用。

混合机构是平行机构和串联机构的组合，兼顾两者的优点。混合机构适用于高精度、高负载能力和灵活运动的场合，如焊接、切割、装配等工业应用。

2. 驱动装置

驱动装置是指机器人运动副的驱动器件，包括电机、减速器、传动机构等。驱动装置的设计要考虑机器人的负载能力、速度、精度等因素，以确保机器人的运动平稳、精准、可靠。常见的驱动装置有直流无刷电机、步进电机、液压缸、气动马达等。

直流无刷电机是目前应用最广泛的驱动装置之一，具有高效、低噪声、可靠等优点。直流无刷电机适用于高速度、高精度和连续运动的场合，如装配、切割等工业应用。

步进电机是一种精密驱动装置，具有定位精度高、控制简单、结构紧凑等优点。步进电机适用于高精度、低速度和定点操作的场合，如半导体制造、精密加工等工业应用。

液压缸是一种用液压传动的驱动装置，具有负载能力大、速度可调、动作平稳等优点。液压缸适用于大力量、连续运动和复杂动作的场合，如冶金、矿山等重工业应用。

气动马达是一种用气体驱动的驱动装置，具有动力强、速度快、响应迅速等优点。气动马达适用于高速度、大力量和快速响应的场合，如自动化装配线、自动化仓储等工业应用。

3. 传动装置

传动装置是指机器人的传动系统，包括齿轮、传动带、减速器等。传动装置的设计要考虑机器人的运动范围、载荷能力、精度等因素，以确保机器人的运动平稳、精准、可靠。常见的传动装置有齿轮传动、带传动、蜗杆减速器等。

齿轮传动是一种常用的传动装置，具有传动稳定、效率高、噪声小等优点。齿轮传动适用于高负载能力和高精度的场合，如重载机械、大型机床等工业应用。

带传动是一种无接触的传动装置，具有结构简单、运动平稳等优点。带传动适用于轻负载、高速度和连续运动的场合，如轻型机械、电子设备等应用。

蜗杆减速器是一种常用的减速装置，具有结构紧凑、传动平稳、减速比大等优点。蜗杆减速器适用于大减速比和高精度的场合，如工业机械、自动化装配线等应用。

4. 传感器

传感器是机器人的感知系统，可以感知周围环境和机器人状态，为机器人提供必要的信息。传感器的种类繁多，包括力传感器、光学传感器、超声波传感器、激光测距传感器等。传感器的设计要考虑机器人的应用场合和需要感知的参数，以确保机器人的运动和操作的精确性和安全性。

力传感器可以测量机器人所受的力和力矩，常用于机器人操作中的力控制和力反馈控制。光学传感器可以测量光的强度和位置，常用于机器人的位置测量和视觉导航。超声波传感器可以测量距离和方向，常用于机器人的避障和定位控制。激光测距传感器可以通过激光测量距离和位置，常用于机器人的测量和定位控制。

2.1.2 电子系统

复合机器人是一种具有高度智能化和自主化特征的机器人，它可以完成各种复杂的任务，并具有高度的灵活性和适应性，而电子系统则是复合机器人的重要组成部分之一。电子系统包括机器人的电气、电子和控制部件，用于控制和管理机器人的各个部分和功能。电气部件包括电源、电缆和连接器等，用于为机器人提供电力和数据传输。电子部件包括芯片、板卡、传感器和执行器等，用于检测和处理机器人的感知和控制信息。控制部件包括控制器、编码器、伺服电机和驱动器等，用于实现机器人的运动和控制。电子系统需要具备稳定、可靠、高效和智能的特点，以确保机器人在运行和操作过程中具有良好的性能和功能。下面将从电气部件、电子部件和控制部件三个方面详细介绍复合机器人的电子系统。

1. 电气部件

电气部件包括电源、电缆和连接器等。电源是机器人电子系统的核心组成部分，为机器人提供能量。复合机器人通常使用可重复充电的电池作为其主要电源，以确保机器人在长时间运行时能够持续供电。电缆和连接器用于机器人的电力和数据传输，它们必须具备高度的可靠性和耐用性，以确保机器人在运行和操作过程中不会出现意外故障或损坏。

2. 电子部件

电子部件包括芯片、板卡、传感器和执行器等。传感器是机器人电子系统中最重要的部分之一，它可以让机器人感知其环境和任务目标。复合机器人通常配备多种传感器，包括激光雷达、摄像头、红外传感器和力传感器等。这些传感器可用于执行环境建模、物体识别、路径规划和动作控制等任务。执行器是机器人电子系统中的另一个重要组成部分，它可以将机器人的控制信号转换成具体的动作。复合机器人的执行器通常包括电动机、液压缸和气动元件等。这些执行器可用于控制机器人的关节运动、末端执行器的运动和机器人的导航控制等。

3. 控制部件

控制部件包括控制器、编码器、伺服电机和驱动器等，用于实现机器人的运动和控制。控制器是机器人电子系统的核心控制部件，它由多个处理器、存储器和通信接口组成，可以实现机器人的实时控制和信息处理。编码器可以用于监测机器人的位置和姿态信息，以实现机器人的精确定位和姿态控制。伺服电机和驱动器可以用于实现机器人的动态控制和精准的运动控制，确保机器人的运动和操作的精度和稳定性。

综上所述，复合机器人的电子系统需要具备稳定、可靠、高效和智能的特点，以确保机器人在运行和操作过程中具有良好的性能和丰富的功能。在实际应用中，复合机器人电子系统的性能和功能不仅取决于其各个组成部分的质量和性能，还取决于其整体设计和优化。为了确保机器人的性能和功能达到预期，复合机器人电子系统需要经过严格的设计和测试，并进行合理的性能评估和优化。

在设计复合机器人电子系统时，需要考虑多种因素，包括机器人的任务和操作环境、电子部件和控制部件的选型和配置、电气部件的布局和连接、通信和控制协议的设计和实现等。此外，为了确保机器人电子系统的可靠性和稳定性，还需要对电子系统进行严格的质量控制和测试，包括硬件和软件测试、模拟和实际环境测试等。同时，还需要实施有效的故障诊断和维修策略，以确保机器人的长期运行和维护。

总之，复合机器人的电子系统是机器人的重要组成部分之一，用于控制和管理机器人的各个部分和功能。在实际应用中，复合机器人的电子系统要确保机器人在运行和操作过程中具有良好的性能和丰富的功能。因此，为了达到预期，需要对电子系统的设计进行严格测试和质量控制，并实施有效的故障诊断和维修策略。

2.1.3　感知系统

感知系统包括传感器和视觉系统，用于检测和获取机器人周围环境的信息和状态。传感器包括声音、光线、压力、温度和加速度等多种类型，用于检测机器人周围环境的信息和状态。视觉系统包括摄像头、激光雷达、深度相机和红外线传感器等，用于获取机器人周围环境的图像和深度信息。感知系统需要具备高精度、高分辨率和高灵敏度的特点，以确保机器人准确地感知和识别周围环境的信息和状态。

传感器的灵敏度取决于其测量范围和测量精度，不同的传感器测量不同的物理量，并提供不同的测量精度和测量范围。例如，温度传感器测量环境温度，而加速度传感器测量机器人的加速度和运动状态。视觉系统的精度和分辨率取决于其摄像头或传感器的像素数和像素尺寸，像素数越大，分辨率越高，对环境的感知和识别能力就越强。

感知系统的性能和功能对复合机器人的性能和功能具有重要的影响。通过感知系统获取的环境信息和状态数据，可以提供给机器人的控制系统，帮助机器人做出更加准确和智能的决策，从而实现机器人的高效和自主化运作。例如，机器人的运动控制系统可以利用激光雷达和深度相机等传感器获取环境的三维深度信息，并根据获取的信息进行路径规划和避障控制，从而避免机器人在运动过程中与周围环境物发生碰撞。另外，感知系统的应用还可以帮助机器人实现目标识别、物品抓取和人脸识别等智能化操作，提高机器人的应用价值和效率。

近年来，随着感知系统的综合应用，并结合人工智能等信息技术的发展，人机交互系统正逐渐成为复合机器人感知系统新的发展方向。人机交互系统是机器人与人类进行交互的界面，包括语音识别、视觉识别、手势识别等技术。人机交互系统的设计要考虑人类的习惯和需求，以提高机器人的易用性和交互性。语音识别技术是一种常用的人机交互技术，它可以将人类的语音转换为机器指令，从而实现语音控制机器人的操作。视觉识别技术是一种常用的人机交互技术，它可以通过摄像头或激光扫描仪对人类进行视觉识别和物体识别，从而实现机器人的自主导航和操作。手势识别技术是一种新兴的人机交互技术，它可以通过摄像头或激光扫描仪对人类的手势进行识别，从而实现手势控制机器人的操作。人机交互系统的设计要考虑人类的语言和行为习惯，以提高机器人的易用性和交互性。人机交互系统还要考虑机器人的安全性和机密性，以确保机器人与人类的交互能够达到双方的期望和要求。

2.1.4 控制系统

复合机器人是一种具有多种运动自由度和功能的智能机器人，具有广阔的应用前景。复合机器人的控制系统是实现其运动和功能的关键，其目的是控制机器人的运动和操作。复合机器人的控制系统通常包括硬件和软件。

1. 硬　件

硬件主要包括传感器、执行器和控制器等。传感器是复合机器人控制系统的基础。传感器用于检测机器人的位置、姿态、速度、加速度和力等物理量。常用的传感器有编码器、陀螺仪、加速度计、力传感器和视觉传感器等。编码器用于测量机器人关节的角度或位置，陀螺仪和加速度计用于测量机器人的姿态和加速度，力传感器用于测量机器人与环境的力互作用，视觉传感器用于测量机器人的位置和环境特征。

传感器采集的数据用于机器人的运动规划和控制。

执行器是复合机器人控制系统的另一个基础。执行器用于控制机器人的运动，包括机器人关节的转动和执行器的伸缩等。常用的执行器有电机、气缸、伺服电机等。电机用于驱动机器人关节的转动，气缸用于执行机械臂的伸缩，伺服电机用于实现高精度的运动控制。执行器的选择和控制方式对机器人的性能和精度有很大影响。

控制器是复合机器人控制系统的核心。控制器用于计算和实现机器人的运动规划和控制，其性能和算法直接影响机器人的精度和速度。常用的控制器包括单片机、PLC、嵌入式控制器、PC 等。控制器通过编写程序实现运动规划和控制算法，将传感器采集的数据和用户的输入转化为机器人的运动和操作。控制器还可以实现机器人的故障诊断和维护。

2. 软　件

软件主要包括运动规划、轨迹生成、控制算法和用户接口等。运动规划是复合机器人控制系统的重要组成部分。运动规划的目的是确定机器人的运动轨迹和姿态，使机器人能够完成所需的任务。常用的运动规划算法包括逆向运动学、正向运动学、动力学模型、轨迹规划等。逆向运动学是指根据机器人末端执行器的位置和姿态，反推出机器人各个关节的运动轨迹，是机器人控制系统中最常用的算法之一。正向运动学是指根据机器人关节的位置和姿态，计算出机器人末端执行器的位置和姿态，常用于机器人的运动规划和控制。动力学模型是指根据机器人的运动学和力学参数，建立机器人的动力学模型，用于预测机器人的运动和力学特性。轨迹规划是指根据任务要求和环境条件，规划出机器人的运动轨迹和姿态，使机器人能够完成所要求的任务。

轨迹生成是复合机器人控制系统的重要组成部分。轨迹生成的目的是根据运动规划算法生成机器人的运动轨迹和姿态，使机器人能够完成所承担的任务。常用的轨迹生成算法包括插值算法、样条插值算法、Bezier 曲线算法等。插值算法是指根据机器人的起始和终止位置，生成一系列插值点，连接这些插值点生成机器人的运动轨迹。样条插值算法是指根据机器人的起始和终止位置，生成一系列样条插值点，用样条曲线连接这些插值点生成机器人的运动轨迹。Bezier 曲线算法是指根据 Bezier 曲线的数学公式生成机器人的运动轨迹，具有较高的精度和平滑性。

控制算法是复合机器人控制系统的重要组成部分。控制算法的目的是根据运动规划算法和轨迹生成算法，控制机器人的运动和操作。常用的控制算法包括 PID 控制、自适应控制、模糊控制、神经网络控制等。PID 控制是指通过调节机器人的位置、速度和加速度等参数，使机器人跟踪期望轨迹，是机器人控制系统中最常用的算法之一。自适应控制是指根据机器人的运动特性和环境条件，自适应地调节机器人的控制参数，以提高机器人的控制精度和稳定性。模糊控制是指根据机器人的运动规划和轨迹生成结果，通过模糊逻辑推理生成机器人的控制命令，具有较强的适应性和鲁棒性。神经网络控制是指利用人工神经网络的学习和自适应能力，训练出机器人的控制模型，以提高机器人的控制精度和稳定性。

用户接口是复合机器人控制系统中的一个重要组成部分。该部分负责与用户交互，向用户提供友好的操作界面和控制功能，实现机器人的远程控制和监测。用户接口通常包括以下功能：① 机器人状态监测和显示。该功能可以实时监测机器人的状态信息，如位置、速度、电量等，并通过图形化界面向用户展示机器人的运动状态。② 运动规划和控制。该功能可以实现机器人的远程控制和运动规划，实现机器人的各种操作和控制。③ 任务管理和调度。该功能可以实现机器人的任务管理和调度，可以分配机器人的任务，并监测任务执行情况。④ 数据分析和报表生成。该功能可以对机器人的运动数据进行分析和统计，并生成相应的报表和图表，以便用户进行数据分析和决策。

以上是复合机器人控制系统的基本组成部分和关键技术。复合机器人控制系统的研发和应用，对于推动机器人技术的发展和推广具有重要意义。未来，复合机器人控制系统将越来越智能化、自适应化和集成化，具备更加丰富的功能和更好的性能。同时，复合机器人的应用领域也将进一步拓展和深化，如在生产制造、医疗卫生、环境保护、教育培训等方面具有广阔的应用前景。

2.1.5 能源系统

能源系统包括机器人的电源和能量管理系统，用于为机器人提供能源和管理机器人的能源消耗。电源可以是电池、电网或太阳能等，用于为机器人提供电力。能量管理系统包括能源监测、能量存储和能量管理等，用于管理机器人的能源消耗和优化机器人的能源利用效率。能源系统需要具备高效、节能和安全的特点，以确保机器人在运行和操作过程中具有足够的能源供应和消耗管理能力。常见的能源系统包括电池、液压和气压等，下面就各种能源系统进行介绍。

1. 电池能源系统

电池能源系统是最常见的能源系统，主要利用电化学反应产生能量，可以为机器人提供稳定的能量源。电池能源系统具有高效、可靠、安全等特点，同时也可以进行二次充电，方便快捷。但是，电池能源系统在容量、质量、使用寿命等方面存在着限制。

2. 液压能源系统

液压能源系统是利用液体传动力量的能源系统，主要应用于重型机器人和工业设备中。液压能源系统具有输出力矩大、反应灵敏、可靠性高等特点，但是在使用和维护过程中要注意液体泄漏、高温等问题。

3. 气压能源系统

气压能源系统主要是利用气体传动力量的能源系统，主要应用于轻型机器人和自动化设备中。气压能源系统具有输出力矩大、反应灵敏、使用寿命长等优点，但也存在着能量损失、噪声大等问题。

由此可见，不同的能源系统在机器人应用中各具优缺点，需要根据具体的应用场景和需求选择合适的能源系统。在未来，随着科技的发展，能源系统也会朝着更加高效、绿色、安全等方向发展，为机器人的发展提供更加稳定和可靠的能源保障。

综上，复合机器人的系统构成包括硬件和软件，其中硬件包括机械、电子、传感器和执行器等组件，软件包括操作系统、控制算法、通信协议和人机界面等方面。不同的子系统之间需要进行良好的协调合作，才能实现机器人的全面控制和管理。复合机器人的系统构成需要具备高效、精确、智能、安全、节能和可靠等特点，以确保机器人在不同环境下具有良好的运动和操作控制性能，满足各种应用场景的需求。

2.2　复合机器人的本体

复合机器人本体主要由移动底盘(自动导引车 AGV 或自主移动平台 AMR)、协作机械臂、控制器系统以及相应的末端执行器组成。其中，内置于移动底盘和机械臂末端的激光雷达、视觉模块等构成了复合机器人的“眼睛”，机械臂搭配末端执行器使它拥有了“手”一般的操作能力，移动底盘则像“脚”一样使它可以进行整体移动，实现工作区域的转移扩展。实际上，复合机器人通过移动底盘＋机械臂的方式，相比之前单一的移动底盘、机械臂，极大地扩展了机器人作业的可达范围，可在成本不过多增加、部署复杂度不提高的前提下应用到更多的场合。具体来看，传统的移动机器人一般只有三个自由度，工业机械臂和协作机械臂一般为六自由度或七自由度，而搭配了不同末端工具的复合机器人可具备九个以上的自由度。

复合机器人的控制方式，由最初的分别控制、相互独立，发展到两个独立产品的简单组合，再发展到一体化设计全机协同控制。复合机器人相互独立的分别控制方式，因机械臂与移动机器人分别由不同的、之间未建立通信的两套系统控制，两者之间的工作无法进行协同和任务统筹，难以实现柔性的工作任务。两个独立产品的简单组合是基于机械臂与移动机器人控制系统之间的通信，对两者的工作状态进行相互读取，可实现初步的协同控制，但是控制较为分散，且延迟较大，系统的稳定性也难以保证。因此，现阶段产生了将机械臂、移动机器人与其他传感器等设备进行一体化控制设计的新型移动协作机器人。只采用一套综合的控制系统，对复合机器人全机设备协同控制，可进行全机任务分配与动作规划，更方便进行功能开发和应用调试，提高了复合机器人的工作效率和灵活性，大大降低了响应延迟，并提升了系统的稳定性。

2.2.1　移动底盘

复合机器人是一种由多个机器人系统组成的整体，其中包括一个或多个协作机械臂和其他类型的机器人，如移动机器人或工业机器人。移动底盘是复合机器人的一种重要组成部分，它能够使机器人在生产和制造过程中自由移动和定位，从而实现更高效的生产和制造。

移动底盘根据其驱动方式可以分为以下多种类型：

① 轮式移动底盘，是最常见的移动底盘类型之一，它通过轮子进行移动。轮式移动底盘通常可分为两种类型：差动驱动和全向轮驱动。差动驱动的移动底盘具有更强的牵引力和越野能力，适用于不平坦的地形，例如岩石、沙漠和森林等环境。全向轮驱动的移动底盘则具有更好的机动性和精度，适用于较平坦的地形和室内环境。轮式移动底盘的优点在于可以灵活地移动和定位，从而适用于各种生产和制造环境。

② 履带式移动底盘，是一种采用履带进行移动的移动底盘。履带式移动底盘具有更强的牵引力和越野能力，适用于不平坦的地形和恶劣的环境。履带式移动底盘的优点在于可以适应各种不同的地形，例如泥泞、雪地、沙石等环境。但是，履带式移动底盘通常比轮式移动底盘更笨重，也更难控制和维护。

③ 腿式移动底盘，是一种通过腿进行移动的移动底盘。腿式移动底盘通常可分为两种类型：仿生学和机械式。仿生学腿式移动底盘模仿了动物的腿部结构和运动方式，例如昆虫和蜘蛛等。机械式腿式移动底盘则是基于机械结构和电气控制来实现的。腿式移动底盘的优点在于它们可以适应各种不同的地形和环境，例如崎岖的山路、泥泞的地面、狭窄的通道和不规则的地形。腿式移动底盘还可以在高度差较大的地形上行进，例如攀爬楼梯和爬坡。此外，腿式移动底盘还具有较高的稳定性和灵活性，可以在狭窄和不平坦的地形上行驶，例如灾区救援、探险和军事应用等。腿式移动底盘的缺点在于它们的机械结构复杂、控制难度大、成本高、维护困难，并且还需要大量的能源来维持其运动。另外，由于腿式移动底盘的机械结构需要考虑各种情况和应用场景，因此在设计和制造过程中需要花费更多的时间和精力。

④ 悬浮式移动底盘，是一种使用悬挂系统进行移动的移动底盘。悬浮式移动底盘通常可分为两种类型：气垫悬浮和磁悬浮。气垫悬浮使用气垫来支撑底盘，从而使其悬浮在地面上，磁悬浮则是利用磁场来悬浮底盘。悬浮式移动底盘的优点在于它们可以快速行驶和灵活移动，同时还具有较好的平稳性和隔音性能。此外，悬浮式移动底盘还可以适应各种不同的地形和环境，例如水面、泥泞地面和不平坦地形。悬浮式移动底盘的缺点在于它们的设计和制造成本较高，需要更多的能源来维持其运动，并且控制和维护也存在一定的难度。

综上所述，移动底盘是复合机器人中的一个重要组成部分，其类型与特征多样，但是其分层体系结构大致相同，如图 2.2 所示。轮式移动底盘适用于平坦地面和室内环境，履带式移动底盘适用于复杂的地形和恶劣的环境，腿式移动底盘适用于不规则地形和狭窄通道，悬浮式移动底盘适用于水面和不平坦地形。因此，在设计和制造复合机器人时，需要根据其应用场景和需求，选择适合的移动底盘类型，以使机器人达到最佳的性能和效率。此外，除了移动底盘本身外，机器人的载荷能力、速度、转向半径、能源消耗等相关因素也会影响机器人的移动和应用效果。因此，在设计和制造移动底盘时,还需要综合考虑这些因素,并进行合理的优化和调整,以使机器人达到最佳性能和效率。总的来说,复合机器人的移动底盘是机器人的基础和关键部件之一,其类型和特点各有不同。通过选择适合的移动底盘类型,优化设计和制造,可以使复合机器人具有更好的移动能力和适应性,从而更好地满足不同的应用需求和环境要求。

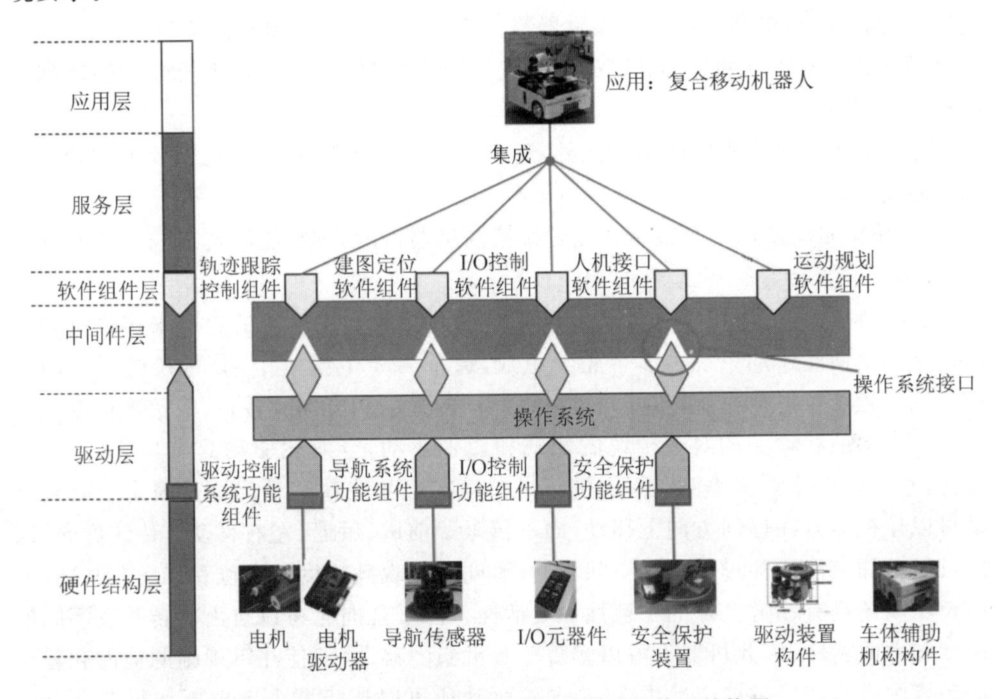

图 2.2　复合机器人移动底盘系统的分层体系结构图

1. 复合机器人底盘硬件介绍

(1) 驱动系统

驱动系统是复合机器人底盘的核心组成部分,它由电机、减速器、驱动轮等组件构成。驱动系统的作用是提供机器人的移动能力,并控制机器人的运动方向和速度。根据驱动方式的不同,驱动系统分为轮式驱动、履带驱动、足式驱动等。下面将分别介绍这些驱动方式的特点和适用场合。

① 轮式驱动是最常见的驱动方式之一。它使用电动机驱动轮子转动,从而使机器人移动。轮式驱动具有结构简单、操作方便、速度快等优点,适用于平坦的地面和室内环境,例如家庭清洁机器人和机场的行李搬运车等。轮式驱动的缺点是在不平坦的地面或者障碍物较多的环境中表现不佳,容易卡住或者翻倒。因此,对于需要在复杂环境中移动的机器人,轮式驱动不是最佳选择。

② 履带驱动是一种适用于不平坦地面的驱动方式。它使用电动机驱动履带运动,从而让机器人移动。履带驱动具有良好的越障能力和稳定性,适用于室外场合。

相比于轮式驱动，履带驱动可以更好地适应不平坦的地面和有复杂障碍物的环境，例如农业机器人和探险机器人等。履带驱动的缺点是移动速度较慢，噪声较大，不适用于需要快速移动的应用场景。

③ 足式驱动是一种仿照人类走路方式的驱动方式。它通过电机控制机器人的腿部运动，从而让机器人移动。足式驱动具有良好的灵活性和越障能力，适用于不规则地形，例如救援机器人和行星探测器等。相比于轮式驱动和履带驱动，足式驱动可以更好地适应不规则的地形和障碍物。它的缺点是复杂度较高，需要较强的控制算法和硬件支持。

除了以上三种常见的驱动方式外，还有其他一些特殊的驱动方式，例如舵轮驱动和全向轮驱动。

④ 舵轮驱动使用一个或多个舵轮来控制机器人的方向，能够实现较小的转弯半径，适用于频繁转弯的环境。

⑤ 全向轮驱动与其他驱动方式不同，它采用多个自由旋转的轮子来实现机器人的运动。全向轮驱动系统由多个轮子组成，通常为 3 个或 4 个，分布在机器人的底部。这些轮子可以自由旋转，并且可以以不同的速度和方向旋转，从而实现机器人在任意方向上的移动。相对于传统的轮式和履带驱动，全向轮驱动具有显著的优势。首先，它可以在非常狭小的空间内进行高精度定位和快速移动。这是因为全向轮驱动可以让机器人在任何方向上移动，而不仅限于前进、后退、左右移动等传统方向，因此可以更加灵活地穿过狭小的空间和通道，同时实现高精度的定位和移动。其次，全向轮驱动还具有非常良好的平稳性和灵活性。由于全向轮可以自由旋转并以不同的速度和方向旋转，因此机器人可以实现非常平稳的移动，即使在不规则的地面和复杂的环境中也能够保持稳定。再次，全向轮驱动还可以让机器人实现更加复杂和灵活的运动，例如旋转和侧向移动等，从而扩展了机器人的应用范围和功能。因此，全向轮驱动机器人是复合机器人常用的底盘驱动方式。

在选择合适的驱动方式时，需要考虑机器人的应用场景和性能需求。例如，如果机器人需要在不平坦的地面或者越过障碍物运动，履带驱动可能是更合适的选择；如果机器人需要频繁转弯或者在狭小的空间内移动，舵轮或全向轮驱动可能更适合。

此外，驱动系统的设计也需要考虑能量消耗和效率。选择合适的电机和减速器可以提高机器人的能量利用效率，并延长电池寿命。同时，控制算法也需要优化，以实现更加精确和稳定的运动控制。

除了驱动方式外，移动机器人的驱动系统还需要考虑电源管理、传感器数据的处理和控制算法等问题。电源管理是指如何为机器人提供足够的电力，以保证机器人能够持续地运行。传感器数据的处理包括如何将机器人从传感器获得的数据转换为机器人的位置和姿态信息，以及如何使用这些信息来控制机器人的运动。控制算法则是指如何将位置和姿态信息转化为机器人的运动指令，以控制机器人的运动。这些问题需要综合考虑，以实现高效、精准的机器人运动控制。

在实际应用中，移动机器人的驱动系统还需要考虑安全性、可靠性和维护成本等问题。安全性是指机器人在运动中不会对人或物造成伤害或损害。可靠性是指机器人在长时间运行中不会出现故障，以保证机器人的稳定性和连续性。维护成本是指维护和修理机器人的费用和时间，包括维护和更换驱动系统中的电机、减速器和传动带等部件。

综上所述，移动机器人的驱动系统是机器人的核心组成部分，它的选择和设计对机器人的运动能力和性能有着决定性的影响。在选择和设计驱动系统时，需要根据机器人的应用场景和性能要求，综合考虑驱动方式、电源管理、传感器数据处理和控制算法等问题，并考虑安全性、可靠性和维护成本等方面的因素，以实现高效、精准、安全的机器人运动控制。

(2) 感知系统

感知系统是复合机器人底盘的重要组成部分，它主要由各种传感器组成，如视觉传感器、激光雷达、超声波传感器等。感知系统的作用是帮助机器人感知周围环境，获取相关信息，并将这些信息传递给控制系统，帮助机器人避开障碍物、识别目标物体及自身定位等，是机器人实现自主移动和执行任务的关键。

① 视觉传感器是最常用的传感器设备之一，可以捕捉周围环境的图像和视频，并提供对机器人所在位置和周围环境的识别和理解。利用视觉传感器，机器人能够实现目标跟踪、物体分类、场景理解和路径规划等功能。视觉传感器的种类很多，其中普通彩色相机、红外相机和深度相机应用最为广泛。

普通彩色相机可以捕捉环境中的可见光信息，提供丰富的图像信息，如颜色、纹理、形状等。在机器人移动中，普通相机通常用于目标跟踪、障碍物检测、场景分割等任务。例如，在室内环境中，机器人可以使用普通彩色相机捕捉环境图像，检测和跟踪目标物体，避免碰撞并完成导航任务。红外相机可以捕捉环境中的红外光信息，通常用于夜间或低光照条件下的目标跟踪和环境监测。红外相机能够通过测量目标物体发出的红外光来获取目标物体的位置和形状信息。例如，在夜间或低光照条件下，机器人可以使用红外相机跟踪目标物体，避免碰撞并执行任务。深度相机是一种可以同时获取颜色和深度信息的传感器，能够提供环境中物体的三维空间信息。深度相机可以通过投射结构光或者使用 Time-of-Flight（TOF）的方式来获取深度信息。机器人可以利用深度相机获取环境中物体的三维位置信息，实现障碍物检测、地图构建和路径规划等任务。

② 激光雷达是一种使用激光扫描周围环境的传感器，它可以提供精确的距离和位置信息，适用于机器人的定位和地图的构建。激光雷达主要由激光发射器、扫描镜、接收器和控制电路等组成，通过发射激光束并接收反射回来的光来获取环境中物体的位置和形状信息。激光雷达可以实现高精度、高速度、长距离的环境探测，广泛应用于自动驾驶、机器人导航和工业自动化等领域。在机器人移动中，激光雷达通常用于定位、地图构建和障碍物检测等任务。例如，在自动驾驶领域，激光雷达可以通

过扫描周围环境来实现精确定位和障碍物检测，为车辆提供可靠的环境感知能力。在机器人导航中，激光雷达可以通过扫描周围环境来构建环境地图，提供机器人精确的定位和路径规划。

③ 超声波传感器是一种使用超声波测量距离的传感器，适用于测量障碍物距离，帮助机器人避开障碍物。超声波传感器主要由发射器和接收器组成，通过发射超声波并测量反射回来的信号来计算物体与机器人之间的距离。超声波传感器通常应用于近距离测量，具有高精度、低成本和低功耗等优点，广泛用于机器人避障、跟随、停车等场景中。例如，在室内环境中，机器人可以使用超声波传感器检测周围障碍物的距离和位置，避免碰撞并完成导航任务。在机器人跟随中，超声波传感器可以用来检测跟随目标物体的距离和位置，控制机器人的速度和方向，实现跟随功能。

除了上述传感器外，复合机器人移动底盘的感知系统还可以应用其他传感器，如惯性导航传感器、磁力计、全球定位系统（Global Positioning System，GPS）等。这些传感器可以通过互补滤波等算法来集成和优化，提高机器人的感知能力和定位精度。惯性导航传感器可以通过测量机器人的加速度和角速度来计算机器人的姿态和运动状态，提供机器人在空间中的定位和导航信息。磁力计可以通过测量地磁场来提供机器人在地球表面的方向和位置信息。GPS 则可以通过卫星信号来提供机器人在地球表面的位置信息。

综合利用多种传感器可以提高机器人的感知能力和定位精度，使机器人能够更加准确地感知周围环境，更加精确地定位自身位置。这对于机器人实现自主移动和执行任务是非常重要的。例如，在自动驾驶领域，机器人需要同时利用激光雷达、摄像头、GPS 等多种传感器来感知周围环境，并进行自身定位，实现高精度的自主导航和驾驶。在工业自动化领域，机器人需要利用多种传感器来感知周围环境和执行精确的操作任务。

总之，复合机器人移动底盘的感知系统是机器人的重要组成部分，它通过使用各种传感器来感知周围环境、获取有关机器人周围环境的信息，并将这些信息传递给控制系统。感知系统能够帮助机器人避开障碍物、识别目标物体、进行自身定位等，是机器人实现自主移动和执行任务的关键。摄像头、激光雷达、超声波传感器等多种传感器是感知系统中最常用的传感器，它们各自具有优点和局限性，在机器人移动中应用广泛。综合应用多种传感器可以提高机器人的感知能力和定位精度，实现更加高效、精确的自主移动和任务执行。

(3) 控制系统

控制系统是复合机器人底盘的大脑，是机器人的重要组成部分。随着科技的不断发展，控制系统的技术水平也在不断提高，控制算法的复杂度和实时性能的要求也越来越高。一个优秀的控制系统可以保证机器人的稳定性和精确性，提高机器人的工作效率和安全性。

一个完整的控制系统一般由计算机、控制器、驱动器和传感器等组件构成。其中,计算机是控制系统的核心,它可以对机器人进行编程和控制。控制器是连接计算机和驱动系统的关键部分,它将计算机发出的指令转化为驱动系统能够理解的信号。驱动器是控制电机转动的设备,它将电脉冲信号转化为电机能够理解的电信号,从而控制机器人的运动。传感器则是控制系统的"眼睛"和"耳朵",它能实时收集机器人周围的信息,反馈给控制系统,使机器人能够根据周围环境作出相应的决策和行动。

控制系统的设计和优化需要考虑多个方面,例如控制算法的复杂度、实时性能、安全性、可靠性等。在机器人的自主移动和执行任务中,控制算法的复杂度和实时性能是非常重要的。现在大多数控制系统采用传统的比例-积分-微分(Proportional - Integral - Derivative,PID)控制算法,但对于一些特殊的应用场景,如机器人的运动控制、路径规划等,则需要使用更加复杂的算法,如模糊控制、神经网络控制等。

除此之外,控制系统还需要具备高可靠性和安全性。在机器人执行任务的过程中,如果控制系统出现故障或者不稳定,可能会对机器人造成严重的损害或者危险。因此,控制系统需要具备完善的安全机制和故障处理机制,以及实时监控和反馈功能。

随着机器人技术的快速发展,控制系统也不断更新迭代。目前,控制系统的发展趋势是更高效、更智能化和更可靠。随着人工智能技术的不断进步,控制系统可以更好地理解和处理复杂的环境信息,使机器人能够更加深度地自主决策和更加高效地执行任务。此外,控制系统还在不断向着模块化、可扩展化、开放化的方向发展,以方便用户进行二次开发和自定义。

近年来,控制系统还出现了一些新的发展趋势。例如,随着机器人的应用场景越来越广泛,控制系统对环境的感知能力和处理能力也在不断提高。同时,控制系统还开始加入区块链、人工智能等新技术,以提高系统的可靠性和安全性。

此外,随着物联网和5G等技术的发展,控制系统还将与其他智能设备进行互联和交互。例如,机器人可以通过与智能家居设备的连接,实现更加智能化的家居服务。控制系统还可以与其他机器人协作,实现更加高效的生产和工作流程。

总之,控制系统是机器人的"大脑",它对机器人的运动和行为起着至关重要的作用。控制系统的发展趋势是更加智能化、高效化、可靠化和安全化。随着技术的不断进步,控制系统将会为机器人的应用场景提供更多的可能性和创新空间,为人们的生活和工作带来更多的便利和更高的效率。

2. 复合机器人底盘软件介绍

(1) 定位与地图构建算法

定位与地图构建算法是指利用机器人内部或外部传感器收集的数据,通过算法分析和处理,建立机器人所处环境的地图,并实现机器人在地图中的自主定位和导航。这些算法可以帮助机器人识别和跟踪,避免碰撞和迷失,并在执行任务时进行路径规划和行为决策。其中,定位算法的目标是确定机器人在环境中的具体位置,可以利用激光雷达、摄像头等传感器实现。在实际应用中,定位算法需要考虑机器人的误差、噪声等因素,以及环境的变化和干扰因素。因此,需要采用不同的定位算法来适应不同的环境和任务。

地图构建算法则是将机器人收集到的传感器数据转化为地图,以便机器人在地图上进行自主导航。地图构建算法可以利用激光雷达、摄像头等传感器收集环境信息,使用同步定位和地图构建(Simultaneous Localization and Mapping,SLAM)算法对机器人所处环境进行建模和构建地图。这种算法需要考虑机器人的移动、旋转,以及传感器的误差和地图的精度等因素,以提高地图的精度和稳定性。

除了传统的定位和地图构建算法外,还有一些新的算法正在不断涌现,如深度学习算法、增强学习算法等,这些算法可以帮助机器人更加准确地定位和构建地图,并提高机器人的自主决策和执行任务的效率。

SLAM 算法是一种在未知环境中同时定位和构建地图的算法。它利用机器人的传感器数据,通过自我定位和地图构建,实现机器人在未知环境中的自主定位和导航。SLAM 算法的应用范围非常广泛,包括机器人、自动驾驶等领域。

在 SLAM 算法中,地图是指机器人所在环境的空间信息,包括环境的几何形状、物体位置、障碍物位置等。自我定位是指机器人根据传感器数据和地图信息,确定自己在环境中的位置。SLAM 算法需要同时实现地图构建和自我定位,这个过程需要处理机器人的传感器数据,并进行数据关联和优化,以实现地图构建和自我定位。SLAM 算法的实现有很多不同的方法,其中激光 SLAM 和视觉 SLAM 是最常见的两种算法。

激光 SLAM 算法是利用激光雷达扫描周围环境,获取环境的三维点云数据。通过对激光数据进行处理,可以得到环境的地图信息,包括环境的障碍物位置、物体位置、墙壁位置等。同时,激光 SLAM 算法也可以通过机器人的运动,利用里程计信息进行自我定位。激光 SLAM 算法通过匹配机器人当前的激光扫描数据和地图信息来实现自我定位和路径规划。

视觉 SLAM 算法则是利用摄像头捕捉周围环境的图像和视频,通过对图像进行处理,建立机器人所在环境的地图,并实现机器人的自主定位和导航。视觉 SLAM 算法可以利用单目相机、双目相机、RGB-D 相机等多种类型的相机进行环境建模和自我定位。视觉 SLAM 算法对图像处理技术要求较高,需要进行特征提取、匹配等复杂的计算。

除了激光 SLAM 和视觉 SLAM 外,还有很多其他的 SLAM 算法。例如,基于声呐和雷达的 SLAM 算法,可以用于水下机器人的自主定位和导航。另外,基于深度学习的 SLAM 算法也得到深入研究,这种算法可以通过深度神经网络处理传感器数据和图像数据,实现更加精确和鲁棒的地图构建和自我定位。总之,SLAM 算法是机器人自主定位和导航的重要工具,它在机器人技术领域中具有广泛的应用。除了上述的激光 SLAM、视觉 SLAM 和 ORB-SLAM 算法外,还有许多其他的 SLAM

算法，如基于超声波的 SLAM 算法、基于惯性导航的 SLAM 算法等。不同的 SLAM 算法适用于不同的应用场景，开发人员需要根据实际应用需求选择适合的算法。

总之，定位与地图构建算法是机器人底盘软件中非常重要的部分，可以帮助机器人实现自主定位和导航，从而完成各种任务。未来，随着技术的不断发展和创新，这些算法将会变得越来越精确、高效、智能，为机器人应用场景带来更多可能性和创新空间。

(2) 导航算法

导航算法是复合机器人底盘软件的重要组成部分，负责实现机器人的路径规划、障碍物避让和定位等功能，是机器人系统中的重要环节。导航算法根据不同的应用场景和需求，可以采用不同的算法，包括 A* 算法、Dijkstra 算法、深度学习算法等。

A* 算法是一种经典的寻路算法，可通过启发式搜索找到最优路径。因此，A* 算法是一种启发式搜索算法，通过在搜索过程中使用估价函数来评估当前节点到目标节点的距离，从而选取最有可能达到目标节点的节点进行搜索，从而优化搜索路径。在实际应用中，A* 算法可以通过将地图网格化来实现，在每个网格中存储该网格到目标节点的估计距离，通过比较估计距离与实际距离，选择路径最短的节点进行搜索。

Dijkstra 算法是一种基于图论的算法，能够找到最短路径。Dijkstra 算法通过维护一个距离列表，不断更新节点的距离，直到找到目标节点。在实际应用中，Dijkstra 算法可以通过将地图表示为节点图（graph）来实现。节点图中包含节点（node）和边（edge）。每个节点都表示地图上的一个位置，边表示两个节点之间的距离。通过不断更新节点的距离，可以找到最短路径。

深度学习算法是一种利用神经网络训练的算法，能够实现端到端的导航和路径规划。深度学习算法通过对环境中传感器的数据进行处理和分析，学习环境中的模式和规律，从而实现机器人的自主导航和路径规划。深度学习算法的优点在于其可以自适应地适应不同的环境和场景，而不需要预先设定规则和参数。深度学习算法的缺点在于需要大量的训练数据和计算资源，而且模型的可解释性较差。

除了上述的 A* 算法、Dijkstra 算法和深度学习算法外，还有许多其他的导航算法，如贪心算法、遗传算法等。不同的导航算法适用于不同的应用场景和需求，开发人员需要根据实际应用需求选择适合的算法。随着机器人技术的不断发展和应用场景的不断扩大，导航算法将成为机器人系统的重要组成部分。

(3) 运动控制算法

控制算法是复合机器人底盘软件的核心部分，能够控制机器人的运动和行为，实现自主导航和执行任务。常见的控制算法包括 PID 控制算法、模糊控制算法、神经网络控制算法等。

PID 控制算法是一种经典的控制算法，适用于线性和近似线性的控制系统，通过对反馈信号进行调节来控制机器人的运动。在 PID 控制算法中，比例部分根据目标位置与当前位置之间的误差来计算输出信号，积分部分根据误差累计值来调整输出信号，微分部分根据误差变化率来调整输出信号。通过调整PID控制算法中的三个参数，即比例系数、积分时间和微分时间，可以实现机器人运动的稳定性和精确性。

模糊控制算法是一种基于模糊逻辑推理的控制算法，能够处理不确定性和模糊性的问题，适用于复杂环境下的控制系统。模糊控制算法根据输入变量与输出变量之间的模糊规则进行推理，通过模糊化输入变量、模糊规则的匹配和去模糊化输出变量来计算输出信号。模糊控制算法的优点在于能够处理不确定性和模糊性的问题，可以适应复杂环境下的控制系统；缺点是需要大量的模糊规则，且模糊规则的设计和调整比较困难。

神经网络控制算法是一种利用神经网络进行控制的算法，能够实现机器人的端到端控制和决策。神经网络控制算法通过训练神经网络来实现控制系统，根据输入变量与输出变量之间的映射关系来计算输出信号。神经网络控制算法的优点在于能够进行自适应的学习和调整，适应性强；缺点是需要大量的训练数据和计算资源，并且模型的解释性较差，难以理解其内部运作的机理。

除了PID控制、模糊控制和神经网络控制外，还有一些其他的控制算法也广泛应用于复合机器人底盘软件中。例如，基于强化学习的控制算法可以在不同环境中自适应地调整机器人的行为策略，以最大化某个目标函数的值。另外，基于演化算法的控制算法可以通过对机器人行为的不断演化，实现最优行为的自动生成。

在实际应用中，控制算法往往需要与其他算法相结合，才能实现机器人的复杂行为。例如，在机器人路径规划中，控制算法需要与导航算法协同工作，以实现机器人沿着规划好的路径运动。在执行特定任务时，控制算法需要与任务规划算法协同工作，以实现机器人按照任务要求行动。控制算法是复合机器人底盘软件的核心组成部分，能够实现机器人的自主导航、路径规划和任务执行等功能。不同的控制算法具有各自的优缺点，在实际应用中需要根据具体场景和需求进行选择和优化。随着机器人技术的不断发展，未来还将涌现出更多更高效的控制算法，为机器人行为的智能化和自主化带来更多可能性。

综上，复合机器人底盘硬件和软件是机器人实现自主移动和执行任务的关键。机器人底盘硬件需要具备稳定性、精确性和适应性，能够适应不同环境和任务的需求；其底盘软件需要具备良好的导航算法、SLAM算法和控制算法，能够实现机器人的自主导航、定位和控制。

2.2.2 机械臂

机械臂是复合机器人的重要部件，用于执行各种物体抓取、搬运和操作等任务。机械臂作为复合机器人的动力和控制核心，承担着复合机器人的操作、生产和执行任务的重要功能，通常由关节、电机、传感器和执行器等组成，可以根据需要进行定制和组装，以适应不同的工作场景和负载需求。

机械臂需要具有较高的精度和稳定性，以支持机器人的物体抓取和精细操作。机械臂的设计和选择取决于机器人的工作场景和任务需求，通常包括以下几个方面：

① 负载能力　机械臂需要具有足够的负载能力，以支持机器人执行物体抓取和搬运等任务。负载能力的大小取决于机器人的工作场景和应用需求。

② 自由度　机械臂的自由度决定了其灵活性和工作范围。通常，机械臂的自由度越大，其灵活性和可操作范围就越大。

③ 精度和稳定性　机械臂需要具有较高的精度和稳定性，以确保机器人可以高效地完成各种任务。精度和稳定性的高低取决于机器人的工作场景和应用需求。

④ 传感器　机械臂通常配备有各种传感器，如编码器、力传感器、视觉传感器等，以支持机器人的感知和决策。

协作机械臂具有与人协作能力强、环境适应性强、运行安全性高、操作精度高、智能化程度高等优势，符合复合机器人在结构复杂场景中的应用。因此，协作机械臂已成为复合机器人的重要硬件组成部分，具有广阔的应用前景和巨大的发展潜力。

协作机械臂的特点包括高精度、高灵活性、安全性、可编程性和协作能力等，其应用涉及制造业、医疗保健、家庭服务和军事等多个领域。未来，随着人工智能和机器学习技术的发展，协作机械臂将会更加智能化、精细化、多样化、模块化、网络化和注重安全性，以满足不断变化的应用需求和任务需求。

复合机器人上的协作机械臂是一种在复杂环境下能够与人类和其他机器人协同工作的机器人。与传统的工业机械臂相比，协作机械臂具有更加灵活的运动方式、更高的智能化水平和更强的感知能力，使得它们在复杂的任务中具有更强的适应性和更高的可靠性。下面从机械结构、控制系统、感知系统和应用领域等方面分析协作机械臂的特点。

1. 机械结构

协作机械臂的机械结构通常是由多个柔性连接组成的，可以自由弯曲和旋转，以适应复杂的工作环境和任务。这些柔性连接可以是弹性杆、软管、弹簧、气动驱动器等，可以在保证足够强度的前提下，实现机械臂的柔性化和可变性。协作机械臂的机械结构还可以与其他机器人、设备和工具等进行无缝连接，以实现更加复杂的协作操作。例如，可以将机械臂与传送带、搬运车、夹具等进行连接，实现物料的自动装卸、运输和处理。

2. 控制系统

协作机械臂的控制系统是协作机械臂实现自主导航和任务执行的关键。如图 2.3 所示，协作机械臂的控制系统通常采用分布式控制架构，包括多个控制单元和传感单元，可以实现机械臂的自主控制和协同操作。控制单元通常包括主控制器、运动控制器、传感器控制器等,负责控制机械臂的各个部分,实现机械臂的运动、姿态调整和工具操作等功能。传感器单元通常包括视觉传感器、力传感器、触觉传感器、激光传感器等,可以实现机械臂的内部状态感知和外部环境感知等功能。

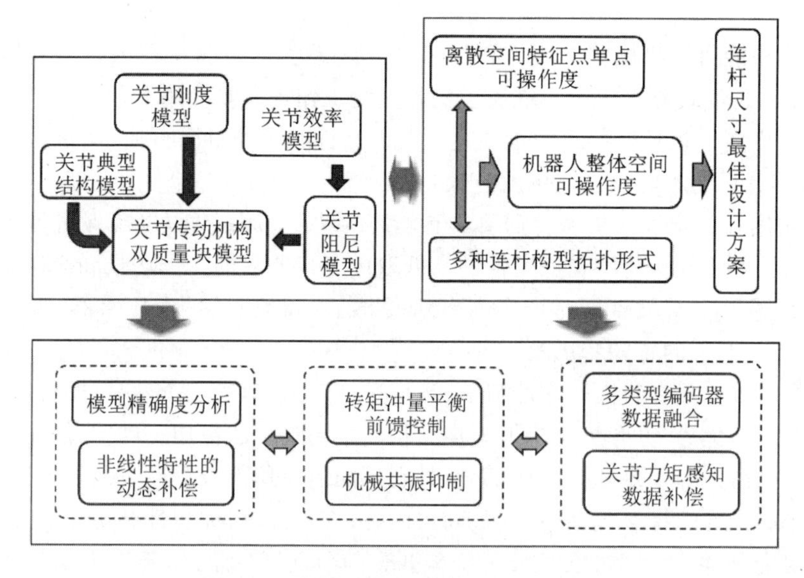

图 2.3 复合机器人的机械臂控制框架

协作机械臂的控制系统还可以通过软件配置和升级等方式进行优化和扩展,以适应不同的应用场景和任务需求。例如,可以通过添加机器学习算法和自适应控制算法等,实现机械臂的自主学习和智能化控制,提高机械臂的操作精度和效率。

3. 感知能力

协作机械臂的感知能力也是复合机器人的重要组成部分。为了实现协作机械臂与环境、工件、人员的安全交互,需要在机器人上搭载各种传感器,包括视觉传感器、力传感器等。

视觉传感器是最常用的一种传感器,能够提供图像和视频信息,通过图像处理和计算机视觉算法实现机器人对环境和工件的识别、定位和跟踪。常见的视觉传感器包括 RGB 相机、深度相机、立体相机等。RGB 相机能够提供彩色图像,适用于颜色和纹理识别;深度相机能够提供深度信息,适用于物体距离测量和三维建模;立体相机能够提供两个视角的图像,适用于精确的定位和跟踪。

力传感器则是通过测量机械臂与目标物体之间的力和力矩,来实现机械臂与目标物体之间的力互动。力传感器通常通过安装在机械臂的末端或关节处来实现力和力矩的测量。在机器人操作中,力传感器可以通过测量机械臂的接触力和扭矩等信息,来实现对目标物体的抓取、移动和放置等操作。此外,力传感器还可以用于实现机械臂与环境之间的力交互,例如与人类协作时,可以通过力传感器来检测人类的手臂运动，从而实现机械臂的协调运动。

总之，协作机械臂相比于传统的工业机械臂具有更加灵活的运动方式、更强的自适应性和更好的安全性能，使得它在复合机器人领域得到了广泛应用。同时，协作机械臂具备强大的感知能力，通过各种传感器和视觉系统实现环境感知和目标检测，能够搭载于复合机器人上，在不同的工作场景中实现复杂任务的协同完成。

2.2.3　末端执行器

复合机器人是一种由一至多个机械臂组成的机器人系统，具有更大的自由度和工作空间。复合机器人可以用于制造、医疗、航空航天、自动化等领域。其末端执行器是指安装于机器人末端用于执行各种任务的部件，例如夹具、传感器、工具等。末端执行器的种类和结构取决于机器人的应用领域和任务。以下是几种常见的末端执行器。

1. 夹　具

夹具是末端执行器的一种，用于抓取、夹持和固定物体。夹具的结构包括基座、夹爪、夹具手柄等。夹具的选择取决于物体的形状、尺寸和材质。常见的夹具类型包括气动夹具、机械夹具和磁力夹具等。

① 气动夹具是一种基于气压的夹具，其工作原理是通过压缩空气或其他气体来移动夹具手柄，完成物体的固定。气动夹具具有速度快、力量大、运行成本低等优点，适用于大量生产线上的重复性任务。

② 机械夹具是一种基于机械原理的夹具，其工作原理是通过摆动杠杆或旋转轮子来移动夹具手柄，完成物体的固定。机械夹具具有稳定性好、精度高、结构简单等优点，适用于需要高精度夹持和固定的任务。

③ 磁力夹具是一种基于磁力原理的夹具，其工作原理是通过电磁铁或永磁体来吸附物体。磁力夹具具有不会损坏物体、操作简单等优点，适用于需要夹持脆弱或易损坏的物体的任务。

2. 传感器

传感器是末端执行器的另一种，用于检测物体的位置、形状、尺寸、颜色和其他属性。传感器的种类包括光学传感器、机械传感器、声学传感器和触摸传感器等。传感器可以与机器人的控制系统集成，以实现自动化任务。

① 光学传感器是一种基于光学原理的传感器，其工作原理是通过光学透镜、光敏元件和信号处理器来检测物体的位置、形状、尺寸和颜色等。光学传感器具有精度高、响应速度快、稳定性好等优点，适用于需要高精度测量和检测的任务。

② 机械传感器是一种基于机械原理的传感器，其工作原理是通过机械部件的运动来检测物体的位置、形状和尺寸等。机械传感器具有耐用性好的优点，可耐高温、高压等，适用于需要在恶劣环境中进行测量和检测的任务。

③ 声学传感器是一种基于声波原理的传感器，其工作原理是通过声波传播和反射来检测物体的位置、形状和尺寸等。声学传感器具有非接触式测量的优点，可测量复杂形状的物体，适用于需要非接触式测量和检测的任务。

④ 触摸传感器是一种末端执行器，用于检测物体表面的接触力和变形情况。触摸传感器的结构包括感应器、弹簧和传感器处理器。触摸传感器可以与机器人的控制系统集成，以实现机器人对物体的触摸和感知任务。触摸传感器具有高精度、非接触式测量等优点，可用于多种材质的物体的检测，适用于需要高精度测量和检测的任务。触摸传感器可以用于机器人在执行组装、装配、精密加工等任务时对物体进行触摸和感知，从而提高任务的准确性和效率。

3. 工　具

工具是末端执行器之一，用于抓取、加工、剪切、钻孔、磨削等任务。工具的种类包括夹爪、钻头、吸盘等。工具的选择取决于物体的材质、形状和加工要求。工具可以与机器人的控制系统集成，以实现自动化加工任务。

(1) 夹　爪

夹爪是机器人执行抓取、搬运等操作的最常用的末端执行器之一，如图 2.4 所示。

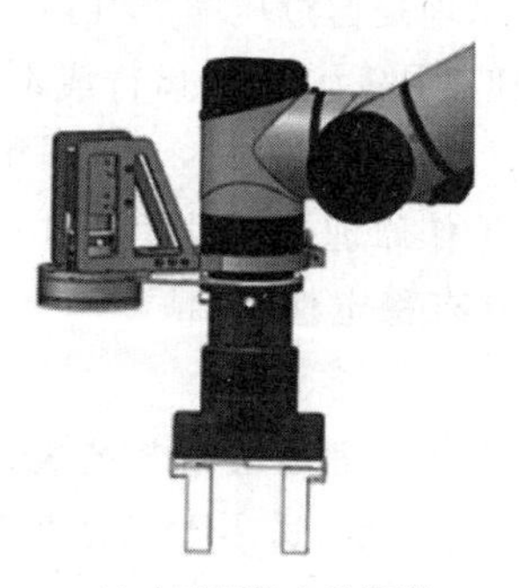

(a) 电动两指夹爪模型

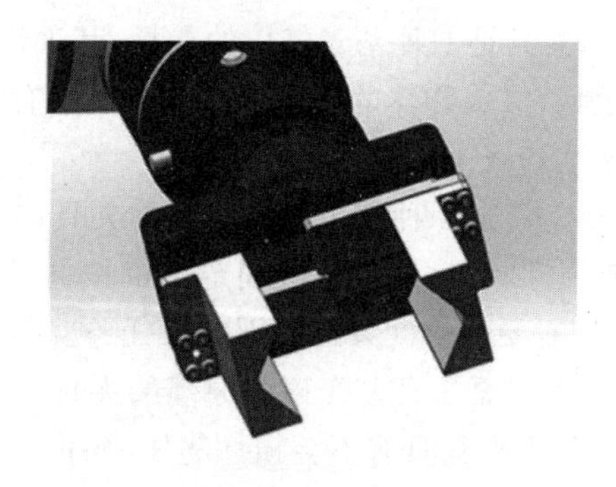

(b) 电动两指夹爪模型斜视图

图 2.4　复合机器人末端执行器夹爪

首先，夹爪有许多不同的形状和尺寸，以适应不同类型的任务。例如，某些夹爪是用于精细操作的，例如装配小零件，而另一些夹爪则是用于拾取和搬运重型物品的。因此，夹爪的形状和尺寸与应用有关。

其次，夹爪的构造也是根据不同的任务而定的。例如，一些夹爪使用气压来夹紧物品，而其他夹爪使用机械装置，还有一些夹爪使用电磁装置来夹紧物品。这些不同的构造使夹爪能够适应不同的任务，并具有不同的操作速度和精度。

再次，夹爪还可以通过添加传感器来提高其功能性。例如，夹爪可以安装力传感器，以测量夹紧物品时的力度，或者安装视觉传感器，以检测物品的位置和方向。这些传感器可以增强机器人的操作精度和可靠性，并使其能够更好地适应不同任务和环境。

另外,夹爪还可以通过软件进行控制,以实现更高级别的操作。例如,机器人可以使用计算机视觉算法来自动识别和夹取物品。这些算法可以识别各种形状和大小的物品,并使机器人能够在复杂的环境中执行各种任务。

综上,复合机器人夹爪是机器人中非常重要的组件,可以适应不同的任务,具有不同的形状和尺寸,并可以通过添加传感器和软件来增强其功能。这使得机器人能够在不同的环境中执行各种任务,并具有更高的操作精度和可靠性。

(2) 钻削工具

① 钻头是一种用于钻孔的工具,其结构包括刀柄和钻头头部。钻头具有加工速度快、精度高等优点,适用于高效率钻孔的任务。

② 切割刀是一种用于切割物体的工具,其结构包括刀片和刀柄。切割刀具有切割速度快、切割质量好等优点,适用于高效率切割的任务。

③ 砂轮是一种用于磨削物体的工具,其结构包括砂轮和磨削刀。砂轮具有磨削效率高和磨削精度高等优点,适用于高精度磨削的任务。

(3) 吸　盘

① 电磁铁是一种末端执行器,通过电流产生的磁场来完成对物体的吸附、固定和释放。电磁铁的结构包括线圈、铁芯和控制电路。电磁铁可以与机器人的控制系统集成,以完成自动化装配、拆卸和物料搬运等任务。电磁铁具有吸附力强、释放快速等优点,适用于需要对物体进行吸附和固定的任务。电磁铁可以用于机器人在执行自动化装配、拆卸和物料搬运等任务时对物体进行吸附和固定,从而提高任务的准确性和效率。

② 真空吸盘是一种末端执行器,通过产生真空来实现对物体的吸附和固定。真空吸盘的结构包括吸盘、泵和控制电路。真空吸盘可以与机器人的控制系统集成,以实现自动化装配、拆卸和物料搬运等任务。真空吸盘具有吸附力强和用于多种材质的物体等优点,适用于需要对物体进行吸附和固定的任务。真空吸盘可以用于机器人在执行自动化装配、拆卸和物料搬运等任务时对物体进行吸附和固定,从而提高任务的准确性和效率。

综上所述,复合机器人的末端执行器有多种类型,包括机械夹爪、夹具、电机驱动器、触摸传感器、电磁铁、真空吸盘和光学传感器等,在工程应用中复合机器人常用的末端执行器如图 2.5 所示。这些末端执行器可以完成机器人对物体的抓取、装配、测量、检测等任务,大大提高了机器人的自动化程度和生产效率。不同类型的末端执行器各有优点和适用范围,可以根据不同任务的要求进行选择和集成。通过选择合适的末端执行器,优化机器人的运动规划和控制算法,可以提高机器人的精度、稳定性和灵活性,使其能够适应不同的生产环境和任务需求。

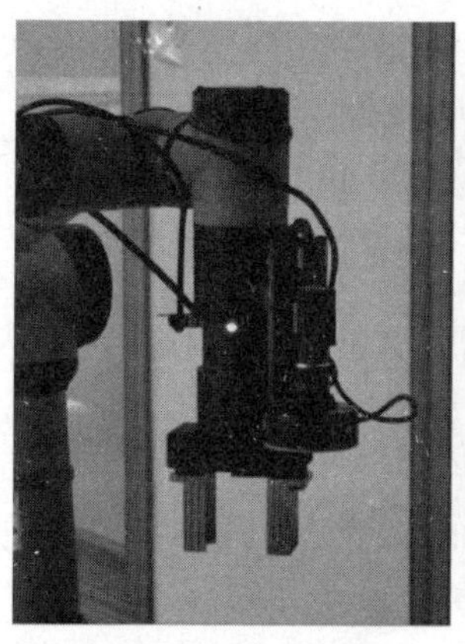

(a) 机械臂末端组件斜视图，
包含一台2.5D视觉相机和
一台电动夹爪

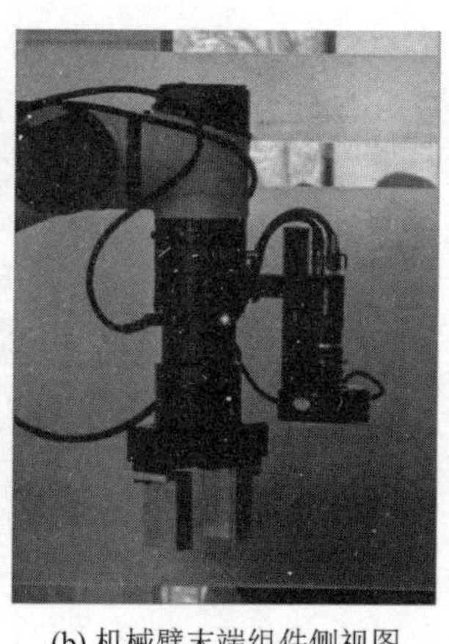

(b) 机械臂末端组件侧视图，
包含一台2.5D视觉相机和
一台电动夹爪

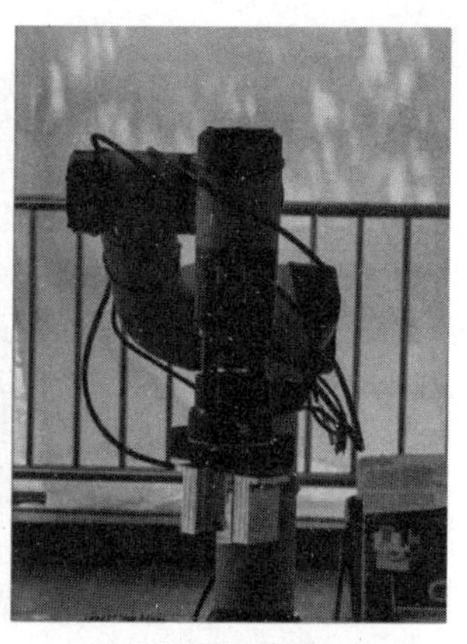

(c) 机械臂末端组件正视图，
包含一台2.5D视觉相机和
一台电动夹爪

图 2.5　复合机器人常用末端执行器

2.3　复合机器人的传感器

复合机器人是指由若干机器人组成的生产系统，具有高度的自动化程度和灵活性。在复合机器人系统中，各机器人之间需要进行协调和协同，以完成复杂的生产任务。其中，传感器是实现机器人协同和自适应控制的关键元件之一，通过传感器对生产环境和物体进行感知和测量，实现机器人的自适应和自动化控制。

复合机器人对传感器的要求主要包括以下几个方面：

① 精度高　复合机器人需要对生产环境和物体进行精确的感知和测量，以完成自动化控制和精密加工等任务。

② 可靠性高　复合机器人通常应用于高速运动和复杂的生产环境中，传感器需要具有高度的稳定性和可靠性，以确保机器人的安全和稳定运行。

③ 响应速度快　复合机器人需要对生产环境和物体进行实时感知和测量，传感器需要具有快速响应和高速数据传输的能力。

④ 适应性强　复合机器人需要在多种不同的生产环境和任务中操作，传感器需要具有广泛的适应性和多样化的测量能力。

⑤ 集成性强　复合机器人通常由多个机器人和多个传感器组成，传感器要能与机器人的控制系统和其他传感器进行无缝集成，以完成复杂的生产任务和控制策略。

传感器是指能够将物理量转换为电信号或数字信号的器件，用于对生产环境和物体进行感知和测量。传感器的特性主要包括以下几个方面：

① 测量范围　传感器能够测量的物理量范围包括长度、质量、温度、压力等。

② 灵敏度　传感器对物理量变化的敏感程度，即传感器输出信号随物理量变化

的程度。

③ 分辨率　传感器对物理量变化的最小检测能力，即传感器输出信号的最小变化量。

④ 精度　传感器输出信号与实际物理量的差异程度，即传感器输出信号的准确度。

⑤ 响应速度　传感器对物理量变化的响应速度，即传感器输出信号的时间延迟。

⑥ 稳定性　传感器输出信号的稳定性，即传感器在长时间使用过程中输出信号的变化程度。

⑦ 可靠性　传感器在各种环境和使用条件下输出信号的稳定性和准确性。

⑧ 抗干扰性　传感器在复杂环境和电磁波等干扰因素下输出信号的稳定性和准确性。

⑨ 寿命　传感器的使用寿命，即传感器在长时间使用过程中性能变化的程度。

⑩ 尺寸和质量　传感器的质量和体积对于机器人的负载和空间要求具有重要影响。

根据测量原理和测量方式的不同，传感器可以分以下几种类型：

① 机械式传感器是一种基于机械运动原理的传感器，常用于测量物体的长度、压力、质量等物理量。机械式传感器的原理是利用弹性变形的原理，将物理量转换为机械运动，再通过传动机构将机械运动转换为电信号或数字信号。机械式传感器具有简单、可靠、精度高的特点，但响应速度较慢，适用于对响应速度要求不高的场合。

② 光学传感器是一种利用光学原理测量物理量的传感器，常用于测量物体的位置、距离、速度、形态等物理量。光学传感器的原理是利用光线与物体的反射、透射、散射等现象，将物理量转换为光学信号，再通过光/电转换器将光学信号转换为电信号或数字信号。光学传感器具有响应速度快、精度高、抗干扰能力强的特点，但受环境光线和物体表面特性的影响较大。

③ 声学传感器是一种利用声波原理测量物理量的传感器，常用于测量物体的距离、位置、速度等物理量。声学传感器的原理是利用声波在空气或固体中传播的特性，将物理量转换为声学信号，再通过声/电转换器将声学信号转换为电信号或数字信号。声学传感器具有非接触式测量、测量范围大、抗干扰性强的特点，但响应速度较慢，受环境噪声和物体表面特性的影响较大。

④ 磁性传感器是一种利用磁性原理测量物理量的传感器，常用于测量物体的位置、速度、形态等物理量。磁性传感器的原理是利用物体产生的磁场或外加磁场对传感器的磁敏元件产生作用，将物理量转换为电信号或数字信号。磁性传感器具有非接触式测量、抗干扰性强的特点，但受温度、磁场干扰等因素的影响较大。

⑤ 电化学传感器是一种利用电化学原理测量物理量的传感器，常用于测量物质浓度、氧气含量等物理量。电化学传感器的原理是利用电化学反应产生的电势差或

电流变化，将物理量转换为电信号或数字信号。电化学传感器具有精度高、灵敏度高的特点，但受环境温度、湿度、气压等因素的影响较大。

以上是一些常见的传感器类型，还有其他类型的传感器如温度传感器、湿度传感器、压力传感器、加速度传感器、陀螺仪传感器等。不同类型的传感器有不同的特点和应用场合，机器人设计者与使用者需要根据具体应用需求选择合适的传感器。传感器是机器人实现感知和控制的关键部件，它们能够将机器人周围环境的物理量转换为电信号或数字信号，为机器人提供必要的输入信号。机器人对传感器的要求包括测量范围、精度、分辨率、响应速度、稳定性、可靠性、抗干扰性、寿命、尺寸和质量等方面。不同类型的传感器具有不同的工作原理和特点，机器人设计者需要根据具体应用需求选择合适的传感器类型。

2.3.1 常用的外部传感器

1. 激光雷达

为了保证机器人在复杂的环境中高效、安全地行动，激光雷达被广泛应用于复合机器人中。激光雷达是一种利用激光束测距的传感器，能够高精度地测量周围环境中物体的距离和形状。在复合机器人中，激光雷达主要用于环境感知、定位和避障。

首先，激光雷达可以用于构建地图。机器人通过激光雷达扫描周围环境，获取环境中障碍物的距离和形状信息，然后将这些信息融合起来生成地图。在复合机器人的应用场景中，地图可以是一个实时更新的环境模型，机器人可以在地图上精确定位并规划路径。其次，激光雷达可以用于机器人的定位。机器人在移动的过程中，可以通过激光雷达扫描周围环境，与预先构建的地图进行匹配，从而实现自身的定位。这种方法的优点是定位精度高、成本低，同时还能够适应各种不同的环境。除了地图构建和定位外，激光雷达还可以用于避障。复合机器人在行驶过程中，激光雷达可以实时检测到障碍物的位置和形状，从而及时做出避让决策，避免与障碍物发生碰撞。这对于保障机器人的安全性和效率具有重要意义。

此外，激光雷达还可用于目标检测和跟踪。在一些特定的应用场景中，机器人需要识别和跟踪特定的目标，如仓库中的货架或医院中的病人等。激光雷达可以辅助机器人识别目标的位置和形状，从而实现目标的跟踪和定位。

2. 视觉传感器

相机是复合机器人中常见的视觉传感器，它能够捕捉周围环境中的图像和视频，为机器人的自主决策和操作提供必要的视觉信息。在复合机器人中，相机主要用于目标检测和跟踪、路径规划、环境感知等方面。

首先，相机在复合机器人中被广泛用于目标检测和跟踪。通过分析相机捕捉到的图像和视频，机器人可以快速、准确地检测和识别出周围环境中的目标物体，如人、车、货物等。同时，相机还能够通过跟踪目标物体的运动轨迹，预测其未来的运动方向，为机器人的自主决策和行动提供必要的指导。其次，相机还可以用于路径规划。复合机器人在执行任务时，需要规划一条有效的路径，以避免与周围的障碍物发生碰撞或者浪费时间。通过相机捕捉周围环境中的图像和视频，机器人可以实时更新环境地图，并利用地图信息规划一条最优的路径，提高机器人的效率和安全性。除此之外，相机还可以用于环境感知。复合机器人在执行任务时，需要了解周围环境的状态，以便做出正确的决策和行动。相机可以捕捉周围环境中的各种信息，如颜色、形状、纹理等，为机器人提供更加全面和准确的环境感知信息。

然而，相机在复合机器人中的应用也存在一些挑战和限制。相机的视野和分辨率可能会受到环境光线、障碍物等因素的影响，从而影响机器人的感知能力。此外，相机需要高计算能力的算法支持，才能够实现快速、准确的目标检测和跟踪等功能。

3. 末端力传感器

复合机器人是一种结合多种不同机器人技术的机器人，能够完成各种高精度的操作任务，如组装、拆卸、打磨、剪裁等。为了实现高精度的操作，复合机器人通常需要装备末端力传感器。

末端力传感器是一种能够测量机器人末端执行器对工件施加的力和扭矩的传感器。通常被安装在机器人末端执行器中，例如机器人手爪、机器人夹具等位置。末端力传感器可以测量机器人末端执行器对工件施加的力和扭矩的大小和方向，从而实现对工件的高精度控制。下面介绍复合机器人末端常用的几种力传感器。

① 压电式传感器是一种利用材料的压电效应来测量力和压力的传感器。在复合机器人中，压电式传感器通常被集成在机器人末端执行器中，用于测量机器人对工件施加的力和扭矩。当机器人执行器施加力或扭矩时，压电材料会产生电荷，通过测量电荷的大小，可以推算出机器人对工件的力和扭矩。

② 电容式传感器是一种利用电容值随受力而变化的传感器，常用于测量小范围内的受力。在复合机器人中，电容式传感器通常被集成在机器人末端执行器中，用于测量机器人对工件施加的力和扭矩。当机器人执行器施加力或扭矩时，电容值会发生微小的变化，通过测量电容值的变化，可以推算出机器人对工件的力和扭矩。

③ 应变片是一种将应变（即物体形变）转换为电信号的传感器。在复合机器人中，应变片通常被粘贴在机器人末端执行器或机器人手指等位置，用于测量机器人对工件施加的力。当机器人执行器施加力时，会使得机器人末端执行器或手指产生微小的形变，应变片可以通过测量形变量的变化，推算出机器人对工件的力的大小。

以上几种力传感器在复合机器人中广泛应用，可以为机器人的高精度操作提供重要的支持。利用这些传感器可以实现机器人对工件施加的力和扭矩的高精度测量和控制。同时，末端力传感器也可以用于机器人的自适应控制，例如在机器人操作过程中，如果工件出现了变形或位置偏差，机器人可以通过末端力传感器对工件进行自适应控制，保证操作的高精度和稳定性。在复合机器人的应用中，末端力传感器不仅可以测量机器人对工件所施加的力和扭矩，还可以用于机器人的自适应控制，提高机器人的操作精度和效率。另外，末端力传感器的精度和可靠性也对机器人操作的安全性起到重要作用。因此，在复合机器人的设计和制造过程中，末端力传感器是一个重要的组成部分，应该根据具体的应用需求选择合适的传感器类型和配置方式。

4. 防碰撞传感器

防碰撞传感器是一种用于检测机器人周围障碍物的传感器，能够探测机器人前进方向上的物体，并提供必要的信息，以便机器人进行避障或停止操作，从而防止机器人发生碰撞事故。防碰撞传感器可以通过声波、红外线、激光和摄像机等来实现。

① 声波传感器通过发射超声波来探测机器人周围的障碍物，然后接收反射回来的信号来确定物体的距离和位置。声波传感器工作原理简单，成本低廉，但在噪声环境中效果不佳。

② 红外线传感器通过发射红外线来探测机器人周围的障碍物，然后接收反射回来的信号来确定物体的距离和位置。红外线传感器适用于较小的距离测量，但在光线较强的环境中会产生干扰。

③ 激光雷达通过发射激光束来探测机器人周围的障碍物，然后接收反射回来的信号来确定物体的距离和位置。激光雷达精度高，适用于较大的距离测量，但成本较高。

④ 摄像机通过捕捉机器人周围的图像来确定物体的位置和距离。摄像机可以通过计算机视觉算法来实现障碍物检测和距离测量。摄像机能够应对复杂的环境，但对光照和图像质量敏感。

防碰撞传感器可以根据其测量原理和应用场景进行分类。

按测量原理可以分为：① 接触式传感器。它可以直接接触障碍物，通过物体的变形或者压力信号来检测障碍物的存在。接触式传感器适用于测量小物体，如零件、电子元器件等。② 非接触式传感器。它通过光、声、电磁波等非物理接触方式来探测障碍物。非接触式传感器适用于测量大物体和复杂形状的物体，如车身、建筑物等。

按应用场景可以分为：① 室内型传感器。它适用于在封闭空间内进行的机器人操作，如工厂车间、医院手术室等。② 室外型传感器。它适用于在户外环境中进行的机器人操作，如航空航天、建筑施工等。③ 移动式传感器。它可以随着机器人的移动而移动，适用于机器人需要在多个位置进行操作的场景。④ 固定式传感器。它安装在固定位置，适用于机器人需要在某一固定位置进行操作的场景。

总之，防碰撞传感器是移动操作机器人中必不可少的安全装置，它可以为机器人提供安全的环境和操作保障。随着科技的不断进步，防碰撞传感器的性能和应用范围也会不断扩展，为机器人的安全运行提供更加完善的技术支持。

5. 防跌落传感器

复合机器人是一种多关节、多动作的机器人，由于其工作环境多为高空、狭小、危险等环境，因此需要具备较高的安全性能。防跌落传感器就是一种用于检测复合机器人工作区域边缘、悬崖峭壁等危险地带的传感器，以防止机器人误入危险区域而导致坠落或人员伤亡等事故的发生。

防跌落传感器的工作原理基于测量机器人距离地面的高度，通常采用激光测距或超声波测距技术。在机器人工作过程中，传感器不断对机器人周围的环境进行扫描和检测，一旦机器人接近边缘或悬崖等危险地带，防跌落传感器会及时发出警报信号，提醒机器人操作员或系统控制中心注意危险，避免机器人误入危险区域。

目前市场上的防跌落传感器多种多样，按照工作原理和传感器类型的不同，可以分为以下几类：

① 激光式防跌落传感器　采用激光测距技术，可以测量机器人到地面的精确距离，精度高、检测速度快，适用于各种地形和复杂工作环境。

② 超声波式防跌落传感器　采用超声波测距技术，可以对机器人周围的环境进行快速扫描，精度较低且价格也低，适用于平坦的工作区域。

③ 视觉式防跌落传感器　通过摄像头和计算机视觉技术，可以对机器人周围的环境进行图像识别和分析，检测机器人距离地面的高度和危险地带的边缘位置，精度高且价格也高，适用于复杂、危险的工作环境。

防跌落传感器是复合机器人中必不可少的安全装置，它可以为机器人提供安全的工作环境和操作保障。在未来，随着科技的不断发展，防跌落传感器的性能和应用范围将会不断拓展，为机器人的安全性能提供更加全面、可靠的保障。在工业生产、建筑施工、物流配送等领域，复合机器人将会有更加广泛的应用，防跌落传感器也将随之成为机器人安全保障系统中的重要组成部分。

需要注意的是，防跌落传感器虽然可以提高机器人的安全性能，但并不能完全消除机器人操作中的风险。因此，在复合机器人的操作和管理过程中，除了防跌落传感器之外，还需要加强对机器人操作员的培训和管理，加强机器人的维护和保养，以确保机器人能够安全、高效地完成各种工作任务。

此外，随着人工智能技术的快速发展，机器人将逐渐具备自主决策和学习能力，防跌落传感器也将向更加智能化、自适应化的方向发展。未来的防跌落传感器将不仅仅是单一的传感器设备，而是整合更多的感知、识别、控制等技术，实现机器人的自主避险和自我保护，进一步提高机器人的安全性能和工作效率。

综上，防跌落传感器是复合机器人中至关重要的安全装置，它可以帮助机器人避免坠落和人员伤亡等危险事件的发生，保证机器人的安全稳定运行。在未来，随着技术的不断发展，防跌落传感器将会逐渐智能化、自适应化，为机器人的安全提供更加全面、可靠的保障。

6. 其他传感器

复合机器人作为一种集多种功能于一身的机器人，通常需要搭载多种外部传感器来实现各种不同的功能。除了上述常见的传感器外，还有其他多种外部传感器可以用于不同的应用场景。

(1) 磁力传感器

磁力传感器可以通过感知周围磁场的变化来实现环境感知和定位。这种传感器广泛用于自动导航和地理定位系统中,如自动驾驶汽车、无人机等。

(2) 气体传感器

气体传感器可以通过感知周围气体的成分和浓度来实现环境监测和检测。这种传感器广泛用于空气质量检测、环境污染监测等领域,如室内空气质量检测、车内空气净化等。

(3) 湿度传感器

湿度传感器可以通过感知周围空气的湿度来实现环境感知和监测。这种传感器广泛用于智能家居、农业生产等领域,如智能空调、温室环境控制等。

(4) 电流传感器

电流传感器可以通过感知电路中的电流变化来实现电力监测和控制。这种传感器广泛用于工业自动化、电力系统监测等领域,如工业机器人的电力控制和电机驱动等。

(5) 压力传感器

压力传感器可以通过感知物体的压力变化来实现力的测量和监测。这种传感器广泛用于机械加工、制造等领域,如机械加工的力控制和质检等。

综上所述,复合机器人需要搭载不同种类的外部传感器来实现不同的功能。磁力传感器、气体传感器、湿度传感器、电流传感器和压力传感器等可以实现环境感知、定位、监测、控制等功能,为机器人的操作提供更加全面的支持。随着技术的不断发展,更多的外部传感器将应用于复合机器人中,使机器人能够更加智能化、自适应化,为各行业的自动化生产和服务提供更高效、安全、智能的解决方案。这些传感器不仅可以提高机器人的工作效率和精度,而且可以保障机器人的安全性和可靠性,从而满足不同场景的需求。例如,在医疗领域,机器人需要搭载各种传感器来保证手术操作的准确性和安全性,避免对患者造成不良影响。在物流领域,机器人需要搭载各种传感器来实现自主导航和物品分拣等功能,提高物流效率。

未来,随着人工智能技术的不断发展和应用,机器人将具有更加智能化的感知和决策能力,可以更加精准地感知和处理复杂环境的信息,以及更加高效地执行各种任务。因此,外部传感器作为机器人感知和控制的核心技术之一,将在机器人领域发挥越来越重要的作用。

2.3.2 常用的内部传感器

除了外部传感器,复合机器人还需要内部传感器来感知机器人自身状态,以及执行任务过程中的动态变化。常用的内部传感器主要包括位置传感器、速度传感器、加速度传感器、位姿传感器、关节力矩传感器等。

位置传感器是一种常用的内部传感器，用于测量机器人末端执行器和关节的位置信息，可以实现机器人的运动控制。根据其原理不同，位置传感器主要分为接触式和非接触式两种类型。接触式位置传感器可以直接感知机器人执行器或关节的位置信息，如编码器、光电编码器等。非接触式位置传感器可以通过测量机器人执行器或关节的磁场、电场、声波等信息来感知位置，如激光测距仪、超声波传感器等。

速度传感器是用于测量机器人执行器或关节速度信息的传感器，可以实现机器人的速度控制和运动规划。常用的速度传感器包括编码器、光电编码器、霍尔传感器等。

加速度传感器是一种常用的惯性传感器，可以感知机器人在运动过程中的加速度信息，如加速度计。加速度传感器常用于机器人姿态控制、动态稳定等方面。

位姿传感器主要用于感知机器人的位姿信息，可以实现机器人的空间定位和路径规划。常用的位姿传感器包括惯性测量单元、GPS 等。

关节力矩传感器主要用于测量机器人关节执行器的力矩信息，可以实现机器人的力控制和力规划。关节力矩传感器通常采用应变式或压力式传感器等。

这些内部传感器可以为机器人提供丰富的内部状态信息，从而实现精准的运动控制、姿态控制、力控制等功能。同时，它们也为机器人的自主学习和决策提供了重要的数据支持。下面分别介绍各类传感器。

1. 位置传感器

位置传感器是一种广泛使用的内部传感器，它可以测量机器人末端执行器和关节的位置信息，以实现机器人的运动控制。位置传感器的作用在于，能够实时地监测机器人执行器或关节的位置，并将其转化为数字信号，从而帮助控制系统对机器人的运动进行精确控制。

根据其原理不同，位置传感器主要分为接触式和非接触式两种类型。接触式位置传感器可以直接感知机器人执行器或关节的位置信息。这些位置传感器通常采用机械接触方式，将位置信息转换成电信号输出。例如，编码器是一种常用的接触式位置传感器，它通过机械接触和光学测量来获取机器人关节的位置信息。另一个例子是光电编码器，它使用光学传感器来检测机器人关节的位置信息，具有高分辨率和高精度的特点。

相对于接触式位置传感器，非接触式位置传感器则可以通过测量机器人执行器或关节的磁场、电场、声波等信息来感知位置。这些位置传感器不需要机械接触，因此具有不易磨损、寿命长等优点。例如，激光测距仪是一种常见的非接触式位置传感器，它通过测量反射激光的时间来计算机器人末端执行器的位置信息。另一个例子是超声波传感器，它可以利用超声波在空气中的传播速度来计算机器人关节的位置信息。

无论是接触式还是非接触式位置传感器，它们的精度和稳定性都对机器人的运动控制至关重要。因此，在选择和使用位置传感器时，需要根据机器人的实际需求来选取适当的类型和规格,并进行精密的安装和校准。

位置传感器是机器人运动控制中必不可少的元件,它们可以帮助机器人实现高精度的运动控制,从而适应不同的应用场景。随着人工智能和机器人技术的不断发展,位置传感器的性能和应用范围将不断得到拓展和提升。

2. 速度传感器

除了位置传感器外,速度传感器也是机器人运动控制中不可或缺的元件。它们可以测量机器人执行器或关节的速度信息,并将其转化为数字信号,以实现机器人的速度控制和运动规划。速度传感器广泛用于工业机器人、自动化设备、航空航天等领域。常用的速度传感器包括编码器、光电编码器、霍尔传感器等。

编码器是一种基于机械接触的速度传感器,通常由发光二极管和光敏二极管组成,发光二极管可发光,而光敏二极管可测量光的强度。编码器通过旋转轴的转动来感知机器人执行器或关节的速度信息。

光电编码器是一种高精度的编码器,具有高分辨率、高速度等特点,广泛用于工业机器人和自动化设备中。

霍尔传感器是一种基于磁性感应的速度传感器,通过测量机器人执行器或关节的磁场变化得到速度信息。霍尔传感器通常由霍尔元件、磁铁和信号处理器组成,当机器人执行器或关节旋转时,磁铁会产生磁场变化,从而激活霍尔元件,信号处理器会将霍尔元件输出的信号转换为机器人的速度信息。相对于编码器,霍尔传感器不需要机械接触,具有不易磨损、寿命长等优点。

除了上述传感器外,还有一些其他类型的速度传感器,如激光测速仪、超声波传感器等。激光测速仪可以利用激光束在物体表面反射后的时间差来测量物体的速度信息。超声波传感器可以利用超声波在空气中的传播速度来测量机器人执行器或关节的速度信息。这些传感器具有高精度、高可靠性等优点,广泛用于工业机器人、自动化设备、车辆导航等领域。

另外,传感器的安装位置和姿态也对其测量精度有着很大的影响。传感器应尽可能安装在机器人执行器或关节的中心位置,避免出现偏移和振动等问题。此外,传感器的姿态也应与机器人执行器或关节的运动方向保持一致,避免产生误差。

在机器人控制系统中,速度传感器通常与控制器和执行器或关节组成一个反馈回路。控制器通过读取速度传感器输出的速度信号,可以实时调节执行器或关节的速度,以实现精确的运动控制和规划。反馈回路的建立可以提高机器人的稳定性、精度和响应速度,使机器人能够更好地适应不同的应用场景。

随着人工智能、物联网、云计算等技术的不断发展,机器人将在越来越多的领域得到应用,如智能制造、智能家居、医疗健康等。在这些应用场景中,速度传感器将扮演越来越重要的角色,促进机器人的发展和应用。未来,随着传感器技术的不断创新和升级,我们可以期待更加精确、高效、智能的机器人系统的诞生,为人类带来更多的便利和价值。

速度传感器可以帮助机器人实现精确的速度控制和运动规划，从而适应不同的应用场景。在选择和使用速度传感器时，需要考虑诸多因素，如传感器的精度、分辨率、灵敏度、响应时间、温度特性、抗干扰性等。不同类型的传感器具有不同的特点，应根据具体应用场景进行选择。

3. 加速度传感器

加速度传感器是一种惯性传感器，主要用于测量物体在运动过程中的加速度和重力加速度。在机器人中，加速度传感器可以感知机器人在运动过程中的加速度信息，如机器人的运动方向、加速度和速度等，从而实现机器人的姿态控制和动态稳定。

加速度传感器的原理是基于牛顿第二定律，即物体的加速度与物体所受力的大小及方向成正比。加速度传感器通过感知物体所受的惯性力计算出物体的加速度。传感器通常由一个微机电系统（Micro-Electro-Mechanical Systems，MEMS）芯片和一个信号处理电路组成。当机器人发生加速运动时，MEMS芯片中的微小结构会产生微小的振动，这些振动会被转化为电信号，经过信号处理电路处理后，输出机器人的加速度信息。

在机器人中，加速度传感器通常用于机器人的姿态控制和动态稳定。在机器人的姿态控制中，加速度传感器可以感知机器人的加速度信息和重力加速度信息，从而确定机器人的姿态和方向。同时，加速度传感器还可以结合其他传感器，如陀螺仪和磁力计等，实现更加精确的姿态控制和导航功能。

在机器人的动态稳定中，加速度传感器可以实时感知机器人的加速度和速度信息，从而判断机器人的状态和运动方向，并通过控制器调整机器人的速度和方向，以实现动态稳定。加速度传感器的使用可以提高机器人的运动控制精度和稳定性，使机器人能够更好地适应复杂的环境和任务。

加速度传感器在复合机器人中扮演着重要角色，可以实现机器人的姿态控制和动态稳定等功能。未来，随着传感器技术的不断创新和升级，我们可以期待更加精确、高效、智能的机器人系统的诞生。

4. 位姿传感器

位姿传感器是机器人中非常重要的一类传感器，主要用于感知机器人的位置和方向，从而实现机器人的空间定位和路径规划。常用的位姿传感器包括惯性测量单元（Inertial Measurement Unit，IMU）、GPS等。这些传感器可以提供机器人在三维空间的位置、姿态、方向等信息，为机器人的自主运动提供重要的数据支持。

IMU是一种集成式传感器，能够测量物体的加速度和角速度。在复合机器人中，IMU主要用于机器人的姿态估计和运动控制。IMU通常由加速度计、陀螺仪和磁力计组成。加速度计测量物体的加速度，而陀螺仪测量物体的角速度。磁力计用于测量地磁场，以帮助确定物体的方向。这些传感器测量的数据可以通过计算机算法进行融合，从而得到物体的姿态和运动状态。在复合机器人中，IMU可用于估计机器人的姿态，包括机器人的姿态角（俯仰、横滚、偏航）。机器人的姿态信息对于运动控制和导航至关重要。在机器人运动过程中，IMU 可以通过测量机器人的加速度和角速度来推算机器人的位置和方向，从而实现机器人的导航和运动控制。此外，IMU 还可以用于机器人的姿态控制。通过测量机器人的姿态和运动状态，使机器人可以实时掌握自己的运动状态，并根据目标运动状态进行调整和控制。这对于机器人在复杂环境中高效、安全地完成任务具有重要意义。IMU 在复合机器人中的应用也面临着一些挑战。首先，由于机器人的运动状态变化非常快，IMU 需要以高频率进行采样和更新，否则会导致姿态估计的误差较大。其次，IMU 的测量数据还会受到外部干扰和噪声的影响，因此需要进行数据滤波和校准，以保证姿态估计的精度。

GPS 是一种全球卫星导航系统，可以提供机器人在地球表面的位置信息。GPS 接收器可以接收来自卫星的信号，从而确定机器人在地球表面的经纬度坐标和海拔高度等信息。虽然 GPS 精度较高，但在室内、隧道、城市高楼等环境中，GPS 信号可能会受到干扰或遮挡，从而导致定位精度降低或无法定位。因此，GPS 通常需要结合其他传感器，如 IMU、激光测距仪等，来提高机器人的空间定位精度和稳定性。

在机器人的路径规划中，位姿传感器可以提供机器人的当前位置和方向信息，从而为机器人的路径规划提供重要的数据支持。机器人路径规划可以通过将机器人当前位置和目标位置连接起来生成一条路径，来指导机器人的运动。通过不断感知机器人的位置和方向，位姿传感器可以帮助机器人实现路径跟踪和运动控制。

位姿传感器可以实现机器人的空间定位、姿态控制和路径规划等功能。未来，随着位姿传感器技术的不断创新和升级，我们期待更加精确、高效、智能的机器人系统诞生，为人类带来更多的便利和价值。

5. 关节力矩传感器

关节力矩传感器是机器人技术中的一个重要部分，主要用于测量机器人关节执行器的力矩信息。该传感器的主要作用是帮助机器人控制和规划力度，从而提高机器人的操作精度和稳定性。机器人的力控制和力规划对于许多应用都是至关重要的，例如在装配、搬运和精密操作等领域，需要机器人能够以精确的力度进行操作，以保证工作的质量和稳定性。

关节力矩传感器的原理比较简单，通常采用应变式或压力式传感器等。在应变式传感器中，应变片会受到机器人执行器所施加的力矩的影响而发生变形。通过测量应变片的变形程度，就可以计算出机器人执行器的力矩信息。在压力式传感器中，通过测量机器人执行器所施加的压力大小，来推算出机器人执行器的力矩信息。

关节力矩传感器的应用领域非常广泛，它们广泛应用于工业制造、医疗、科学研究等领域。例如，在工业制造领域，关节力矩传感器可以帮助机器人进行高精度的装配和加工，保证产品的质量和稳定性；在医疗领域，关节力矩传感器可以用于手术机器人中，帮助医生进行精细的手术操作，减少手术的风险和创伤。

需要注意的是，虽然关节力矩传感器在机器人技术中的应用非常广泛，但其价格相对较高，而且需要与其他传感器和控制系统结合使用，才能更好地实现机器人的操作和控制。此外，在应用过程中，还需要考虑传感器的安装位置、稳定性和动态响应等因素，以确保传感器正常工作，并为机器人的控制和规划提供准确的力矩信息。

本小节讨论了几种机器人常用的传感器类型，包括位置传感器、速度传感器、加速度传感器、位姿传感器和力矩传感器。位置传感器可以是接触式或非接触式，用于测量机器人末端执行器或关节的位置。速度传感器用于测量机器人关节或末端执行器的速度，包括编码器、光电编码器和霍尔传感器。加速度传感器，如加速度计，常用于机器人控制和动态稳定。位姿传感器，如 IMU 和 GPS，用于确定机器人在空间中的位置和方向，实现定位和路径规划。力矩传感器用于测量机器人关节所受到的扭矩，实现力控制和规划。了解和有效地利用这些传感器，对于开发能够精准和准确执行复杂任务的先进机器人系统至关重要。

2.4　复合机器人的核心零部件

2.4.1　控制器与控制系统

机器人控制器是复合机器人的核心部件之一，对复合机器人的性能起着决定性的作用。它的主要任务是根据机器人的作业指令程序及从传感器反馈回来的信号控制机器人的执行机构，使其完成规定的运动和功能。目前的复合机器人大都采用移动底盘与其上搭载的机械臂等执行器分开控制的模式，或通过上位机将其几个子系统进行通信和联调，而没有将多个系统统一到一套控制系统中，因此容易出现多个品牌机器人通信协议不一致、通信不稳定、编程烦琐、操作效果不够直观等问题，还会增加复合机器人的开发成本。

随着现代科学技术的飞速发展和社会的进步，对复合机器人的性能提出了更高的要求。对复合机器人一体化控制技术的研究已成为复合机器人领域的新的发展方向。图 2.6 所示为复合机器人一体化控制系统的示意图。通过一套复合机器人控制系统，在保证安全与效率的前提下，可以实现控制并监测多个执行设备的运动、读取并处理多套传感装置的信息、简洁而全面地提供人机交互功能，并具备与其他复合机器人设备进行联调联试、远程调试的能力。

为了满足更高的要求，新型的复合机器人控制器应具有如下的功能：

① 开放式的系统结构　硬件和软件架构应该具有更好的开放性，能满足复合型机器人的功能以及复杂工作环境的需求。

② 模块化的子系统　如感知系统、路径规划系统、运动控制系统等，不同的任务由不同功能的子系统完成，以利于修改、添加、配置功能。

③ 实时性　机器人控制器必须能在确定的时间周期内完成相应的计算和控制

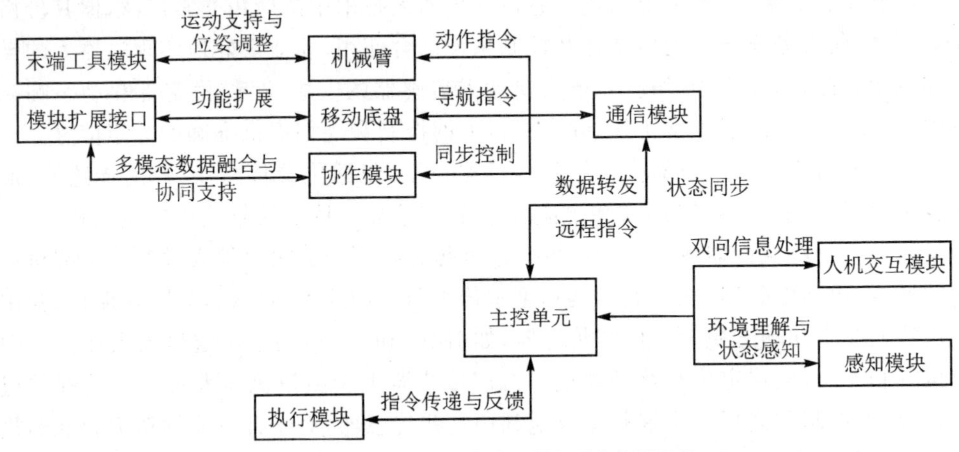

图片来源：睿尔曼双臂复合机器人平台使用手册

https://bbs.realman-robotics.cn/uploads/20240522/b297c120f2fc8b0f340b88fc38791323.pdf

图 2.6　复合机器人一体化控制系统

任务。

④ 网络通信功能　通过对网络通信功能的支持，如5G、Web 3.0、IPV6等，达到更好的人机协作、机器与机器协作的能力，能应对更加复杂的工作场景。

⑤ 运动控制接口　如EtherCAT、CANBus接口实现对伺服电机的实时控制。

⑥ 人、机、环境安全性和数据安全性　多合一控制系统可以实时感应到复合机器人任一设备的运行问题，及时采取主动安全措施；计算平台及传感器硬件的冗余，提供更强的功能安全能力；多种设备在控制器内部完成数据传输共享，在对外方面做出隔离，防止操作中的重要数据向外泄露。

⑦ 形象直观的人机交互接口　便于调试人员对复合机器人各功能进行调试、任务制定和运行状态监测。

复合机器人控制系统的硬件层作为控制功能实现的必要组成部分，同样具有明确的功能设计与划分，包括ARM处理器、Flash和SDRAM存储器、键盘和LCD等输入/输出设备。该层体现了硬件的开放性。通用嵌入式微控制器集成度高、稳定性好，可根据现场要求裁剪、扩展软硬件模块，系统开销小，系统可移植性高。采用嵌入式通用标准硬件设备为上层驱动及操作系统应用软件提供标准开发和运行环境，而无须针对各个硬件进行独立的驱动开发。采用标准通信接口，根据接口协议与对应接口的设备进行通信，并提供数字伺服电机或传感器等其他类型接口设备的扩展卡插槽以满足复合机器人的功能扩展需求，扩展硬件驱动接口的统一规范以完成与上层的通信及与智能设备的识别与交互操作。

硬件抽象层的实质是通过程序来控制所有的硬件电路。该层包括硬件的初始化、引导程序的启动、硬件设备的配置及数据的输入/输出等操作。通过抽象层实现设备驱动程序与硬件设备无关，提高系统的可移植性，为系统集成新的硬件设备并加载新的驱动程序提供方便，具有良好的可扩展性。该层也无须安全考虑。

采用机/驱/控/感一体化关节，针对一体化协作机器人对结构紧凑、装配方便、可自由配置、重构化等性能的要求，设计关节模块的支撑机构、连杆及防护装置。考虑成本以及性能，根据运动学和动力学分析结果，优化设计机器人的各个组成模块。采用串联的连接方式，以六自由度的配置，将各个关键部件合理紧凑地集成于一体。机器人的控制硬件框架如图 2.7 所示。

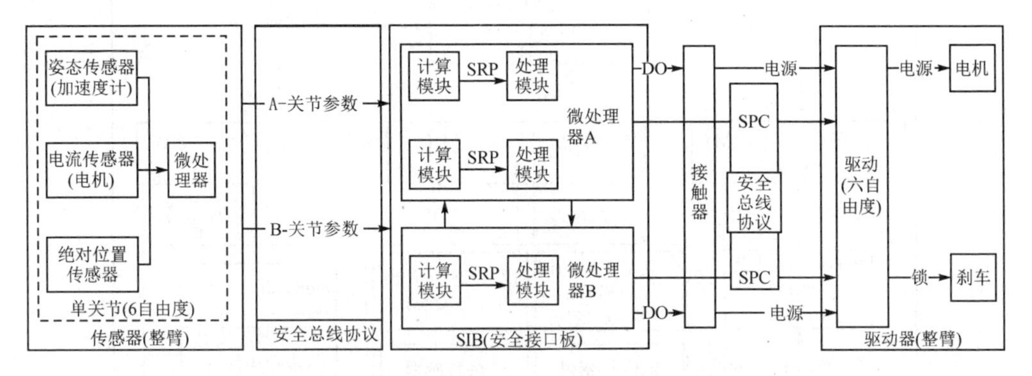

图 2.7　某品牌复合机器人控制硬件框架

将关节力矩传感器安放在谐波减速器与连杆之间，即谐波的输出端，实现关节力矩的测量。在每个关节都配置高精度扭矩传感器，并结合末端六维力传感器、电子皮肤、视觉传感器等多传感模块，测量机器人和环境的动态交互信息，不仅可实现机器人机械机构的保护，而且可实现约束空间的力矩控制以及阻抗控制。基于机/驱/控/感一体化模块关节，以六自由度的配置，利用全新的直接力控制技术替代传统位置控制模式，结合高动态力控特性，组成全感知智能力控协作机器人。

复合机器人控制系统硬件模块化结构如图 2.8 所示，从上到下分别是人机交互，复合机器人主控制器，以及机械臂控制器、移动底盘控制器和外部传感器控制器。再下层是通过通信总线对电机的控制。自上而下，需要的控制频率不断提高，对于程序的实时性要求也越来越高。

该系统硬件结构的执行层、控制层和网络层分别对应最底层、中间层和最高层。中间层包括机器人基本系统和机器人应用系统，并且其内部支持 EtherCAT 等总线，对机器人系统可方便地进行功能的增减。例如，通过添加传感器处理站，机器人控制器可以连接视觉传感器、力传感器、Lidar 或 IMU 等。

随着 ARM 低功耗平台计算能力的不断增强，为了降低机器人平台的功耗，ARM 平台已经成为机器人平台控制器主流的硬件控制方案。对电机处理器来说，考虑到控制成本，一般会选择较为廉价的嵌入式处理平台(如 STM32/AVR 单片机等)。除了基本的电机控制外，复合机器人平台还需要很多外接传感器，如力传感器、IMU、Lidar、视觉相机等。

在通常情况下，为了提高控制效率与实时性，控制器先将运动控制与传感器数据

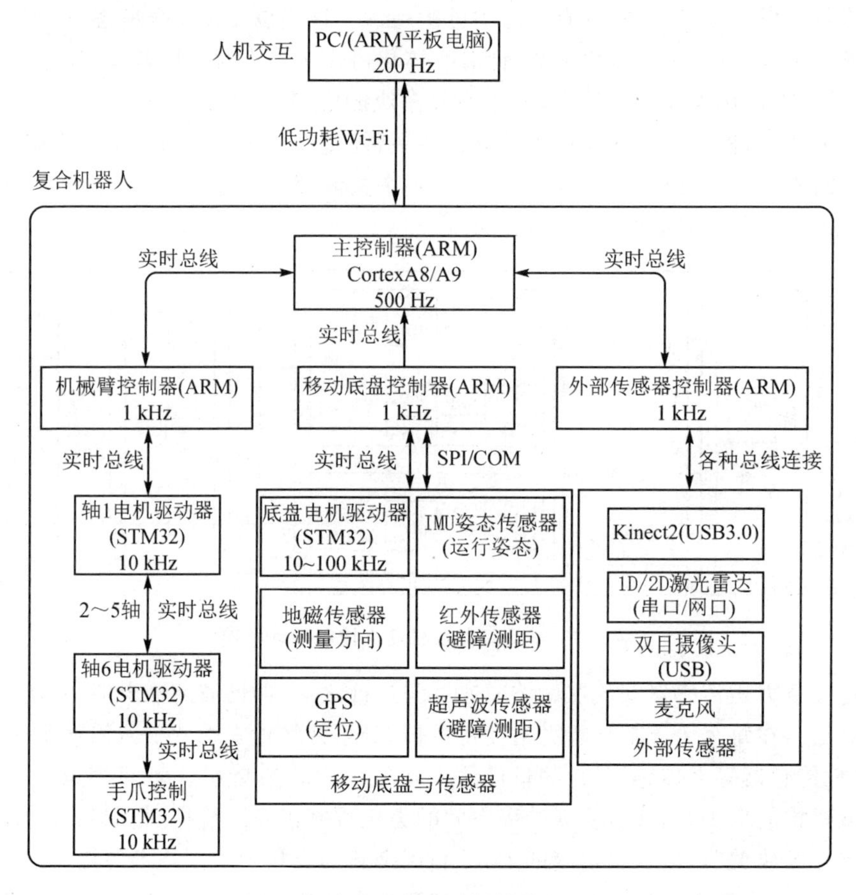

图 2.8　复合机器人硬件模块化结构

运算分别集成到不同的 ARM 处理器上,然后再通过一个总的 ARM 处理器对所有的数据进行传感器数据融合,在复合机器人内部形成一个模块化、分布式的控制系统。每个实时 ARM 控制模块之间通过实时总线(如 SPI、485、EtherCAT 等)连接。对于实时性不高的外接传感器,使用通用标准总线与 ARM 模块进行连接。

2.4.2　处理器与执行器

复合机器人是一种由多个机器人组成的系统,不同的机器人执行不同的任务,例如,一个机器人负责搬运,一个机器人负责装配,另一个机器人负责质量控制等。这些机器人需要进行协调,以完成整个系统的任务。因此,复合机器人需要一个强大的处理器来协调和控制它们。

1. 处理器

复合机器人的处理器一般需要考量以下几个方面:

① 多核心处理器　复合机器人需要同时执行多个任务,因此需要一个多核心处

理器。多核心处理器可以同时处理多个任务，而不会降低整个系统的性能。

② 实时性能　复合机器人需要实时控制机器人的运动，以确保它们按照预定路径运动。因此，处理器需要具备快速的实时性能。

③ 低功耗　机器人需要长时间运行，因此处理器需要具备低功耗特性，以确保机器人的能量供应能够持续。

④ 通信能力　复合机器人中的机器人需要相互通信，以共同完成任务。因此，处理器需要具备高效的通信能力，以便机器人之间快速交换数据和信息。

⑤ 可编程性　复合机器人的任务往往是多样化的，因此处理器需要具备可编程性，以便根据任务的不同来改变机器人的行为。

为了满足上述要求，现代复合机器人的处理器通常采用嵌入式系统和分布式控制系统。嵌入式系统是一种专门为特定应用程序设计的计算机系统，它通常包括处理器、内存、输入/输出接口和操作系统。分布式控制系统是一种由多个计算机节点组成的系统，每个节点负责不同的任务，并通过网络连接进行通信和协调。

在复合机器人中，嵌入式系统通常用来控制机器人的运动和执行任务。它们通常由低功耗处理器和实时操作系统组成。这种处理器可以快速响应机器人的运动控制命令，并通过实时操作系统实现实时性能。而分布式控制系统通常用来进行不同机器人之间的通信和协调。每个计算机节点负责不同的任务，例如质量控制、物料搬运和机器人协调等。这种处理器通常由多个核心和高速通信总线组成，以确保高效的通信和协调。

复合机器人的处理器需要具备高效的多任务处理、快速的实时性能、低功耗、高效的通信能力和可编程性等特性。为了实现这些特性，现代复合机器人通常采用嵌入式系统和分布式控制系统相结合的方式来设计处理器。这种处理器可以实现机器人的快速响应、高效协调和多样化的任务处理，从而提高机器人系统的效率和灵活性。

嵌入式系统和分布式控制系统的设计也需要考虑复合机器人系统的特殊需求。例如，处理器要能够识别和处理不同类型的传感器和执行器，以确保机器人能够正确执行任务。处理器还需具备强大的安全性和可靠性，以确保机器人系统能够安全稳定地运行。

为了实现高效的处理器设计，现代复合机器人还采用了人工智能技术。例如，机器学习和深度学习可以用于优化机器人系统的控制算法和任务分配，以实现更高效的任务执行。同时，自然语言处理和语音识别技术可以用于与机器人系统进行交互和控制。

总之，复合机器人的处理器是实现机器人协调和任务执行的核心组件。为了实现高效的机器人系统，处理器需要具备多核心处理、实时性能、低功耗、高效通信和可编程性等特性，并采用嵌入式系统和分布式控制系统相结合的方式进行设计。同时，人工智能技术的应用也可以进一步提高机器人系统的效率和灵活性。

下面将结合实际例子，详细介绍复合机器人处理器的特点。

(1) 多核心处理

复合机器人需要同时处理多个任务,例如环境感知、路径规划、物品抓取、物品运输等。因此,处理器需要具备多核心处理能力,以支持机器人并行执行多个任务。

例如,ABB公司的YuMi机器人采用了一种双臂设计,每个机械臂都有七个自由度,可以灵活地执行各种任务。YuMi机器人的控制系统采用了ABB的IRC5控制器,具有多核心处理能力。该控制器支持同时控制多个机器人,可以实现高效协调和多任务处理。

(2) 实时性能

复合机器人需要实时响应和处理不同的任务,例如障碍物检测、路径规划、物品抓取等。因此,处理器要具备高实时性能,以支持机器人快速响应和处理任务。

例如,KUKA公司的LBR iiwa机器人采用了一个基于x86架构的控制系统,具有高实时性能。该控制系统采用了实时操作系统RTAI,可以实现高精度的运动控制和多任务处理。

(3) 低功耗

复合机器人通常需要长时间运行,例如在生产线上执行各种任务。因此,处理器需要具备低功耗特性,以延长机器人的运行时间和使用寿命。

例如,Universal Robots公司的UR机器人采用了一种低功耗ARM处理器,可以高效实现机器人的控制和长时间运行。

(4) 高效通信

复合机器人通常需要与其他设备和系统进行通信,例如传感器、执行器、计算机等。因此,处理器需要具备高效通信能力,以支持机器人与其他设备的交互和协作。

例如,Fanuc公司的CRX-10iA机器人采用了一个基于ARM架构的控制器,支持多种通信协议,例如Ethernet、TCP/IP、CAN等,可以实现机器人与其他设备的高效通信和协作。

(5) 可编程性

复合机器人的应用场景和任务类型各异,需要根据不同的需求进行编程。因此,处理器需要具备可编程性,以支持机器人的灵活控制和任务定制。

例如,ABB公司的IRB 460机器人采用了一个基于Linux的控制器,支持多种编程语言,例如C++、Java等。该控制器具有开放式的编程界面和丰富的编程工具,可以支持机器人的灵活控制和任务定制。

综上所述,复合机器人的处理器具有多核心处理、实时性能、低功耗、高效通信和可编程性等特点。这些特点使处理器能够支持机器人的多任务处理、快速响应、长时间运行、高效通信和灵活控制,使机器人具备更高的智能化、自动化和灵活性。

处理器是复合机器人的核心部件,负责处理传感器获取的数据,实现机器人的自主导航、路径规划和任务执行等功能。它通常包括嵌入式系统、微控制器和嵌入式软件等组件,可以根据需要进行定制和组装。

处理器需要具有较高的计算性能和存储能力，以支持机器人实时处理复杂的感知数据和算法。它还需要具有良好的稳定性和可靠性，以确保机器人的稳定运行和长时间使用。

2. 执行器

复合机器人的执行器是机器人运动和操作的核心组件，主要负责将电能转化为机械能，实现机器人各关节和执行器的运动和控制。下面介绍复合机器人执行器的类型、特点和应用。

目前，复合机器人执行器主要有以下几种类型：

① 电动执行器　一种常见的执行器类型，通过电动机将电能转化为机械能，实现机器人的运动和控制。常见的电动执行器包括直流电机、交流电机、步进电机等，可以根据不同的需求和场景进行选择。

② 液压执行器　一种基于液压传动的执行器类型，通过液压系统将液体压力转化为机械能，实现机器人的运动和控制。液压执行器具有承载能力强，稳定性好，响应速度快等特点，适用于对扭矩和力度要求较高的应用场景。

③ 气动执行器　一种基于气动传动的执行器类型，通过气动系统将气体压力转化为机械能，实现机器人的运动和控制。气动执行器具有体积小、质量轻、响应速度快等特点，适用于一些速度较快、负载较小的应用场景。

④ 伺服执行器　一种基于伺服控制技术的执行器类型，可以根据指令实时调整输出转矩和速度，实现机器人的高精度运动和控制。伺服执行器具有精度高、稳定性好、响应速度快等特点，适用于需要高精度运动和控制的应用场景。

⑤ 电磁执行器　一种基于电磁原理的执行器类型，通过电磁力将电能转化为机械能，实现机器人的运动和控制。电磁执行器具有结构简单、响应速度快等特点，适用于一些简单的机械运动和控制。

复合机器人执行器具有多种特点和优势，包括以下几点：

① 高效能　复合机器人执行器能够将电能转化为机械能，实现机器人的高效运动和控制。不同类型的执行器具有不同的能力和性能，可以根据应用场景和需求进行选择。

② 高精度　复合机器人执行器能够实现高精度运动和控制，适用于需要高精度操作和控制的应用场景。例如，在医疗机器人、半导体生产设备等领域，需要高精度的运动和操作，复合机器人执行器能够满足这些需求。

③ 多功能性　复合机器人执行器能够适应不同的应用场景和需求，具有多种功能。例如，液压执行器能够承载大的负载，适用于需要大扭矩和大力度的场景；气动执行器体积小、质量轻，适用于一些速度较快、负载较小的场景。

④ 较好的稳定性　复合机器人执行器具有较好的稳定性，能够保证机器人的安全性和可靠性。例如，在工业生产中，如果执行器出现故障或者不稳定，可能会导致机器人意外停机或者产生不良影响，因此稳定性是非常重要的因素。

⑤ 节能环保　复合机器人执行器能够提高机器人的能源利用效率，减少能源消耗和环境污染。例如，电动执行器相比于传统液压和气动执行器，具有更高的能源利用效率和更低的能源消耗。

⑥ 可编程性　复合机器人执行器可以通过编程实现自动化控制和智能化运动，提高机器人的运动和控制效率。例如，在生产线上，机器人可以通过编程实现自动化生产和流程控制，提高生产效率和质量。

综上，复合机器人执行器是复合机器人的重要组成部分，主要用于控制和实现机器人的运动和操作。复合机器人执行器的特点包括高精度、高效率、高可靠性和多功能性等。其中，液压执行器、气动执行器、电动执行器和磁流变执行器等是常用的执行器类型，各有特点和适用范围。复合机器人执行器的应用范围广泛，包括制造业、医疗保健、航空航天和军事等领域。在制造业中，复合机器人执行器可以应用于工业自动化生产线，实现高精度和高效率的生产操作。在医疗保健领域，复合机器人执行器可以应用于手术机器人中，实现精确的手术控制和安全操作。在航空航天领域，复合机器人执行器可以应用于飞行器的姿态控制和导航系统中，实现高精度的运动和控制。在军事领域，复合机器人执行器可以应用于各种军事装备和武器系统中，实现高精度和高效率的操作和控制。因此，复合机器人执行器的发展和应用具有广阔的前景和重要的意义。

2.4.3　伺服系统

复合机器人的伺服系统由伺服驱动器、伺服电机、编码器三部分组成。伺服驱动器将从控制器接收到的信息分解为单个自由度系统能够执行的命令，再传递给伺服电机；伺服电机将收到的电流信号转化为转矩和转速以驱动控制对象；编码器作为伺服系统的反馈装置，很大程度上决定伺服系统的精度。

1. 伺服驱动器

伺服驱动器作为伺服系统的控制中心，具有非常重要的作用。它可以实现机器人系统的精准控制，为机器人的高速、高精度运动提供保障。伺服驱动器的核心部分是控制器，其主要任务是将从机器人控制器接收到的信息分解为单个自由度系统能够执行的命令，再传递给伺服电机。

控制器通常采用数字信号处理器（Digital Signal Processor，DSP）技术，具有高速、高精度的运动控制能力。采用这种技术的控制器可以实现伺服系统的闭环控制，即在运动执行过程中，通过反馈装置将实际运动状态与期望运动状态进行比较，对误差进行修正，使机器人的运动精度更高、更稳定。

伺服驱动器中还包括功率放大器模块，其主要作用是将控制器输出的电信号放大到可以驱动伺服电机所需的电平。功率放大器通常采用 MOS 管等器件，具有高效、可靠、响应速度快等特点。另外，反馈装置也是伺服驱动器中不可或缺的部分。反馈装置主要用于监测伺服电机的转速和位置，通过将实际转速和位置与期望值进行比较，计算出误差，并将误差信号传递给控制器进行修正。常见的反馈装置包括编码器、霍尔传感器、电位器等，其中编码器是应用最广泛的一种反馈装置，其精度和分辨率都非常高。

伺服驱动器的性能对机器人系统的运动精度和稳定性具有重要影响。一个优秀的伺服驱动器应具有高速、高精度、高可靠性等特点。此外，伺服驱动器还应具有适应性强、稳定性好、易于调试等特点，以方便机器人系统的应用和维护。伺服驱动器是机器人系统中不可或缺的一部分，通过对机器人系统进行高精度、高速度的控制，可以保证机器人系统的运动精度和稳定性，从而完成更高效、精确的工作。

2. 伺服电机

伺服电机作为复合机器人伺服系统中必不可少的重要动力源，负责将来自伺服驱动器的控制信号转化为实际的运动，控制机器人的各个关节精确运动。伺服电机的控制方式可以是转速控制，也可以是转矩控制，不同的控制方式适用于不同的机器人应用场景。

伺服电机力控制通常使用反馈控制系统来实现。该系统通过使用力传感器或扭矩传感器来检测机器人执行任务时施加在物体上的力或扭矩，并将这些测量值反馈给伺服电机控制器。控制器根据这些反馈值，调整伺服电机的输出电流或电压，以使机器人施加的力或扭矩达到预定值。

伺服电机力控制的计算主要包括以下步骤：

① 确定控制器类型。根据机器人的应用和要求，确定使用何种类型的伺服电机控制器，通常有 PID 控制器、模型预测控制器、自适应控制器等。

② 确定传感器类型。根据机器人的应用和要求，确定使用何种类型的传感器来测量施加在物体上的力或扭矩，通常有负荷细节型力传感器、扭矩传感器等。

③ 标定控制系统。将传感器与控制器连接，并通过标定过程来确定伺服电机的输出和施加在物体上的力或扭矩之间的关系。标定过程通常需要进行多次试验，并根据试验结果调整控制器参数，以使其尽可能准确地反映真实的力控制关系。

④ 设定力控制目标。根据机器人的应用和要求，设定伺服电机需要施加在物体上的力或扭矩目标值。目标值通常通过机器人控制软件输入，以便控制器能够将输出调整到适当的水平。

⑤ 控制器输出调整。根据传感器测量值和设定的目标值，控制器通过调整输出电流或电压来控制伺服电机的转矩或速度，使机器人施加的力或扭矩达到预定值。

目前，市场上主流的伺服电机类型包括直流无刷电机（BLDC）、交流无刷电机（BLAC）、交流异步电机、中空伺服电机等。其中，直流无刷电机是最常用的一种类型，它具有高效、低噪声、低振动等优点，适用于机器人的动力控制，精准度也非常高。交流无刷电机比较适用于机器人的高速应用，因其能够提供更高的转速和输出功率。而中空伺服电机因其结构特殊，可以实现机器人关节内部传输和控制信号传输的同步进行，广泛应用于轻质化和高精度机器人系统。在复合机器人的应用中，选择合适的伺服电机类型和控制方式是非常关键的,可以提高机器人的精度、效率和性能。

直流无刷电机是一种常见的伺服电机,它由固定部分和旋转部分组成。其中,旋转部分包括永磁体和转子,而固定部分则包括定子和绕组。该电机工作时,通过电流激励定子绕组,在永磁体和转子之间产生旋转力矩,从而驱动旋转部分转动。直流无刷电机具有结构简单、寿命长、转速高等优点,因此广泛应用于机器人、自动化设备等领域。

交流无刷电机与直流无刷电机类似,但由于其采用交流电源供电,因此在低速高转矩的应用场合下表现更为出色。交流无刷电机采用变频器控制,能够实现精准控制,从而提高控制精度和系统的稳定性。此外,交流无刷电机的使用寿命较长,能够满足长时间高速运转的要求。因此,交流无刷电机在工业自动化、电动工具、电动车辆等领域得到广泛应用。

交流异步电机是一种成熟的传统电机类型,具有结构简单、成本低等特点。其工作原理是通过电流在定子绕组中产生磁场,使转子受到旋转力矩,进而实现转动。交流异步电机具有启动扭矩大、运行稳定等特点,但其转速范围较窄,难以满足高精度控制的要求。因此,在精度控制要求较高的应用场合,通常采用直流无刷电机或交流无刷电机等类型。

伺服电机的性能对机器人的运动控制精度和速度有很大影响。因此,选择适合的伺服电机非常重要。对于复合机器人上常用的协作机械臂而言,为保证轻量化的设计和高自由度的操作,以及外观的简洁美观,通常选用中空伺服电机。

中空伺服电机是一种专门用于旋转运动控制的电机,其特点是具有大的中心孔直径,可以通过这个孔直径实现机械结构的空心化。中空伺服电机在复合机器人中的应用越来越广泛,主要是因为其具有以下优点:首先,它具有紧凑的结构和高效的传动性能。由于其空心的设计,可以让传动部分穿过中心孔,使得机械结构更加紧凑,能够适应复杂的应用场合。同时,中空伺服电机的传动效率高,能够实现高速、高精度的旋转控制。其次,它具有良好的动态响应特性。中空伺服电机的转子质量较轻,惯量小,加速度快,可以快速响应控制信号,从而实现高速、高精度的位置和速度控制。最后,中空伺服电机具有较高的负载能力和稳定性。由于其空心设计,可以通过机械结构来实现负载的传递,从而实现更大的扭矩和负载能力。同时,中空伺服电机采用先进的控制算法和传感器技术,能够实现稳定、精准的位置和速度控制,保证机器人系统的稳定性和安全性。

在复合机器人中,中空伺服电机通常被用于旋转关节、转盘、旋转工作台等部件的控制。例如,中空伺服电机可以用于控制工件夹持器的旋转,实现工件的快速、精准的定位和旋转;还可以用于机器人手臂的旋转关节、转盘等部分,实现机器人在多个方向的灵活运动和定位控制。中空伺服电机在复合机器人中的应用具有广泛的优势,可以实现高效、高精度、高负载的旋转控制,为复合机器人的应用提供了更加灵活和高效的解决方案。

3. 编码器

编码器是机器人伺服系统的重要组成部分，主要用于测量伺服电机的转角和转速，并将机器人的运动状态转换为数字信号，以反馈给伺服驱动器进行控制。伺服驱动器可以根据编码器的反馈信号控制电机的速度和位置，实现机器人的高精度运动。在机器人运动过程中，编码器还能够检测并纠正电机偏差，确保机器人能够按照预定轨迹运动。

在实际应用中，复合机器人的伺服系统需要面对各种环境因素的影响，如温度变化等。在极端温度下，伺服系统的性能会受到影响，从而影响机器人的运行效率和精度。因此，在伺服系统的设计中，需要考虑温度补偿等因素，以确保机器人能够在不同的环境下保持稳定的性能。

伺服电机的性能和精度受到许多因素的影响，如电机本身的精度、质量、传动系统的耐磨性等。而编码器则能提供更加准确的运动状态反馈，有助于提高机器人的精度和性能。编码器一般分为绝对编码器和增量编码器两种。

绝对编码器是一种可以直接读取机器人当前位置的编码器。当机器人开机时，绝对编码器可以立即确定机器人当前位置，并提供准确的位置信息。这种编码器具有很高的精度和可靠性，但价格较高。增量编码器是一种通过测量机器人当前位置与上一个位置之间的变化来计算机器人位移的编码器。它与绝对编码器相比，价格较低，但需要在开机时进行位置校准，并且不能提供绝对位置信息。

在温度变化较大的环境中，编码器的性能可能会受到影响，从而影响机器人的运行精度。为了解决这个问题，可以使用温度补偿技术来校准编码器的输出，使其能够在不同温度下提供稳定和准确的反馈信号。温度补偿技术的实现方法有多种，最常见的方法是使用温度传感器来测量编码器和电机的温度，并根据测量结果来校准编码器的输出。此外，还可以使用数字信号处理技术来处理编码器的输出信号，实现动态补偿，从而提高编码器在不同温度下的稳定性和精度。这种方法需要对编码器进行数字信号处理，因此需要在编码器的设计中考虑处理器的计算能力和算法的实现复杂度等因素。

另外，对于一些精度要求较高的机器人应用，还需要考虑减少电磁干扰对编码器的影响。电磁干扰可能会影响编码器的输出信号质量，从而影响机器人的运行精度。为了减少电磁干扰对编码器的影响，可以采取以下措施：① 在设计编码器和电机的安装结构时，考虑降低电磁干扰的因素。例如，可以采用金属屏蔽罩、电磁屏蔽垫等。② 在编码器的设计中，使用高质量的线缆，采用扭绞对电缆进行屏蔽，以降低电磁干扰的影响。③ 在伺服系统的设计中，采用数字信号处理技术对编码器的输出信号进行滤波处理，从而减少电磁干扰对编码器的影响。④ 采用编码器输出信号差分方式进行传输，可以降低电磁干扰对编码器输出信号的影响。

综上，复合机器人的伺服系统是机器人技术中非常重要的一个方面。伺服驱动器、伺服电机、编码器三者组成了复合机器人的核心部分，它们的性能和精度直接决定了机器人的运行效率和精度。在设计和应用复合机器人伺服系统时,需要结合机器人的实际需求和工作环境,综合考虑各种因素,以实现最优的机器人运行效果。

2.4.4 电机驱动器

复合机器人是一种集机械、电子、计算机、传感器和控制技术于一体的智能机器人,具有高速度、高精度和高灵活性等特点,在现代制造业等领域得到了广泛应用。复合机器人的运动控制系统是机器人的核心部分,而电机驱动器则是运动控制系统中至关重要的组成部分。

电机驱动器是指将输入信号转换为电机控制信号的装置,其主要作用是控制电机的转速、转向、加速度等参数,从而实现机器人的高精度、高速度运动。在复合机器人中,电机驱动器通常采用伺服电机驱动器,其主要特点是具有高精度、高稳定性、高速度和高效率等。

1. 伺服电机驱动器的组成

伺服电机驱动器的工作原理是将输入信号转换为电机控制信号,通过调节电机的电流和电压等参数来控制电机的转速和转向。伺服电机驱动器一般由三部分组成,包括控制器、功率放大器和反馈装置。其中,控制器负责生成电机控制信号,功率放大器负责将电机控制信号放大,反馈装置则负责反馈电机的状态信号。

① 控制器是伺服电机驱动器的核心部分,其主要作用是将输入信号转换为电机控制信号。控制器通常采用数字信号处理技术,可以对输入信号进行滤波、放大和转换等操作。在复合机器人中,控制器需要具备高速度和高精度的特点,以满足机器人的高速度和高精度运动需求。

② 功率放大器是放大电机控制信号的装置,其主要作用是将控制器输出的低功率信号放大成为足够大的电流或电压信号,以驱动电机正常工作。在复合机器人中,功率放大器需要具备高功率、高效率、低噪声和低失真等特点,以确保电机能够稳定运行。

③ 反馈装置是伺服电机驱动器的重要组成部分,其主要作用是对电机状态进行监测和反馈,以确保电机能够稳定运行。反馈装置通常采用编码器、霍尔元件、光电开关等传感器来实现对电机状态的监测和反馈。在复合机器人中,反馈装置需要具备高分辨率、高精度和高速度等特点,以确保机器人能够实现高精度和高速度的运动控制。

反馈装置中常用的霍尔元件和光电开关等传感器也常用于伺服系统的反馈装置中。其中,霍尔元件主要用于测量电机的磁场,将其转换为数字信号,并反馈给伺服驱动器;光电开关则用于检测物体的位置和运动状态,将其转换为数字信号,并反馈给伺服驱动器。这些传感器都具有高精度、高速度和高稳定性等特点,能有效地实现对机器人状态的监测和反馈。

除了以上所述的控制器、功率放大器和反馈装置外,伺服电机驱动器中还包括保护装置、通信接口、诊断和监测等功能。保护装置主要用于保护电机和伺服电机驱动器免受过载、过热和过流等异常情况的影响。通信接口用于实现伺服电机驱动器与其他设备之间的通信和数据传输,以实现机器人的智能化控制。诊断和监测用于实时监测伺服电机驱动器和电机的状态,以提高机器人的运行效率和稳定性。

复合机器人的电机驱动器是一个非常复杂的系统,涉及多个领域的知识和技术,包括电力电子技术、控制技术、机械设计等。在复合机器人的开发和设计中,应根据机器人的具体应用场景和需求,选择适合的电机驱动器类型和参数,并对电机驱动器进行优化设计和调试,以确保机器人能够实现高精度、高速度、高效率的运动控制。未来,随着机器人技术的不断发展和应用的不断拓展,电机驱动器也将不断升级和发展。例如,近年来,人工智能技术、机器学习技术等已经开始应用于机器人领域,电机驱动器也将逐步实现智能化和自主化控制,从而实现更加高效和灵活的机器人运动控制。

2. 复合机器人的电机驱动器的技术参数

复合机器人的电机驱动器的技术参数是电机驱动器性能的重要指标,可以直接影响机器人的运行效率和稳定性。因此,在选择电机驱动器时,要根据机器人的应用场景和需求,选择适合的电机驱动器类型和参数。通常对于机器人电机驱动器的技术参数要求分为以下四个方面:

(1) 额定功率和峰值功率

额定功率和峰值功率是电机驱动器的主要输出功率指标。额定功率是指电机驱动器的标准输出功率,通常表示为连续输出功率;峰值功率是指电机驱动器短时输出的最大功率。在选择电机驱动器时,需要根据机器人的运行需求和负载特点,选择合适的额定功率和峰值功率。

(2) 额定电流和峰值电流

额定电流和峰值电流是电机驱动器的主要输出电流指标。额定电流是指电机驱动器的标准输出电流,通常表示为连续输出电流;峰值电流是指电机驱动器短时输出的最大电流。在选择电机驱动器时,要根据机器人的运行需求和负载特点,选择合适的额定电流和峰值电流。

(3) 控制精度和响应速度

控制精度和响应速度是电机驱动器的主要控制指标。控制精度是指电机驱动器对电机的输出精度,通常表示为角度误差或位置误差;响应速度是指电机驱动器对输入信号的响应速度,通常表示为电机的转速或角速度。在选择电机驱动器时,要根据机器人的运动控制需求,选择合适的控制精度和响应速度。

(4) 稳定性和抗干扰能力

稳定性和抗干扰能力是电机驱动器的主要性能指标之一。稳定性是指电机驱动器对输入信号的稳定性和输出精度的稳定性;抗干扰能力是指电机驱动器对外部干扰和电磁噪声的抗干扰能力。在选择电机驱动器时,要考虑机器人系统的稳定性和抗干扰能力，选择合适的电机驱动器。

总之，复合机器人的电机驱动器是机器人系统中的重要组成部分，其性能和稳定性对机器人的运行效率和精度具有至关重要的影响。通过对电机驱动器的深入了解和研究，可以有效地提高机器人的运动控制能力和性能，为机器人的应用和发展提供强有力的支撑。

2.4.5 电机减速器

复合机器人电机减速器是一种常用于机器人和其他自动化设备中的传动装置，可以将电机的高速转动转换为较低速的输出轴转动，以提供更大的扭矩和更精确的运动控制。下面针对复合机器人使用的电机减速器的通用概念进行概要介绍。

1. 电机减速器的种类及特点

(1) 行星减速器

行星减速器是一种常见的减速器类型，具有高扭矩密度、低回转间隙、高精度和低噪声等特点。它通常由行星齿轮、太阳齿轮和内齿轮组成。

(2) 蜗轮减速器

蜗轮减速器是一种紧凑型、轻量级的减速器，可以提供高扭矩和低速度输出。它由蜗轮和蜗杆组成，通常用于低速高扭矩应用。

(3) 圆锥齿轮减速器

圆锥齿轮减速器是一种高扭矩密度的减速器，通常用于重型机械和机器人应用。它由一对圆锥齿轮组成，通常需要润滑油进行润滑。

2. 减速器的基本组成

复合机器人电机减速器通常由以下几部分组成：

① 输入轴　将电机的高速转动转换为减速器内部的动力传递。

② 减速器主体　包括行星齿轮、太阳齿轮、蜗轮蜗杆、圆锥齿轮等，用于降低输入轴的转速和提供输出轴的高扭矩。

③ 输出轴　将减速器内部的转速转换为机械装置所需的输出转速。

3. 减速器的工作原理

减速器的工作原理基于齿轮的力学原理。通过减速器内部的齿轮传动，将输入轴的高速转动降低到较低的输出轴转速，同时提供更大的扭矩。具体来说，当输入轴旋转时，减速器主体内的齿轮传动将高速转动的输入轴转速转换为较低的输出轴转速，同时提供更大的扭矩输出。不同类型的减速器采用不同的齿轮传动方式，但它们的基本原理是相似的。

4. 减速器的作用

减速器在机器人和其他自动化设备中具有重要的作用，其主要功能包括：

① 降低转速　减速器将高速的输入轴转速转换为较低的输出轴转速，这有助于

提高机器人的运动精度和控制性能。

② 增大扭矩　减速器可以通过齿轮传动的方式，将输入轴的高速转动转换为输出轴的大扭矩输出，这有助于提高机器人的运动能力和负载能力。

③ 改变旋转方向　有些减速器可以改变输入轴和输出轴的旋转方向，这有助于满足不同应用的需求。

④ 降低噪声　减速器内部采用齿轮传动，可以有效降低机器人运动时产生的噪声和振动。

⑤ 延长寿命　减速器内部采用润滑油进行润滑，可以有效延长机器人和减速器的寿命。

综上所述，复合机器人电机减速器是机器人和其他自动化设备中不可缺少的重要组成部分，可以提高机器人的运动精度、控制性能和负载能力，同时降低噪声、振动，并延长机器人和减速器的寿命。

作为复合机器人核心零部件的精密减速器，与通用减速器相比，机器人用减速器要求具有传动链短、体积小、功率大、质量轻和易于控制等特点。大量应用在关节型机器人上的减速器主要有两类：RV 减速器和谐波减速器。

RV 减速器（见图 2.9）通常用于复合机器人上的协作机械臂腿部、腰部和肘部三个转矩大的关节，负载大的工业机器人，一二三轴通常全部使用 RV 减速器。相比谐波减速器，RV 减速器的关键在于加工工艺和装配工艺。RV 减速器具有更高的疲劳强度、刚度和寿命，不像谐波传动装置那样随着使用时间延续，运动精度会显著降低；其缺点是质量重，外形尺寸较大。

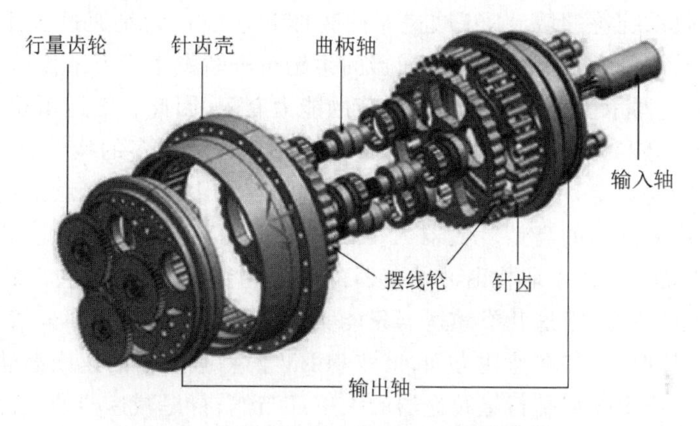

图 2.9　协作机器人用 RV－E 型减速器

谐波减速器（见图 2.10）用于负载小的工业机器人或大型机器人末端几个轴，是谐波传动装置的一种。谐波传动装置包括谐波加速器和谐波减速器。谐波减速器主要包括：刚轮、柔轮、轴承和波发生器，四者缺一不可。其中，刚轮的齿数略多于柔轮的齿数。谐波减速器用于小型机器人，特点是体积小、质量轻、承载能力大、运动精度高、单级传动比大。

RV减速器和谐波减速器都是少齿差啮合,不同的是谐波减速器里的一种关键齿轮是柔性的。它需要反复的高速变形,所以它比较脆弱,承载力和寿命都有限。RV减速器通常是用摆线针轮,谐波减速器以前都是用渐开线齿形,现在有部分厂家使用了双圆弧齿形,这种齿形比渐开线先进很多。

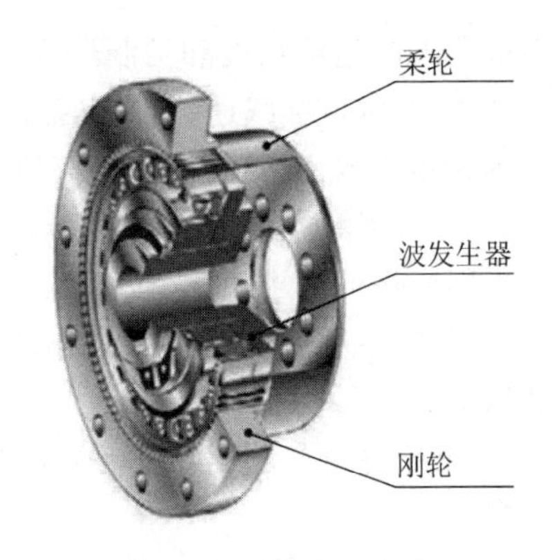

图 2.10　谐波减速器

谐波减速器由“柔轮、波发生器、刚轮、轴承”这四个基本部件构成。柔轮的外径略小于刚轮的内径,通常柔轮比刚轮少2个齿。波发生器的椭圆形形状决定了柔轮和刚轮的齿接触点分别位于椭圆中心的两个对立面上。波发生器转动的过程中,柔轮和刚轮齿接触部分开始啮合。波发生器每顺时针旋转180°,柔轮就相当于刚轮逆时针旋转1个齿数差。在180°对称的两处,全部齿数的30%以上同时啮合,这也造就了其高转矩传送。

相比谐波减速器,RV减速器传动是新兴起的一种传动。它是在传统针摆行星传动的基础上发展出来的,不仅克服了一般针摆传动的缺点,还具有体积小、质量轻、传动比范围大、寿命长、精度保持稳定、效率高、传动平稳等一系列优点。

RV减速器是由摆线针轮和行星支架组成的,以其体积小、抗冲击力强、扭矩大、定位精度高、振动小、减速比大等诸多优点被广泛应用于工业机器人、机床、医疗检测设备、卫星接收系统等领域。RV减速器的壳体和摆线针轮是通过实体的钢来发生传动的,因此承载能力强。而谐波减速器的柔轮可不断发生变形来传递扭矩,这一点决定了谐波减速器承受大扭矩和冲击载荷的能力有限,因此一般运用在前端。

RV减速器较机器人中常用的谐波传动装置具有高得多的疲劳强度、刚度和寿命,而且回差精度稳定,不像谐波传动装置那样随着使用时间的延续运动精度会显著降低。所以,许多国家的高精度机器人传动多采用RV减速器,因此,RV减速器在先进机器人传动中有逐渐取代谐波减速器的发展趋势。不过,这些产品在某些型号上确实存在替代关系,但这几类减速器只能实现部分替代。绝大部分情况下,各类减速器很难实现替换,比如在速比方面,谐波和RV两种减速器的速比都远远大于行星减速器,所以小速比领域是行星减速器的天下。当然,行星减速器的速比是可以做大的,但是很难去替换谐波和RV两种减速器。再比如刚性方面,行星减速器和RV减速器的刚性要好于谐波减速器,在体现刚性的使用工况下,谐波减速器很难有好的表现。总的来说,RV减速器适用于高精度和高可靠性的应用场景,谐波减速器适用于高速度和高精度的应用场景。在选择合适的减速器时,要考虑机器人的工作要求和实际应用场景,综合评估各种减速器的特点和优劣。

小　结

本章围绕复合机器人的系统构成、硬件本体、传感器和核心零部件四个部分，从硬件组成与软件关系两个方面，介绍了复合机器人的结构特性与核心部件。首先，按照目前公认的分类方式，将复合机器人的系统分为了机械、电子、感知、控制、能源五大系统，帮助读者对复合机器人整机系统的构成进行初步的认识；接着，按照复合机器人的功能实现原理，重点讲述了复合机器人本体所包括的移动底盘、机械臂、末端执行器三大结构，举例说明了各结构的具体特征、功能与主要应用类型；随后，以复合机器人的智能化对于传感器的需求为切入点，分别梳理了复合机器人常用的外部传感器及内部传感器，使读者了解到各类传感器的功能与特性；最后，结合目前复合机器人的研发与市场响应情况，讲解了复合机器人的核心零部件特性，引导读者对于核心零部件的发展做出思考。总而言之，希望读者通过本章的学习，能够对复合机器人的构成与核心部件具备基本的认识，以进一步了解复合机器人的发展情况与应用现状，为后续复合机器人建模与控制等知识的学习奠定基础。本章主要是对复合机器人系统的宏观讲解，未尽之处，望读者能够根据自己的兴趣，主动查阅相关资料进行深入学习。

第 3 章

复合机器人的运动学和动力学模型

本章首先从坐标变换入手，详细推导单独麦克纳姆轮的运动学模型，将四个轮子合成到复合机器人移动底盘的运动学模型上；然后运用理论力学所学过的知识去描述主动轮与从动轮的动力学方程，采用拉格朗日功能量均衡方法建立底盘的动力学模型，再以同样的方法建立复合机器人机械臂的运动学模型及动力学模型；最后将两者经过坐标变换相组合形成完整的复合机器人运动学及动力学模型。

3.1 位姿描述与坐标变换

3.1.1 位置描述、姿态描述、位姿描述

1. 位置描述

在二维平面内，某点 P 在坐标系中可用二位点（P_x，P_y）表示。类似的，在三维空间中，某点 P 在其内的表达可用三维点（P_x，P_y，P_z）表示。P_x，P_y，P_z 表示矢量 $\overrightarrow{OP}$ 在坐标系中的坐标分量，如图 3.1 所示。

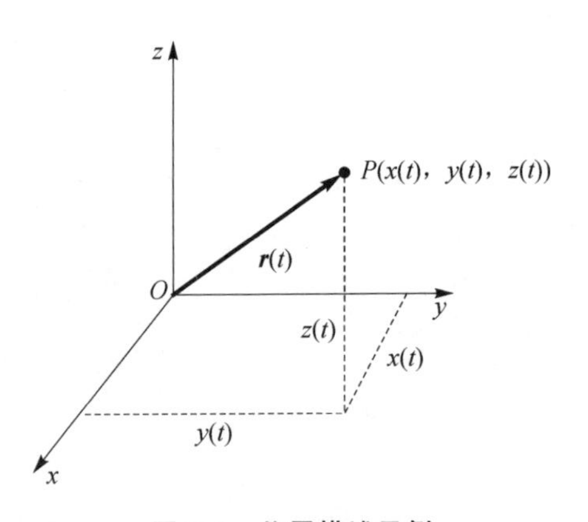

图 3.1 位置描述示例

在直角坐标系{A}中，把三个分量记为列矢量，空间点 P 的位置用 3×1 的列矢量 ${}^{A}\boldsymbol{P}$ 表示，即

$$ {}^{A}\boldsymbol{P}=\begin{bmatrix}P_x\\P_y\\P_z\end{bmatrix} \tag{3-1}$$

2. 姿态描述

研究机器人的运动与操作，不仅要知道刚体在空间某个点的位置，还要知道刚体的姿态。刚体的姿态可由某个固连于此刚体的坐标系描述。为了描述空间某刚体 P 的姿态，可以设置直角坐标系 $\{B\}$ 与其固连。用坐标系 $\{B\}$ 的三个单位主矢量 ${}^{A}\boldsymbol{x}_B$，${}^{A}\boldsymbol{y}_B$，${}^{A}\boldsymbol{z}_B$ 相对于参考坐标系 $\{A\}$ 的方向余弦组成的 3×3 矩阵表示刚体 B 相对于坐标系 $\{A\}$ 的姿态。

$$
{}_{B}^{A}\boldsymbol{R}=\begin{bmatrix}{}^{A}\boldsymbol{x}_B & {}^{A}\boldsymbol{y}_B & {}^{A}\boldsymbol{z}_B\end{bmatrix} \tag{3-2}
$$

或

$$
{}_{B}^{A}\boldsymbol{R}=\begin{bmatrix} r_{11} & r_{12} & r_{13} \\ r_{21} & r_{22} & r_{23} \\ r_{31} & r_{32} & r_{33} \end{bmatrix} \tag{3-3}
$$

3. 位姿描述

上面已经了解了采用位置矢量描述点的位置，用旋转矩阵描述刚体的姿态。刚体 B 在空间的位置和姿态称为刚体的位姿，要完全描述刚体的位姿，通常将物体 B 与坐标系 $\{B\}$ 相固连。坐标系 $\{B\}$ 的坐标原点一般选取在物体 B 的质心处。相对参考系 $\{A\}$，坐标系 $\{B\}$ 的原点位置和坐标的姿态，分别由位置矢量 ${}^{A}\boldsymbol{P}_{BO}$ 和旋转矩阵 ${}_{B}^{A}\boldsymbol{R}$ 描述。这样，就可以描述刚体在空间的位姿。

$$
\{B\}=\{{}_{B}^{A}\boldsymbol{R}\quad {}^{A}\boldsymbol{P}_{BO}\} \tag{3-4}
$$

当表示位置时，旋转矩阵 ${}_{B}^{A}\boldsymbol{R}=\boldsymbol{I}$（单位矩阵）；当表示姿态时，式中位置矢量 ${}^{A}\boldsymbol{P}_{BO}=\boldsymbol{0}$。

3.1.2　平移变换

平移变换指物体在空间保持姿态不变的运动。如图 3.2 所示，坐标系 $\{A\}$ 和坐标系 $\{B\}$ 的姿态相同，不同的是只发生了平移。P 点在坐标系 $\{B\}$ 的位置用矢量 ${}^{B}\boldsymbol{P}$ 表示，在坐标系 $\{A\}$ 的位置用矢量 ${}^{A}\boldsymbol{P}$ 表示，B 的原点相对于 A 的位置用矢量 ${}^{A}\boldsymbol{P}_{\mathrm{BORG}}$ 表示。因为两个矢量所在的坐标系具有相同的姿态，通过矢量相加的方法求点 P 相对于 $\{A\}$ 的位置 ${}^{A}\boldsymbol{P}$：

$$
{}^{A}\boldsymbol{P}={}^{B}\boldsymbol{P}+{}^{A}\boldsymbol{P}_{\mathrm{BORG}} \tag{3-5}
$$

3.1.3　旋转变换

如图 3.3 所示，坐标系 $\{B\}$ 和 $\{A\}$ 的坐标原点重合，但两者的方向不同。坐标系相对于坐标系的姿态描述用旋转矩阵表示，空间中的点 P 在坐标系 $\{A\}$ 的位置描述为 ${}^{A}\boldsymbol{P}$，在坐标系 $\{B\}$ 的位置描述为 ${}^{B}\boldsymbol{P}$，两者具有如下变换关系：

$$
{}^{A}\boldsymbol{P}={}_{B}^{A}\boldsymbol{R}\,{}^{B}\boldsymbol{P} \tag{3-6}
$$

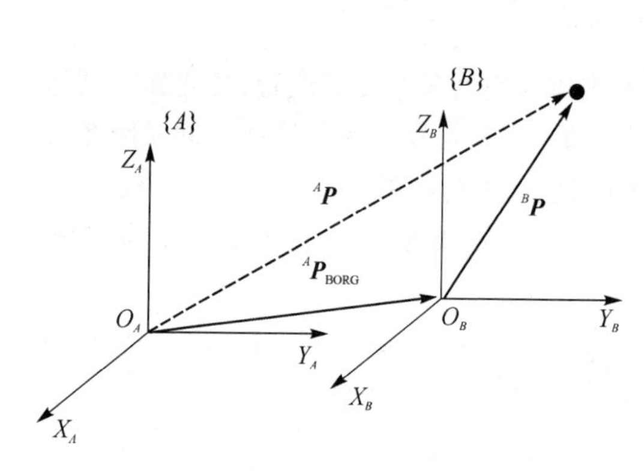

图 3.2　平移变换运动示例

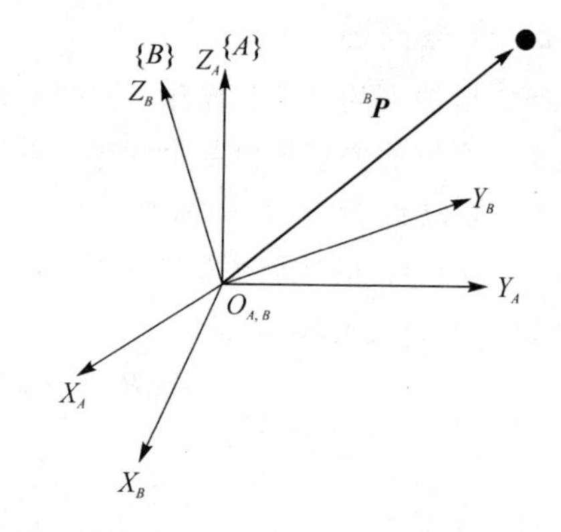

图 3.3　坐标系{A}经旋转变换到坐标系{B}

3.1.4　复合变换

通常存在这样的情况：假设已知矢量相对某坐标系{B}的描述，但想求其相对于另一个坐标系{A}的描述，此时需要同时用到平移和旋转变换。如图 3.4 所示，坐标系{A}和坐标系{B}原点不同且姿态不同，已知空间的点 P 相对于坐标系{B}的描述为$^B\boldsymbol{P}$，那么相对于坐标系{A}的描述可以通过复合变换得到。首先，通过旋转变换，将 P 的姿态变换到一个中间坐标系，该中间坐标系与坐标系{A}的姿态相同，但原点与坐标系{B}重合。然后，将中间坐标系再进行平移变换，使其与坐标系{A}重合。其变换的过程如下：

$$^A\boldsymbol{P} = {}^A_B\boldsymbol{P}\,{}^B\boldsymbol{P} + {}^A\boldsymbol{P}_{\mathrm{BOPG}} \tag{3-7}$$

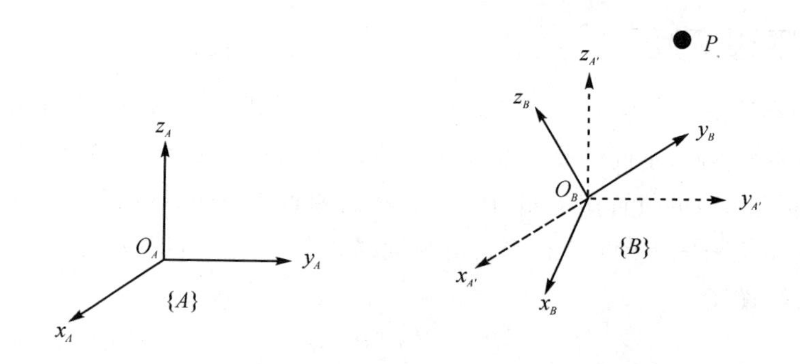

图 3.4　包括了平移变换和旋转变换的一般坐标系

为了方便计算，一般我们将式(3-7)写成如下形式：

$$\begin{bmatrix} ^A\boldsymbol{P} \\ 1 \end{bmatrix} = \begin{bmatrix} ^A_B\boldsymbol{R} & ^A\boldsymbol{P}_{\mathrm{BOPG}} \\ \boldsymbol{0} & ^A\boldsymbol{P}_{\mathrm{BOPG}} \end{bmatrix} \begin{bmatrix} ^B\boldsymbol{P} \\ 1 \end{bmatrix} \Rightarrow {}^A\boldsymbol{P} = {}^A_B\boldsymbol{T}\,{}^B\boldsymbol{P} \tag{3-8}$$

式中：$^A\boldsymbol{P}$，$^B\boldsymbol{P}$ 均为 4×1 的列向量；$^A_B\boldsymbol{T}$ 为 4×1 的齐次变换矩阵，表示坐标系{B}相对

于坐标系{A}的变换描述。

3.1.5 齐次变换

机器人学中,用齐次矩阵(4×4)来统一描述刚体的位置和姿态,通过矩阵的正逆变换和矩阵相乘操作,实现位姿的变换。

有了上述基础,接下来可以用齐次变换来描述刚体在空间的位姿变换了。齐次矩阵不仅可以描述刚体在空间的位姿,还可以描述位姿变换过程,比如绕某某坐标系的 X 轴旋转 43°,并且绕 Y 轴旋转 −89°。齐次变换分为平移变换、旋转变换以及两者的结合。

1. 平移变换

比如坐标系 j 相对坐标系 i 的 X、Y、Z 分别平移 10,−20,30,用齐次矩阵表示如下:

$$
\begin{aligned}
{}_i^j\boldsymbol{T} &= \mathrm{Trans}(X_i,10)\,\mathrm{Trans}(Y_i,-20)\,\mathrm{Trans}(Z_i,30) \\
&= \begin{bmatrix} 1 & 0 & 0 & 10 \\ 0 & 1 & 0 & 0 \\ 0 & 0 & 1 & 0 \\ 0 & 0 & 0 & 1 \end{bmatrix} \times \begin{bmatrix} 1 & 0 & 0 & 0 \\ 0 & 1 & 0 & -20 \\ 0 & 0 & 1 & 0 \\ 0 & 0 & 0 & 1 \end{bmatrix} \times \begin{bmatrix} 1 & 0 & 0 & 0 \\ 0 & 1 & 0 & 0 \\ 0 & 0 & 1 & 30 \\ 0 & 0 & 0 & 1 \end{bmatrix} \\
&= \begin{bmatrix} 1 & 0 & 0 & 10 \\ 0 & 1 & 0 & -20 \\ 0 & 0 & 1 & 30 \\ 0 & 0 & 0 & 1 \end{bmatrix}
\end{aligned}
\tag{3-9}
$$

式中,矩阵位置可以交换,因为这是三个相互独立的变量,交换后不影响结果。

2. 旋转变换

坐标系 j 相对坐标系 i 的 X 轴旋转 90°,齐次矩阵描述如下:

$$
{}_i^j\boldsymbol{T} = \mathrm{Rot}(X_i,90) = \begin{bmatrix} 1 & 0 & 0 & 0 \\ 0 & \cos 90^\circ & -\sin 90^\circ & 0 \\ 0 & \sin 90^\circ & \cos 90^\circ & 0 \\ 0 & 0 & 0 & 1 \end{bmatrix} = \begin{bmatrix} 1 & 0 & 0 & 0 \\ 0 & 0 & -1 & 0 \\ 0 & 1 & 0 & 0 \\ 0 & 0 & 0 & 1 \end{bmatrix} \tag{3-10}
$$

3.2 机械臂的正逆运动学模型

关于机械臂的详细的 D-H 参数建模请参考陶永编著的《机器人学及其应用导论》。该书主要探讨如何由传统的建模方法推导出复合机器人一体化建模,但对于基本知识也会简单提及。它介绍优傲公司生产的六自由度协作机器人 UR10。该型号作业半径为 1 300 mm,自重为 33.5 kg,可承受负载为 10 kg,基座直径仅为 190 mm,是一款经典的负载自重比高的六自由度模块化协作机器人,如图 3.5 所示。

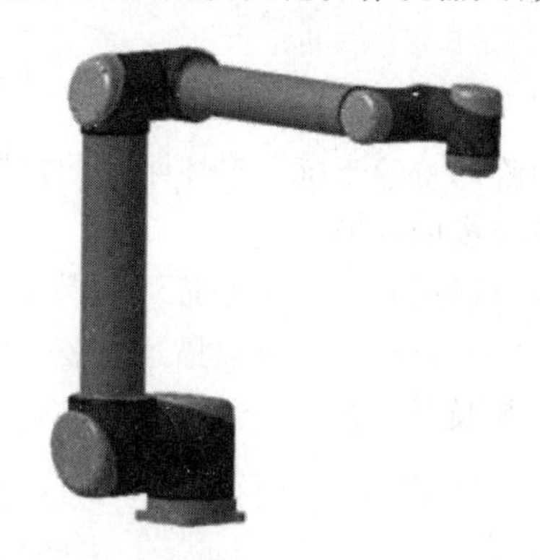

图 3.5　UR10 六自由度协作机器人

3.2.1　机械臂改进参数 D-H 法介绍

1955 年,Denavit 和 Hartenberg 在 *ASME Journal of Applied Mechanics* 发表了一篇论文,成为表示机器人和机器人运动进行建模的标准方法,被称为 Denavit-Hartenberg 参数模型(Denavit-Hartenberg parameters),简称 D-H 模型,后来的机器人表示和建模都依据了这种方法。D-H 模型表示了对机器人连杆和关节进行建模的一种非常简单的方法,可用于任何机器人构型,而不管机器人的结构顺序和复杂程度如何。

D-H 参数法按照设定规则为每个连杆固连了一个坐标系,之后就可以方便地描述一个连杆坐标系到相邻的下一个连杆坐标系的转换关系。实质就是把相邻坐标系的转换分解为若干个步骤,每个步骤均只有一个参量。这几个步骤对应变换的组合就完成了相邻坐标系的变换。具体的步骤如下:

① 关节、连杆等物理量的描述。

② 建立坐标系:

a. 确定 Z_i 轴;

b. 确定基础坐标系;

c. 确定 X_i 方向;

d. 确定坐标系 N。

③ 确定 D-H 参数。

3.2.2　正运动学方程

UR10 型协作机器人的运动学正解问题,即根据 UR10 机器人的机械参数及关节角度求出末端执行器在连杆坐标系中的位置和姿态。因为参数中的值都是唯一确定的,且矩阵的乘法运算不会产生多解问题,因此,协作机器人的运动学正解结果是唯一的。图 3.6 所示为 UR10 的 D－H 连杆坐标系。

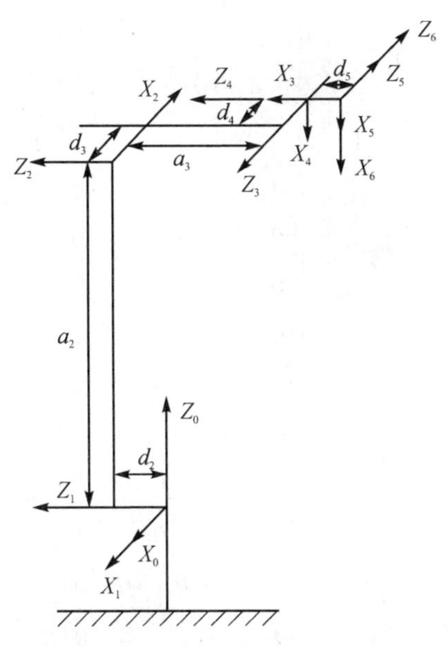

图 3.6　UR10 的 D－H 连杆坐标系

根据 UR10 机器人的连杆坐标系，可得到表 3.1 所列的 D－H 连杆参数。

表 3.1　UR10 的 D－H 连杆参数

i	α_i	a_i	d_i	θ_i	关节变量范围
1	$-90°$	0	0	θ_1	$-360°\sim360°$
2	$0°$	a_2	d_2	θ_2	$-360°\sim360°$
3	$0°$	a_3	d_3	θ_3	$-360°\sim360°$
4	$90°$	0	0	θ_4	$-360°\sim360°$
5	$90°$	0	d_5	θ_5	$-360°\sim360°$
6	$0°$	0	0	θ_6	$-360°\sim360°$

$a_2=612.9$ mm，$a_3=572.3$ mm，$d_2=176$ mm，$d_3=10.96$ mm，$d_5=116.44$ mm。将表 3.1 中的 UR10 机器人的 D－H 参数代入以下通用转换矩阵：

$$
{}^{0}\boldsymbol{T}_1=\begin{bmatrix} c\theta_1 & -s\theta_1 & 0 & 0 \\ s\theta_1 & 0 & c\theta_1 & 0 \\ 0 & -1 & 0 & 0 \\ 0 & 0 & 0 & 1 \end{bmatrix} \tag{3-11}
$$

$$
{}^{1}\boldsymbol{T}_2=\begin{bmatrix} c\theta_2 & -s\theta_2 & 0 & a_2c\theta_2 \\ s\theta_2 & c\theta_2 & 0 & a_2s\theta_2 \\ 0 & 0 & 1 & d_2 \\ 0 & 0 & 0 & 1 \end{bmatrix} \tag{3-12}
$$

$$
{}^{2}\boldsymbol{T}_{3}=\begin{bmatrix} c\theta_3 & -s\theta_3 & 0 & a_3c\theta_3 \\ s\theta_3 & c\theta_3 & 0 & a_3s\theta_3 \\ 0 & 0 & 1 & d_3 \\ 0 & 0 & 0 & 1 \end{bmatrix} \tag{3-13}
$$

$$
{}^{3}\boldsymbol{T}_{4}=\begin{bmatrix} c\theta_4 & 0 & s\theta_4 & 0 \\ s\theta_4 & 0 & -c\theta_4 & 0 \\ 0 & 1 & 0 & 0 \\ 0 & 0 & 0 & 1 \end{bmatrix} \tag{3-14}
$$

$$
{}^{4}\boldsymbol{T}_{5}=\begin{bmatrix} c\theta_5 & 0 & s\theta_5 & 0 \\ s\theta_5 & 0 & -c\theta_5 & 0 \\ 0 & 1 & 0 & d_5 \\ 0 & 0 & 0 & 1 \end{bmatrix} \tag{3-15}
$$

$$
{}^{5}\boldsymbol{T}_{6}=\begin{bmatrix} c\theta_6 & -s\theta_6 & 0 & 0 \\ s\theta_6 & c\theta_6 & 0 & 0 \\ 0 & 0 & 1 & 0 \\ 0 & 0 & 0 & 1 \end{bmatrix} \tag{3-16}
$$

将转换矩阵（3-11）～（3-16）顺次做矩阵乘法运算，可得

$$
{}^{0}\boldsymbol{T}_{6}={}^{0}\boldsymbol{T}_{1}{}^{1}\boldsymbol{T}_{2}{}^{2}\boldsymbol{T}_{3}{}^{3}\boldsymbol{T}_{4}{}^{4}\boldsymbol{T}_{5}{}^{5}\boldsymbol{T}_{6}=\begin{bmatrix} n_x & o_x & a_x & p_x \\ n_y & o_y & a_y & p_y \\ n_z & o_z & a_z & p_z \\ 0 & 0 & 0 & 1 \end{bmatrix} \tag{3-17}
$$

$$
\left.\begin{aligned}
n_x &= -c_6(s_1s_5-c_{234}c_1c_5)+c_1s_6s_{234} \\
n_y &= s_1s_6s_{234}+c_6(c_1s_5+s_1c_5c_{234}) \\
n_z &= s_6s_{234}-c_6s_5s_{234} \\
o_x &= s_6(s_1s_5-c_{234}c_1c_5)+c_1c_6s_{234} \\
o_y &= s_1c_6s_{234}-s_6(c_1s_5+s_1c_5c_{234}) \\
o_z &= s_6s_{234}+c_5s_6s_{234}-c_6s_{234} \\
a_x &= s_5c_1c_{234}+s_1c_5 \\
a_y &= s_1s_5c_{234}-c_1c_5 \\
a_z &= -s_5s_{234} \\
p_x &= d_5c_1s_{234}+c_1a_2c_{23}+c_1a_3c_{23}-s_1d_2-s_1d_3 \\
p_y &= s_1a_3c_{23}+c_2a_2s_1+d_5c_1s_{234}+c_1d_3+c_1d_2 \\
p_z &= d_5s_{234}-a_2s_2-s_3s_{23}
\end{aligned}\right\} \tag{3-18}
$$

式(3－18)中的法线矢量 $\boldsymbol{n}$、方向矢量 $\boldsymbol{o}$、接近矢量 $\boldsymbol{a}$ 表示了机器人末端的姿态，方向矢量 $\boldsymbol{p}$ 表示了机器人末端的位置。

$$c_i = \cos\theta_i,\quad s_i = \sin\theta_i,$$
$$s_{ij} = \sin(\theta_i + \theta_j),\quad c_{ij} = \cos(\theta_i + \theta_j),$$
$$s_{ijk} = \sin(\theta_i + \theta_j + \theta_k),\quad c_{ijk} = \cos(\theta_i + \theta_j + \theta_k)$$

3.2.3　逆运动学方程

UR10 型协作机器人的运动学逆解问题，即根据 UR10 机器人在连杆坐标系中的位姿求出相应关节的转角。机器人的逆运动学计算方法包含两种：一种是数值法，通过迭代运算的方式求解机器人各关节的旋转角度，但这种方式运算量非常大，不适合应用在快实时性的应用场景；另一种计算逆解的方式是解析法，需要对机器人相邻的三个关节轴的位置关系判断是否可以得到封闭解。UR10 型机器人第二、三、四关节轴相互平行，故可以使用解析法求出其运动学逆解。

1. 求角度 $\boldsymbol{\theta_1}$

$$^{1}\boldsymbol{T}_6 = \begin{bmatrix} c_1 n_x + s_1 n_y & c_1 o_x + s_1 o_y & c_1 a_x + s_1 a_y & c_1 p_x + s_1 p_y \\ -n_z & -o_z & -a_z & -p_z \\ c_1 n_y - s_1 n_x & c_1 o_y - s_1 o_x & c_1 a_y - s_1 a_x & c_1 p_y - s_1 p_x \\ 0 & 0 & 0 & 1 \end{bmatrix} \tag{3-19}$$

$$c_1 p_y - s_1 p_x = d_2 + d_3 \tag{3-20}$$

利用三角恒等变换：

$$p_x = \rho\cos\theta,\quad p_y = \rho\sin\theta \tag{3-21}$$

可解出 θ_1 的角度为

$$\theta_1 = \arctan\left(\frac{p_y}{p_x}\right) - \arctan\frac{d_2 + d_3}{\pm\sqrt{r^2 - (d_2 + d_3)^2}} \tag{3-22}$$

2. 求角度 $\boldsymbol{\theta_5}$

$$\left.\begin{aligned} c_5 &= s_1 a_x - c_1 a_y \\ \theta_5 &= \arccos(s_1 a_x - c_1 a_y) \end{aligned}\right\} \tag{3-23}$$

3. 求角度 $\boldsymbol{\theta_6}$

$$\left.\begin{aligned} c_6 s_5 &= c_1 n_y - s_1 n_x \\ \theta_6 &= \arccos\left(\frac{c_1 n_y - s_1 n_x}{s_5}\right) \end{aligned}\right\} \tag{3-24}$$

当 $s_5=0$ 时，即 $\theta_5=0$ 或 $\theta_5=\pi$ 时，关节轴 4 和轴 6 处于腕部奇异状态，无法求出 θ_6 的值。

4. 求角度 θ_2

在式(3-17)的等号两边同时左乘矩阵$({}^0\boldsymbol{T}_1{}^1\boldsymbol{T}_2)^{-1}$,可得

$$
{}^2\boldsymbol{T}_3{}^3\boldsymbol{T}_4{}^4\boldsymbol{T}_5{}^5\boldsymbol{T}_6=\begin{bmatrix} c_{34}c_5c_6+s_{34}s_6 & -c_{34}c_5s_6+s_{34}c_6 & c_{34}s_5 & c_5s_6 \\ s_{34}c_5c_6-c_{34}s_6 & -c_{34}c_6+s_{34}c_5s_6 & s_5s_{34} & a_3s_3-d_5c_{34} \\ c_6s_5 & s_5s_6 & -c_5 & d_3 \\ 0 & 0 & 0 & 1 \end{bmatrix} \tag{3-25}
$$

并可得

$$
\left.\begin{aligned} c_1c_2o_x+s_1c_2o_y-s_2o_z=-c_{34}c_5s_6+s_{34}c_6 \\ \theta_2=\arctan\frac{c_1o_x+s_1o_y+c_5c_6\dfrac{c_1a_x+s_1a_y}{s_5}+c_6\dfrac{a_z}{s_5}}{o_z+c_5c_6\dfrac{a_z}{s_5}-c_6\dfrac{c_1a_x+s_1a_y}{s_5}} \end{aligned}\right\} \tag{3-26}
$$

5. 求角度 θ_3

$$
\left.\begin{aligned} &-c_1s_2a_x-s_1s_2a_y-c_2a_z=c_{34}s_5 \\ &-c_1s_2p_x-s_1s_2p_y-c_2p_z=-c_{34}d_5+s_3a_3 \\ &\theta_3=\arcsin\frac{d_5\dfrac{c_1c_2a_z+s_1c_2a_y-s_2a_z}{s_5}-c_1s_2p_x-s_1s_2p_y-c_2p_z}{a_3} \end{aligned}\right\} \tag{3-27}
$$

6. 求角度 θ_4

$$
\theta_4=\theta_{234}-\theta_2-\theta_3=\arcsin\left(-\frac{a_z}{s_5}\right)-\theta_2-\theta_3 \tag{3-28}
$$

由于 θ_2 和 θ_3 已经求出解,将结果代入式(3-28),即可求出 θ_4。

当逆解完成时,UR10 机器人的六个关节的角度已全部求出相应的表达式。根据逆解结果,可以分析出 $\theta_1,\theta_2,\theta_5$ 最多有两种结果,理论上可以计算出八组可能解。在实际使用过程中,会对求得的逆解进行过滤,通常采用最小能量法、路径最短法来选取最优解。

3.3 复合机器人机械臂的动力学方程

3.3.1 动力学概述

由于机器人的运动学理论仅考虑了末端执行器与旋转关节的位姿关系,没有对机器人系统在运动过程中所受到的驱动力矩进行研究。为了研究机械臂的控制方式和受力情况,需要建立机器人的动力学模型。动力学模型主要用于机器人的动态参

数的研究以及解决运动过程中的控制问题。其中，根据作用在机器人各转动关节下的驱动力，求出末端执行机构在操作空间的运动速度、加速度等参数，这一过程称为机器人的正动力学求解问题，反之则成为逆动力学求解问题。通常正动力学用于验证所求动力学模型的准确性，通过提高动力学建模的准确度来实现对末端执行机构加速度的稳定控制；而逆动力学用于解决机器人的实时控制问题。机器人的本体动力学模型是基于其各旋转关节与力矩之间的关系，没有引入外部约束力。最常使用的机器人本体动力学建模的方法有以下三种。

1. 牛顿-欧拉方程法

牛顿-欧拉方程法是在已知机器人各个关节的尺寸，每条连杆的长度、速度、角速度以及刚体惯性张量的情况下，采用递推的计算方法得到机器人的动力学模型，但因为需要计算每条连杆的运动方程，当机器人的结构越复杂，自由度越高时，递推计算的效率就越低；但最终得到的动力学方程不仅包含了关节所受到的驱动力矩，还包含了机器人每条连杆之间的作用力，此方法通常用来研究机器人系统的设计。

2. 凯恩方程法

凯恩方程在计算机器人的动力学方程时，用速率等效代换坐标，引入了连杆偏速度和偏加速度的概念，但所得结果不包含运动分析的过程，且速率的值选取时是需要结合经验来完成的，而且需要对矩阵进行微分和积分的烦琐运算，通常用于链式机器人的动力学分析。

3. 拉格朗日功能平衡法

拉格朗日功能平衡法是根据机器人系统具有动能和势能，在不考虑外部约束力的情况下，通过求解拉格朗日函数来得到机器人本体的动力学模型。这种方法计算简单，且当需要研究所受的外部约束力时，可以将已经建立的机器人本体动力学模型，结合其他方法一起使用，得到整个系统的控制模型。

本文使用拉格朗日功能平衡法来建立机器人本体的动力学模型，模型中求出的力矩仅为机器人本体所需的力矩，没有考虑机器人所受到的约束条件，故应用 Udwadia-Kalaba 理论，能有效解决系统受到的约束力问题，且比拉格朗日乘子法简单许多。

3.3.2　机械臂动力学方程

UR10 型协作机器人的本体动力学模型是利用拉格朗日功能平衡法推导出来的。其中需要计算 UR10 协作机器人的总动能和总势能。具体的推导步骤如下：

① 根据 D－H 规则建立 UR10 协作机器人的运动学模型。

② 求取 UR10 协作机器人上任意连杆的速度。

③ 计算 UR10 协作机器人的总动能 K，总势能 P，以及拉格朗日函数 $L=K-P$。

④ 求取拉格朗日函数的偏导数。

⑤ 求取 UR10 协作机器人的广义力 F。

⑥ 将步骤④中的偏导数代入步骤⑤中，即可完成 UR10 协作机器人本体动力学模型的建立。

首先，求取 UR10 协作机器人的任意连杆的速度：为了方便计算，假定每条连杆的质量集中在质心处，设 UR10 机器人每条连杆的质量为 m_1、m_2、m_3、m_4、m_5、m_6，可以写出连杆 i 上任意点的速度为

$$v=\frac{\mathrm{d}r}{\mathrm{d}t}=\left(\sum_{j=1}^{i}\frac{\partial T_i}{\partial q_j}\dot{q}_j\right)^i r \tag{3-29}$$

其次，求导可得加速度为

$$a=\left(\sum_{j=1}^{i}\frac{\partial T}{\partial q_i}\ddot{q}_i\right)r+\left(\sum_{j=1}^{i}\sum_{k=1}^{i}\frac{\partial^2 T}{\partial q_i\partial q_k}\dot{q}_j\dot{q}_k\right)r \tag{3-30}$$

所以，可以得到 UR10 协作机器人任意连杆的速度的平方为

$$v^2=\left(\frac{\mathrm{d}r}{\mathrm{d}t}\right)^2=\mathrm{Trace}\left[\sum_{j=1}^{i}\sum_{k=1}^{i}\frac{\partial T_i}{\partial q_k}{}^i r\,({}^i r)^{\mathrm{T}}\left(\frac{\partial T_i}{\partial q_k}\right)^{\mathrm{T}}\dot{q}_j\dot{q}_k\right] \tag{3-31}$$

根据式(3-31)得到了速度的平方，利用 MATLAB 工具可以求出速度的方程。然后根据得到的速度平方值，可以得到在协作机器人任意一条连杆上的动能为

$$K_i=\int_{连杆i}\mathrm{d}K_i=\frac{1}{2}\mathrm{Trace}\left[\sum_{j=1}^{i}\sum_{k=1}^{i}\frac{\partial T_i}{\partial q_i}\boldsymbol{I}_i\frac{\partial T_i}{\partial q^k}\dot{q}_j\dot{q}_k\right] \tag{3-32}$$

式中：$\boldsymbol{I}$ 为伪惯量矩阵，其可以表示为

$$\boldsymbol{I}_i=\int_{连杆i}{}^i r\,{}^i r^{\mathrm{T}}\mathrm{d}m=\begin{bmatrix}\int {}^i x^2\mathrm{d}m & \int {}^i x\,{}^i y\,\mathrm{d}m & \int {}^i x\,{}^i z\,\mathrm{d}m & \int {}^i x\,\mathrm{d}m\\ \int {}^i x\,{}^i y\,\mathrm{d}m & \int {}^i y^2\mathrm{d}m & \int {}^i y\,{}^i z\,\mathrm{d}m & \int {}^i y\,\mathrm{d}m\\ \int {}^i x\,{}^i z\,\mathrm{d}m & \int {}^i y\,{}^i z\,\mathrm{d}m & \int {}^i z^2\mathrm{d}m & \int {}^i z\,\mathrm{d}m\\ \int {}^i x\,\mathrm{d}m & \int {}^i y\,\mathrm{d}m & \int {}^i z\,\mathrm{d}m & \int \mathrm{d}m\end{bmatrix} \tag{3-33}$$

根据物理学公式可得转动惯量、矢量积以及一阶矩量分别为

$$\left.\begin{aligned}&I_{xx}=\int(y^2+z^2)\,\mathrm{d}m, && I_{yy}=\int(x^2+z^2)\,\mathrm{d}m, && I_{yy}=\int(x^2+y^2)\,\mathrm{d}m\\ &I_{xy}=I_{yx}=\int xy\,\mathrm{d}m, && I_{xz}=I_{zx}=\int xz\,\mathrm{d}m, && I_{yz}=I_{zy}=\int yz\,\mathrm{d}m\\ &mx=\int x\,\mathrm{d}m, && my=\int y\,\mathrm{d}m, && mz=\int z\,\mathrm{d}m\end{aligned}\right\} \tag{3-34}$$

做如下代换操作，令：

$$\left.\begin{aligned}\int x^2\mathrm{d}m &= -\frac{1}{2}\int(y^2+z^2)\,\mathrm{d}m+\frac{1}{2}\int(x^2+z^2)\,\mathrm{d}m+\frac{1}{2}\int(x^2+y^2)\,\mathrm{d}m\\ \int y^2\mathrm{d}m &= \frac{1}{2}\int(y^2+z^2)\,\mathrm{d}m-\frac{1}{2}\int(x^2+z^2)\,\mathrm{d}m+\frac{1}{2}\int(x^2+y^2)\,\mathrm{d}m\\ \int z^2\mathrm{d}m &= \frac{1}{2}\int(y^2+z^2)\,\mathrm{d}m+\frac{1}{2}\int(x^2+z^2)\,\mathrm{d}m-\frac{1}{2}\int(x^2+y^2)\,\mathrm{d}m\end{aligned}\right\}\tag{3-35}$$

可以得到伪惯量矩阵 $\boldsymbol{I}$ 的值为

$$\boldsymbol{I}_i=\begin{bmatrix}\dfrac{-I_{ixx}+I_{iyy}+I_{izz}}{2} & I_{ixy} & I_{ixz} & m_i\bar{x}_i\\ I_{ixy} & \dfrac{I_{ixx}-I_{iyy}+I_{izz}}{2} & I_{iyz} & m_i\bar{y}_i\\ I_{ixz} & I_{iyz} & \dfrac{I_{ixx}+I_{iyy}-I_{izz}}{2} & m_i\bar{z}_i\\ m_i\bar{x}_i & m_i\bar{y}_i & m_i\bar{z}_i & m_i\end{bmatrix}\tag{3-36}$$

对连杆动能的表达式进行求和处理，可得

$$E_k=\sum_{i=1}^{n}E_{ki}=\frac{1}{2}\sum_{i=1}^{n}\mathrm{Trace}\left[\sum_{j=1}^{i}\sum_{k=1}^{i}\frac{\partial T_i}{\partial q_i}\boldsymbol{I}_i\frac{\partial T_i^T}{\partial q_k}\dot{q}_j\dot{q}_k\right]\tag{3-37}$$

因为在传动过程中传动装置具有惯量，其值可以表示为

$$K_a=\frac{1}{2}\sum_{i=1}^{n}\boldsymbol{I}_{ai}\dot{q}_i^2\tag{3-38}$$

则 UR10 协作机器人系统的总动能为

$$E_{kt}=E_k+E_a=\frac{1}{2}\sum_{i=1}^{n}\mathrm{Trace}\left[\sum_{j=1}^{i}\sum_{k=1}^{i}\frac{\partial T_i}{\partial q_i}\boldsymbol{I}_i\frac{\partial T_i^T}{\partial q_k}\dot{q}_j\dot{q}_k\right]+\frac{1}{2}\sum_{i=1}^{n}\boldsymbol{I}_{ai}\dot{q}_i^2\tag{3-39}$$

得到协作机器人系统的总动能后，需要继续计算系统的总势能。对于连杆 i 上任意一点来说，其相对于全局坐标的位置可表示为

$${}^0r={}^0T_i{}^ir\tag{3-40}$$

设连杆任意位置的质量微元 dm，其重力势能为

$$\mathrm{d}E_{pi}=-\mathrm{d}m\boldsymbol{g}^{\mathrm{T}}{}^0r=-\boldsymbol{g}^{\mathrm{T}}{}^0T_i{}^ir\mathrm{d}m\tag{3-41}$$

其中，$\boldsymbol{g}^{\mathrm{T}}=[g_x\quad g_y\quad g_z\quad 1]$，根据公式(3-41)积分可得连杆 i 的重力势能为

$$E_{pi}=\int_{连杆i}\mathrm{d}E_{pi}=\int_{连杆i}-\boldsymbol{g}^{\mathrm{T}}{}^0T_i{}^ir\mathrm{d}m=-m_i\boldsymbol{g}^{\mathrm{T}}T_i{}^ir_i\tag{3-42}$$

UR10 协作机器人系统的总重力势能为

$$E_P=\sum_{i=1}^{n}E_{pi}=-\sum_{i=1}^{n}m_i\boldsymbol{g}^{\mathrm{T}}T_i{}^ir_i\tag{3-43}$$

根据已经得到的协作机器人系统的重力势能和动能，可得拉格朗日函数 L：

$$\begin{aligned}L&=E_{kt}-E_p\\&=\frac{1}{2}\sum_{i=1}^{n}\text{Trace}\left(\sum_{j=1}^{i}\sum_{k=1}^{i}\frac{\partial T_i}{\partial q_i}\boldsymbol{I}_i\frac{\partial T_i^T}{\partial q_k}\dot{q}_j\dot{q}_k\right)+\\&\quad\frac{1}{2}\sum_{i=1}^{n}\boldsymbol{I}_{ai}\dot{q}_i^{\ 2}+\sum_{i=1}^{n}m_i\boldsymbol{g}^{\mathrm{T}}T_i{}^ir_i\\&=\frac{1}{2}\sum_{i=1}^{n}\sum_{j=1}^{i}\sum_{k=1}^{i}\text{Trace}\left(\frac{\partial T_i}{\partial q_i}\boldsymbol{I}_i\frac{\partial T_i^T}{\partial q_k}\dot{q}_j\dot{q}_k\right)+\\&\quad\frac{1}{2}\sum_{i=1}^{n}\boldsymbol{I}_{ai}\dot{q}_i^2+\sum_{i=1}^{n}m_i\boldsymbol{g}^{\mathrm{T}}T_i{}^ir_i\end{aligned}\tag{3-44}$$

对得到的拉格朗日函数，计算偏导数，按照式(3-44)整理计算可得

$$\begin{aligned}F_i=T_i&=\frac{\mathrm{d}}{\mathrm{d}t}\left(\frac{\partial L}{\partial\dot{q}_i}\right)-\frac{\partial L}{\partial q_i}\\&=\sum_{j=1}^{n}D_{ij}\ddot{q}_j+\boldsymbol{I}_{ai}\ddot{q}_i+\sum_{j=1}^{n}\sum_{k=1}^{n}D_{ijk}\dot{q}_j\dot{q}_k+D_i\end{aligned}\tag{3-45}$$

式中：

$$\left.\begin{aligned}D_{ij}&=\sum_{p=\max i,j}^{6}\text{Trace}\left(\frac{\partial T_p}{\partial q_j}\boldsymbol{I}_p\frac{\partial T_p^T}{\partial q_i}\right)\\D_{ijk}&=\sum_{p=\max i,j,k}^{6}\text{Trace}\left(\frac{\partial^2 T_p}{\partial q_j\partial q_k}\boldsymbol{I}_p\frac{\partial T_p^T}{\partial q_i}\right)\\D_i&=\sum_{p=i}^{6}\left(-m_p\boldsymbol{g}^{\mathrm{T}}\frac{\partial T_p}{\partial q_i}r_p\right)\end{aligned}\right\}\tag{3-46}$$

式(3-46)中的 D_{ij} 为惯量，D_{ijk} 为向心加速度系数和哥氏加速度系数，D_i 为重力项，惯量项和重力项会影响控制系统的稳定性和位置精度，向心加速度系数和哥氏加速度系数在末端执行机构做高速运动时才起作用，其他时刻带来的误差影响较小。根据式(3-45)，可以得到 UR10 六自由度协作机器人的动力学方程如下：

$$\begin{aligned}T_i=&D_{i1}\ddot{\theta}_1+D_{i2}\ddot{\theta}_2+D_{i3}\ddot{\theta}_3+D_{i4}\ddot{\theta}_4+D_{i5}\ddot{\theta}_5+I_{ai}\ddot{\theta}_i+\\&D_{i11}\dot{\theta}_1^2+D_{i22}\dot{\theta}_2^2+D_{i33}\dot{\theta}_B^2+D_{i44}\dot{\theta}_4^2+D_{i55}\dot{\theta}_5^2+D_{i66}\dot{\theta}_6^2+\\&D_{i21}\dot{\theta}_2\dot{\theta}_1+D_{i23}\dot{\theta}_2\dot{\theta}_3+D_{i24}\dot{\theta}_2\dot{\theta}_4+D_{i25}\dot{\theta}_2\dot{\theta}_5+D_{i26}\dot{\theta}_2\dot{\theta}_6+\\&D_{i31}\dot{\theta}_3\dot{\theta}_1+D_{i32}\dot{\theta}_3\dot{\theta}_2+D_{i34}\dot{\theta}_3\dot{\theta}_4+D_{i35}\dot{\theta}_3\dot{\theta}_5+D_{i36}\dot{\theta}_3\dot{\theta}_6+\\&D_{i41}\dot{\theta}_4\dot{\theta}_1+D_{i42}\dot{\theta}_4\dot{\theta}_2+D_{i43}\dot{\theta}_4\dot{\theta}_3+D_{i44}\dot{\theta}_4\dot{\theta}_4+D_{i45}\dot{\theta}_4\dot{\theta}_5+\\&D_{i51}\dot{\theta}_5\dot{\theta}_1+D_{i52}\dot{\theta}_5\dot{\theta}_2+D_{i53}\dot{\theta}_5\dot{\theta}_3+D_{i54}\dot{\theta}_5\dot{\theta}_4+D_{i56}\dot{\theta}_5\dot{\theta}_6+\\&D_{i61}\dot{\theta}_6\dot{\theta}_1+D_{i62}\dot{\theta}_6\dot{\theta}_2+D_{i63}\dot{\theta}_6\dot{\theta}_3+D_{i64}\dot{\theta}_6\dot{\theta}_4+D_{i56}\dot{\theta}_5\dot{\theta}_6+D_i\end{aligned}\tag{3-47}$$

式中：$\dot{\theta}_i$ 为角速度，$\ddot{\theta}_i$ 为角加速度。

3.4　复合机器人移动底盘的运动学模型

3.4.1　麦克纳姆轮的运动学模型

如图 3.7 和 3.8 所示，XOY 坐标系是全局坐标系，也是绝对坐标系，$PO'Q$ 是固定连接在复合机器人移动底盘几何中心上的连体坐标系，$UO''V$ 是固定连接在麦克纳姆轮质心上的连体坐标系。

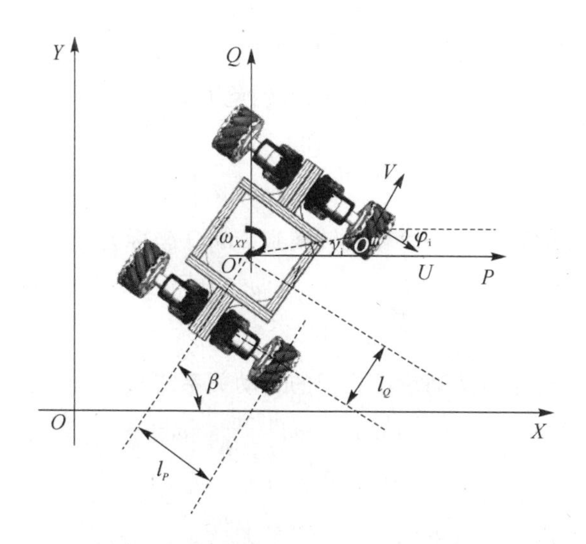

图 3.7　第 i 轮与平台中心的运动关系

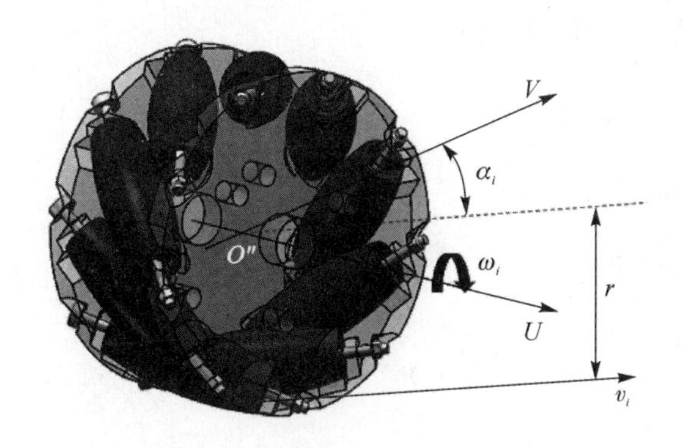

图 3.8　第 i 轮坐标关系示意图

由此可以得出三个坐标系之间的映射关系：

① 由 $UO''V$ 坐标系到 $PO'Q$ 坐标系的坐标变换矩阵为

$$\boldsymbol{R}_{i1}=\begin{bmatrix}\cos\varphi_i & -\sin\varphi_i\\ \sin\varphi_i & \cos\varphi_i\end{bmatrix} \tag{3-48}$$

② 由 XOY 坐标系到 $PO'Q$ 坐标系的坐标变换矩阵为

$$\boldsymbol{R}_{i2}=\begin{bmatrix}\cos\beta & \sin\beta & 0\\ -\sin\beta & \cos\beta & 0\\ 0 & 0 & 1\end{bmatrix} \tag{3-49}$$

③ 由 $UO''V$ 坐标系到 XOY 坐标系的坐标变换矩阵为

$$\boldsymbol{R}_{i3}=\boldsymbol{R}_{i1}\boldsymbol{R}_{i2}^{-1} \tag{3-50}$$

同时,还可以得出两个重要矢量变换的映射关系:

小辊子的线速度和麦克纳姆轮的转速转换为 $UO''V$ 坐标方向的速度矢量

$$\boldsymbol{R}^{*}=\begin{bmatrix}0 & \sin\alpha_i\\ r & \cos\alpha_i\end{bmatrix} \tag{3-51}$$

复合机器人移动底盘的平面转动转换到 $PO'Q$ 坐标方向的速度矢量

$$\boldsymbol{R}^{**}=\begin{bmatrix}1 & 0 & -l_{iP}\\ 0 & 1 & l_{iQ}\end{bmatrix} \tag{3-52}$$

由图 3.7 中驱动轮与从动滚子之间的运动关系式为

$$\begin{bmatrix}v_{iU}\\ v_{iV}\end{bmatrix}=\begin{bmatrix}0 & \sin\alpha_i\\ r & \cos\alpha_i\end{bmatrix}\begin{bmatrix}\omega_i\\ v_i\end{bmatrix}=\boldsymbol{R}^{*}\begin{bmatrix}\omega_i\\ v_i\end{bmatrix} \tag{3-53}$$

$$\begin{bmatrix}v_{iP}\\ v_{iQ}\end{bmatrix}=\begin{bmatrix}\cos\varphi_i & -\sin\varphi_i\\ \sin\varphi_i & \cos\varphi_i\end{bmatrix}\begin{bmatrix}v_{iU}\\ v_{iV}\end{bmatrix}=\boldsymbol{R}_{i1}\boldsymbol{R}^{*}\begin{bmatrix}\omega_i\\ v_i\end{bmatrix} \tag{3-54}$$

由于机器人是在平面上做运动

$$\begin{bmatrix}v_{iP}\\ v_{iQ}\end{bmatrix}=\begin{bmatrix}1 & 0 & -l_{iP}\\ 0 & 1 & l_{iQ}\end{bmatrix}\begin{bmatrix}v_X\\ v_Y\\ \omega_{XY}\end{bmatrix}=\lim_{n\to\infty}\begin{bmatrix}v_X\\ v_Y\\ \omega_{XY}\end{bmatrix} \tag{3-55}$$

综合以上公式可得

$$\begin{bmatrix}\omega_i\\ v_i\end{bmatrix}=\boldsymbol{R}^{*-1}\boldsymbol{R}_{i1}^{-1}\boldsymbol{R}^{**}\begin{bmatrix}v_X\\ v_Y\\ \omega_{XY}\end{bmatrix} \tag{3-56}$$

式(3-57)反映了单个轮子 i 的速度与平台中心速度之间的运动关系。

3.4.2 移动底盘的运动学模型

将四个轮子组合起来得到复合机器人移动底盘的运动学模型如下:

$$\begin{bmatrix} \omega_1 \\ v_1 \\ \omega_2 \\ v_2 \\ \omega_3 \\ v_3 \\ \omega_4 \\ v_4 \end{bmatrix} = -\begin{bmatrix} \dfrac{\cos(\varphi_1-\alpha_1)}{r\sin\alpha_1} & \dfrac{\sin(\varphi_1-\alpha_1)}{r\sin\alpha_1} & \dfrac{l_1\sin(\varphi_1-\alpha_1-\gamma_1)}{r\sin\alpha_1} \\ \dfrac{\cos\varphi_1}{\sin\alpha_1} & -\dfrac{\sin\varphi_1}{\sin\alpha_1} & -\dfrac{l_1\sin(\varphi_1+\gamma_1)}{\sin\alpha_1} \\ \dfrac{\cos(\varphi_2-\alpha_2)}{r\sin\alpha_2} & \dfrac{\sin(\varphi_2-\alpha_2)}{r\sin\alpha_2} & \dfrac{l_2\sin(\varphi_2-\alpha_2-\gamma_2)}{r\sin\alpha_2} \\ \dfrac{\cos\varphi_2}{\sin\alpha_2} & -\dfrac{\sin\varphi_2}{\sin\alpha_2} & -\dfrac{l_2\sin(\varphi_2+\gamma_2)}{\sin\alpha_2} \\ \dfrac{\cos(\varphi_3-\alpha_3)}{r\sin\alpha_3} & \dfrac{\sin(\varphi_3-\alpha_3)}{r\sin\alpha_3} & \dfrac{l_3\sin(\varphi_3-\alpha_3-\gamma_3)}{r\sin\alpha_3} \\ \dfrac{\cos\varphi_3}{\sin\alpha_3} & -\dfrac{\sin\varphi_3}{\sin\alpha_3} & -\dfrac{l_3\sin(\varphi_3+\gamma_3)}{\sin\alpha_3} \\ \dfrac{\cos(\varphi_4-\alpha_4)}{r\sin\alpha_4} & \dfrac{\sin(\varphi_4-\alpha_4)}{r\sin\alpha_4} & \dfrac{l_4\sin(\varphi_4-\alpha_4-\gamma_4)}{r\sin\alpha_4} \\ \dfrac{\cos\varphi_4}{\sin\alpha_4} & -\dfrac{\sin\varphi_4}{\sin\alpha_4} & -\dfrac{l_4\sin(\varphi_4+\gamma_4)}{\sin\alpha_4} \end{bmatrix} \begin{bmatrix} v_X \\ v_Y \\ \omega_{XY} \end{bmatrix} \tag{3-57}$$

从机器人的运动学角度可以看出，其运动模式是基于雅克比矩阵的逆运动学方程，反映了机器人的运动特征。对于复合机器人移动底盘而言，其表达式为

$$\begin{bmatrix} \omega_1 \\ \omega_2 \\ \omega_3 \\ \omega_4 \end{bmatrix} = -\begin{bmatrix} \dfrac{\cos(\varphi_1-\alpha_1)}{r\sin\alpha_1} & \dfrac{\sin(\varphi_1-\alpha_1)}{r\sin\alpha_1} & \dfrac{l_1\sin(\varphi_1-\alpha_1-\gamma_1)}{r\sin\alpha_1} \\ \dfrac{\cos(\varphi_2-\alpha_2)}{r\sin\alpha_2} & \dfrac{\sin(\varphi_2-\alpha_2)}{r\sin\alpha_2} & \dfrac{l_2\sin(\varphi_2-\alpha_2-\gamma_2)}{r\sin\alpha_2} \\ \dfrac{\cos(\varphi_3-\alpha_3)}{r\sin\alpha_3} & \dfrac{\sin(\varphi_3-\alpha_3)}{r\sin\alpha_3} & \dfrac{l_3\sin(\varphi_3-\alpha_3-\gamma_3)}{r\sin\alpha_3} \\ \dfrac{\cos(\varphi_4-\alpha_4)}{r\sin\alpha_4} & \dfrac{\sin(\varphi_4-\alpha_4)}{r\sin\alpha_4} & \dfrac{l_4\sin(\varphi_4-\alpha_4-\gamma_4)}{r\sin\alpha_4} \end{bmatrix} \begin{bmatrix} v_X \\ v_Y \\ \omega_{XY} \end{bmatrix} \tag{3-58}$$

$$\boldsymbol{R}^{***} = -\frac{1}{r}\begin{bmatrix} \dfrac{\cos(\varphi_1-\alpha_1)}{\sin\alpha_1} & \dfrac{\sin(\varphi_1-\alpha_1)}{\sin\alpha_1} & \dfrac{l_1\sin(\varphi_1-\alpha_1-\gamma_1)}{\sin\alpha_1} \\ \dfrac{\cos(\varphi_2-\alpha_2)}{\sin\alpha_2} & \dfrac{\sin(\varphi_2-\alpha_2)}{\sin\alpha_2} & \dfrac{l_2\sin(\varphi_2-\alpha_2-\gamma_2)}{\sin\alpha_2} \\ \dfrac{\cos(\varphi_3-\alpha_3)}{\sin\alpha_3} & \dfrac{\sin(\varphi_3-\alpha_3)}{\sin\alpha_3} & \dfrac{l_3\sin(\varphi_3-\alpha_3-\gamma_3)}{\sin\alpha_3} \\ \dfrac{\cos(\varphi_4-\alpha_4)}{\sin\alpha_4} & \dfrac{\sin(\varphi_4-\alpha_4)}{\sin\alpha_4} & \dfrac{l_4\sin(\varphi_4-\alpha_4-\gamma_4)}{\sin\alpha_4} \end{bmatrix} \tag{3-59}$$

式中：$\boldsymbol{R}^{***}$是逆雅可比矩阵，反映了 4 个麦克纳姆轮的转速与自动运载车的中心速度

的映射关系。

前文中设定的复合机器人移动底盘各个参数如表 3.2 所列，将其代入式(3-58)，可以推导出运载车的逆运动学方程为

$$\begin{bmatrix}\omega_1\\ \omega_2\\ \omega_3\\ \omega_4\end{bmatrix}=\frac{1}{r}\begin{bmatrix}1 & -1 & -(l_P+l_Q)\\ 1 & 1 & (l_P+l_Q)\\ 1 & 1 & -(l_P+l_Q)\\ 1 & -1 & (l_P+l_Q)\end{bmatrix}\begin{bmatrix}v_X\\ v_Y\\ \omega_{XY}\end{bmatrix} \tag{3-60}$$

表 3.2　麦克纳姆轮具体参数

i	α_i	φ_i	γ_i	l_i	l_{iP}	l_{iQ}
0	$\pi/4$	$\pi/2$	$-\pi/4$	l	l_P	l_Q
1	$-\pi/4$	$-\pi/2$	$\pi/4$	l	l_P	l_Q
2	$3\pi/4$	$\pi/2$	$\pi/4$	l	l_P	l_Q
3	$-3\pi/4$	$-\pi/2$	$-\pi/4$	l	l_P	l_Q

因此

$$\boldsymbol{R}^{***}=\frac{1}{r}\begin{bmatrix}1 & -1 & -(l_P+l_Q)\\ 1 & 1 & (l_P+l_Q)\\ 1 & 1 & -(l_P+l_Q)\\ 1 & -1 & (l_P+l_Q)\end{bmatrix} \tag{3-61}$$

而系统的正向运动方程见下式：

$$\begin{bmatrix}v_X\\ v_Y\\ \omega_{XY}\end{bmatrix}=\frac{r}{4}\begin{bmatrix}1 & 1 & 1 & 1\\ -1 & 1 & 1 & -1\\ -\dfrac{1}{(l_P+l_Q)} & \dfrac{1}{(l_P+l_Q)} & -\dfrac{1}{(l_P+l_Q)} & \dfrac{1}{(l_P+l_Q)}\end{bmatrix}\begin{bmatrix}\omega_1\\ \omega_2\\ \omega_3\\ \omega_4\end{bmatrix} \tag{3-62}$$

可将轮系运动速度与平台运动速度之间的关系从局部坐标系映射到全局坐标系，关系式如下：

$$\begin{bmatrix}\omega_1\\ \omega_2\\ \omega_3\\ \omega_4\end{bmatrix}=\boldsymbol{R}^{***}\boldsymbol{R}_{i2}\begin{bmatrix}v_X\\ v_Y\\ \dot{\beta}\end{bmatrix} \tag{3-63}$$

即

$$\begin{bmatrix}\omega_1\\ \omega_2\\ \omega_3\\ \omega_4\end{bmatrix}=\frac{1}{r}\begin{bmatrix}\cos\beta+\sin\beta & -\cos\beta+\sin\beta & -(l_P+l_Q)\\ \cos\beta-\sin\beta & \cos\beta+\sin\beta & (l_P+l_Q)\\ \cos\beta-\sin\beta & \cos\beta+\sin\beta & -(l_P+l_Q)\\ \cos\beta+\sin\beta & -\cos\beta+\sin\beta & (l_P+l_Q)\end{bmatrix}\begin{bmatrix}v_X\\ v_Y\\ \dot{\beta}\end{bmatrix} \tag{3-64}$$

沿着俯视图方向看车轮运动方向，车整体运动的关系如图 3.9 所示。

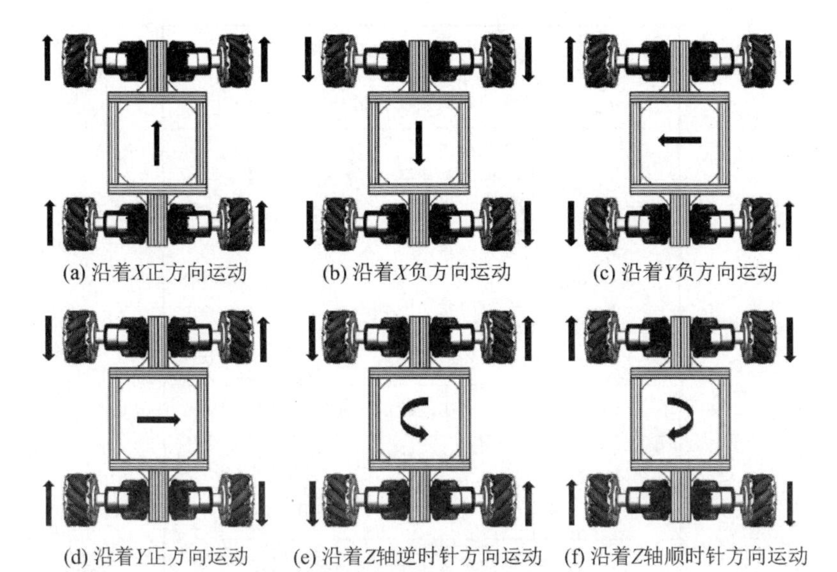

图 3.9　车轮运动方向与整体运动方向的关系

3.5　复合机器人移动底盘的动力学方程

3.5.1　麦克纳姆轮的动力学方程

机械臂运载车从动轮和主动轮模型化简如图 3.10 所示，其中的受力参数符号及其物理意义如表 3.3 所列。

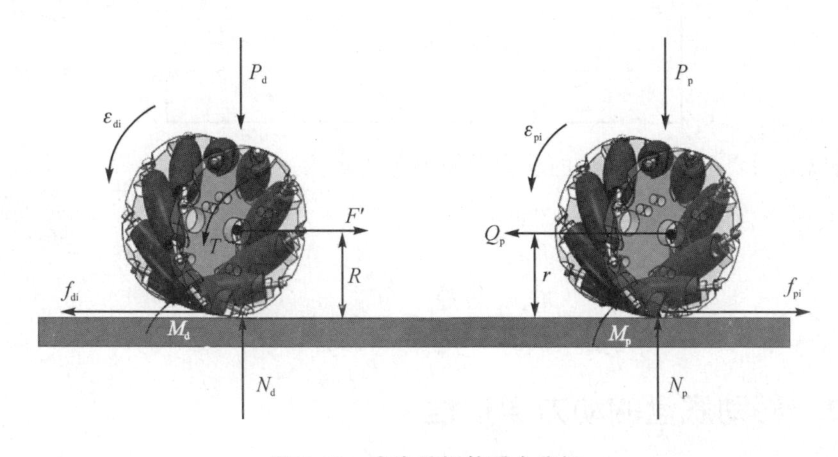

图 3.10　麦克纳姆轮受力分析

表 3.3　麦克纳姆轮受力参数符号及其物理意义

符　号	物理意义
m_{d}	驱动轮质量
m_{p}	从动轮质量
R	驱动轮半径
r	从动轮半径
P_{d}	全方位轮上的载荷
P_{p}	从动轮上的载荷
N_{d}	地面对驱动轮的法向反作用力
N_{p}	地面对从动轮的法向反作用力
f_{di}	地面对驱动轮的切向反作用力
f_{pi}	地面对从动轮的切向反作用力
M_{d}	驱动轮滚动阻力偶矩
M_{p}	从动轮滚动阻力偶矩
$\varepsilon_{\mathrm{di}}$	驱动轮的角加速度
$\varepsilon_{\mathrm{pi}}$	从动轮的角加速度
a_{di}	驱动轮的加速度
a_{pi}	从动轮的加速度
J_{d}	驱动轮的转动惯量
J_{p}	从动轮的转动惯量
T	电机作用于驱动轮的转矩

由以上图表可知，驱动轮的动力学模型可表示为

$$\begin{cases} m_{\mathrm{d}}a_{\mathrm{di}}=f_{\mathrm{di}}-F' \\ J_{\mathrm{d}}\varepsilon_{\mathrm{di}}=T-f_{\mathrm{di}}R-M_{\mathrm{d}} \end{cases}$$
$$\begin{cases} m_{\mathrm{p}}a_{\mathrm{pi}}=Q_{\mathrm{p}}-f_{\mathrm{pi}} \\ J_{\mathrm{p}}\varepsilon_{\mathrm{pi}}=f_{\mathrm{pi}}P_{\mathrm{p}}-M_{\mathrm{p}} \end{cases} \tag{3-65}$$

3.5.2　移动底盘的动力学方程

在对机器人动力学建模的研究中，主要使用了牛顿-欧拉和拉格朗日两种方法。第一种是动力均衡法。这种方法需要从动力学上求出加速度，同时消除各种内力，适

用于一般的计算。第二种是拉格朗日功能量均衡法，它的作用是速度，而不是内力。本小节采用拉格朗日功能量均衡方法，对复合机器人移动底盘的动力学进行研究。

机器人的动力系统，主要由机器人自身的平动动能、转动动能和各车轮的转动动能组成，如下式：

$$K=\frac{1}{2}m(v_X^2+v_Y^2)+\frac{1}{2}I_Z\omega_{XY}{}^2+\frac{1}{2}I_\omega(\omega_1^2+\omega_2^2+\omega_3^2+\omega_4^2) \tag{3-66}$$

式中：m 为机械臂的整体质量，I_Z 为机械臂围绕 Z 轴的惯性矩，I_ω 为车轮围绕旋转中心的惯性矩。

从拉格朗日方程中可以看出：

$$\frac{\mathrm{d}}{\mathrm{d}t}\left(\frac{\partial K}{\partial \dot{q}}\right)-\frac{\partial K}{\partial q}=\tau \tag{3-67}$$

令 $L=l_P+l_Q$，可以得到

$$\omega_1=\frac{1}{r}\left[(\cos\beta+\sin\beta)v_X+(\sin\beta-\cos\beta)v_Y-L\dot{\beta}\right] \tag{3-68}$$

$$\omega_2=\frac{1}{r}\left[(\cos\beta-\sin\beta)v_X+(\sin\beta+\cos\beta)v_Y+L\dot{\beta}\right] \tag{3-69}$$

$$\omega_3=\frac{1}{r}\left[(\cos\beta-\sin\beta)v_X+(\sin\beta+\cos\beta)v_Y-L\dot{\beta}\right] \tag{3-70}$$

$$\omega_4=\frac{1}{r}\left[(\cos\beta+\sin\beta)v_X+(\sin\beta-\cos\beta)v_Y+L\dot{\beta}\right] \tag{3-71}$$

由 $\dot{\beta}=\omega_{XY}$，化简得到

$$\omega_1^2+\omega_2^2+\omega_3^2+\omega_4^2=(4v_X^2+4v_Y^2+4L^2\omega_{XY}^2)\frac{1}{r^2} \tag{3-72}$$

那么复合机器人移动底盘的动能为

$$K=\left(\frac{1}{2}m+\frac{2I_\omega}{r^2}\right)v_X^2+\left(\frac{1}{2}m+\frac{2I_\omega}{r^2}\right)v_Y^2+\left(\frac{2L^2I_\omega}{r^2}+\frac{1}{2}I_Z\right)\omega_{XY}^2 \tag{3-73}$$

代入拉格朗日方程得到

$$\frac{\mathrm{d}}{\mathrm{d}t}\left(\frac{\partial K}{\partial v_X}\right)=\left(m+\frac{4I_\omega}{r^2}\right)'v_X \tag{3-74}$$

$$\frac{\mathrm{d}}{\mathrm{d}t}\left(\frac{\partial K}{\partial v_Y}\right)=\left(m+\frac{4I_\omega}{r^2}\right)'v_Y \tag{3-75}$$

$$\frac{\mathrm{d}}{\mathrm{d}t}\left(\frac{\partial K}{\partial \omega_{XY}}\right)=\left(\frac{4L^2I_\omega}{r^2}+I_Z\right)'\omega_{XY} \tag{3-76}$$

$$\frac{\partial K}{\partial q}=0 \tag{3-77}$$

因此，复合机器人移动底盘的动力学模型为

$$\begin{bmatrix} m+\dfrac{4I_\omega}{r^2} & 0 & 0 \\ 0 & m+\dfrac{4I_\omega}{r^2} & 0 \\ 0 & 0 & \dfrac{4L^2I_\omega}{r^2}+I_Z \end{bmatrix} \begin{pmatrix} v_X \\ v_Y \\ \dot{\omega}_{XY} \end{pmatrix} = \begin{pmatrix} F_X \\ F_Y \\ F_\omega \end{pmatrix} \tag{3-78}$$

3.6 复合机器人运动学一体化模型

复合机器人一体化雅可比方程首先明确输入和输出，根据运动学、动力学的雅可比方程可以推知，一体化建模的输入参数为 $[\boldsymbol{\omega}_1,\boldsymbol{\omega}_2,\boldsymbol{\omega}_3,\boldsymbol{\omega}_4,\dot{\boldsymbol{\theta}}_1,\dot{\boldsymbol{\theta}}_2,\dot{\boldsymbol{\theta}}_3,\dot{\boldsymbol{\theta}}_4,\dot{\boldsymbol{\theta}}_5,\dot{\boldsymbol{\theta}}_6,1]^{\mathrm{T}}$。记 $\boldsymbol{\omega}_1=\dot{\boldsymbol{\alpha}}_1$，以此类推，得到雅可比方程的输入应为 $[\dot{\boldsymbol{\alpha}}_1,\dot{\boldsymbol{\alpha}}_2,\dot{\boldsymbol{\alpha}}_3,\dot{\boldsymbol{\alpha}}_4,\dot{\boldsymbol{\theta}}_1,\dot{\boldsymbol{\theta}}_2,\dot{\boldsymbol{\theta}}_3,\dot{\boldsymbol{\theta}}_4,\dot{\boldsymbol{\theta}}_5,\dot{\boldsymbol{\theta}}_6,1]^{\mathrm{T}}$。

输出为末端的操作手的 6 个维度的速度记为 $[\dot{\boldsymbol{x}},\dot{\boldsymbol{y}},\dot{\boldsymbol{z}},\dot{\boldsymbol{I}},\dot{\boldsymbol{J}},\dot{\boldsymbol{K}},1]^{\mathrm{T}}$，分别为 x 方向的速度、y 方向的速度、z 方向的速度，以及绕 x 轴的转动速度、绕 y 轴的转动速度和绕 z 轴的转动速度。

根据前面章节所求得的雅可比矩阵可得机械臂的雅可比矩阵为

$$\boldsymbol{J}=[\boldsymbol{J}_1\quad \boldsymbol{J}_2\quad \boldsymbol{J}_3\quad \boldsymbol{J}_4\quad \boldsymbol{J}_5\quad \boldsymbol{J}_6] \tag{3-79}$$

式中：

$$\boldsymbol{J}_1=\begin{bmatrix} (d_2-d_3)c_1+d_5s_1s_{234}-a_2s_1c_2-a_3s_1c_{23} \\ (d_2-d_3)s_1-d_5c_1s_{234}+a_2c_1c_2+a_3c_1c_{23} \\ 0 \\ 0 \\ 0 \\ 1 \end{bmatrix} \tag{3-80}$$

$$\boldsymbol{J}_2=\begin{bmatrix} -d_5c_1s_{234}-a_2c_1s_2-a_3c_1s_{23} \\ -d_5s_1c_{234}-a_2s_1s_2-a_3s_1s_{23} \\ -d_5s_{234}+a_2c_2+a_3c_{23} \\ s_1 \\ -c_1 \\ 0 \end{bmatrix} \tag{3-81}$$

$$\boldsymbol{J}_3=\begin{bmatrix}-d_5c_1c_{234}-a_3c_1s_{23}\\-d_5s_1c_{234}-a_3s_1s_{23}\\-d_5s_{234}+a_3c_{23}\\s_1\\-c_1\\0\end{bmatrix}\tag{3-82}$$

$$\boldsymbol{J}_4=\begin{bmatrix}-d_5c_1c_{234}\\-d_5s_1c_{234}\\-d_5s_{234}\\s_1\\-c_1\\0\end{bmatrix}\tag{3-83}$$

$$\boldsymbol{J}_5=\begin{bmatrix}-s_5s_1+c_1c_5c_{234}\\c_1s_5+s_1c_5c_{234}\\c_5s_{234}\\-c_1s_{234}\\-s_1s_{234}\\c_{234}\end{bmatrix}\tag{3-84}$$

$$\boldsymbol{J}_6=\begin{bmatrix}0\\0\\0\\s_1c_5+c_1c_{234}s_5\\s_1c_{234}s_5-c_1c_5\\s_{234}s_5\end{bmatrix}\tag{3-85}$$

移动底盘的雅可比矩阵为

$$\boldsymbol{J}_{车}=\frac{r}{4}\begin{bmatrix}1&1&1&1\\-1&1&1&-1\\-\dfrac{1}{(l_P+l_Q)}&\dfrac{1}{(l_P+l_Q)}&-\dfrac{1}{(l_P+l_Q)}&\dfrac{1}{(l_P+l_Q)}\end{bmatrix}\tag{3-86}$$

总的一体化雅可比矩阵为

$$\boldsymbol{J}_{整体}=\begin{bmatrix}[\boldsymbol{J}_1&\boldsymbol{J}_2&\boldsymbol{J}_3&\boldsymbol{J}_4&\boldsymbol{J}_5&\boldsymbol{J}_6]&\boldsymbol{J}_{车}\\0&0&0&0&0&0&1\end{bmatrix}_{7\times11}\tag{3-87}$$

复合机器人的整体运动学方程为

$$
\begin{bmatrix} \dot{x} \\ \dot{y} \\ \dot{z} \\ \dot{I} \\ \dot{J} \\ \dot{K} \\ 1 \end{bmatrix} = \begin{bmatrix} [\boldsymbol{J}_1 & \boldsymbol{J}_2 & \boldsymbol{J}_3 & \boldsymbol{J}_4 & \boldsymbol{J}_5 & \boldsymbol{J}_6] & \boldsymbol{J}_{车} \\ 0 & 0 & 0 & 0 & 0 & 0 & 1 \end{bmatrix} \begin{bmatrix} \dot{\alpha}_1 \\ \dot{\alpha}_2 \\ \dot{\alpha}_3 \\ \dot{\alpha}_4 \\ \dot{\theta}_1 \\ \dot{\theta}_2 \\ \dot{\theta}_3 \\ \dot{\theta}_4 \\ \dot{\theta}_5 \\ \dot{\theta}_6 \\ 1 \end{bmatrix} \tag{3-88}
$$

小　结

本章以麦克纳姆轮的复合机器人建模为主线，对复合机器人整体的建模进行了介绍。希望通过本章的介绍，能够让读者更全面具体地认识机械臂和移动底盘的数学模型。复合机器人的数学模型的建立方式有很多，也是目前的热点，本书只是提供参考，希望读者能够关注前沿的建模方向，不断前行。

第 4 章

复合机器人的操作系统

工业机器人被称为“制造业皇冠顶端的明珠”，而机器人操作系统又称为机器人的大脑，是衡量一个国家高端制造水平的重要标志。机器人在过去几十年中取得了长足的进步，已经成为许多行业和领域不可或缺的一部分。机器人的使用提高了制造业、医疗保健和军事等领域的效率并降低了成本。然而，这些机器人的部署和控制受到复杂软件系统管理及其操作的可用性的限制。这就是复合机器人操作系统发挥作用的地方。

4.1　复合机器人操作系统及其功能概述

4.1.1　操作系统的构成与主要任务

机器人是由程序控制运行的机械装置，能脱离人的直接干预而独立形成判断。它主要由三个部分组成：计算机、机械机构和电子设备。机器人操作系统是运行在机器人中、管控机器人的软件体系，它从软件层面定义了机器人的功能和特性。机器人操作系统与计算器操作系统存在诸多不同，如软件架构、运行机制、功能、人机交互方式、使用等。

复合机器人操作系统的软件架构从纵向看为两层结构：资源管理层和行为管理层，如图 4.1 所示。

资源管理层的主要任务是管理与控制机器人硬件资源，屏蔽机器人硬件资源的异构性（如处理器、存储器、通信设备、各类传感器、行为部件等外设），并以优化的方式实现对硬件资源的使用；管理机器人软件资源，实现软件的部署、运行和协同；管理数据的传输、存储和处理；提供人机交互接口等，如图 4.2 所示。

行为管理层的主要任务是管理与控制机器人的高级认知（例如观察、判断、决策、行动控制），并将其转化为作用于物理世界的行动，如图 4.3 所示。

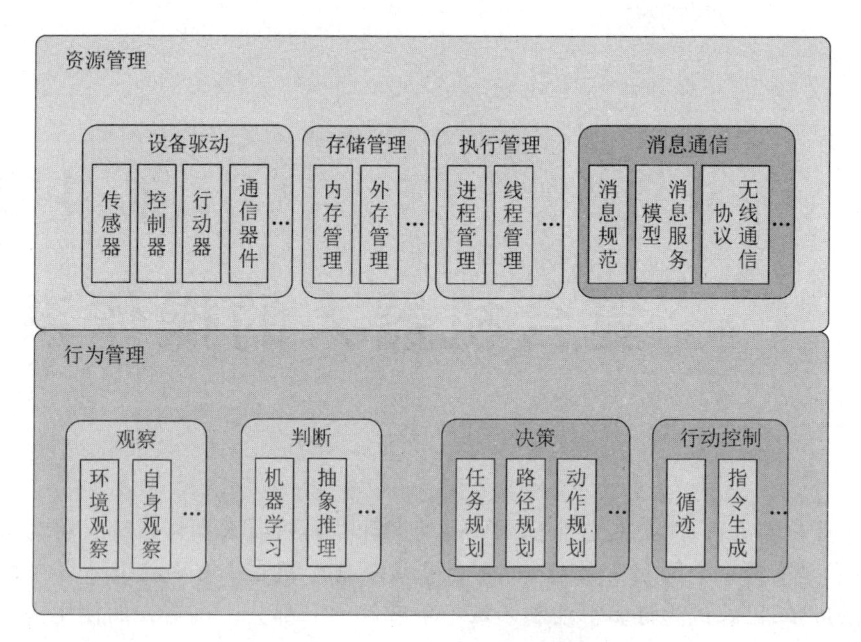

图 4.1　机器人操作系统的软件架构

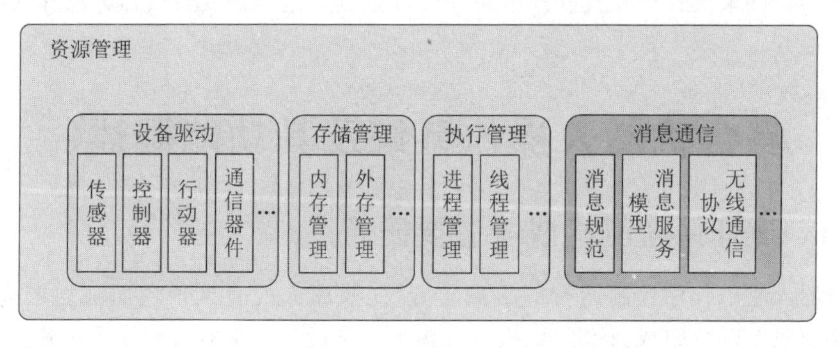

图 4.2　资源管理层任务

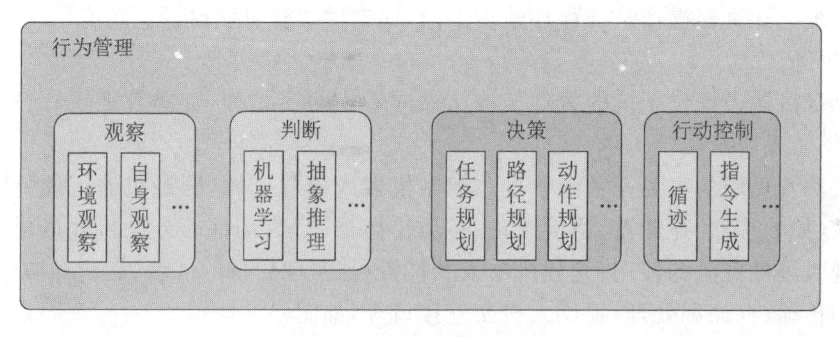

图 4.3　行为管理层任务

复合机器人操作系统的软件架构在横向上构成分布式结构。机器人的软硬件模块构成了分布式结构，传感器节点读取摄像机、激光扫描测距仪、GPS、惯性测量单元等设备采集到的信息；计算存储通信节点执行运算判断、规划决策等算法，生成并存储地图，构建知识库等，并通过无线通信模块向机器人各部分发送消息；控制执行节点对机械臂、AGV等执行部件的行动进行控制。

同时，多个复合机器人之间也构成分布式结构，包含多个异构的机器人节点、多个后台服务器节点等，如图4.4所示。

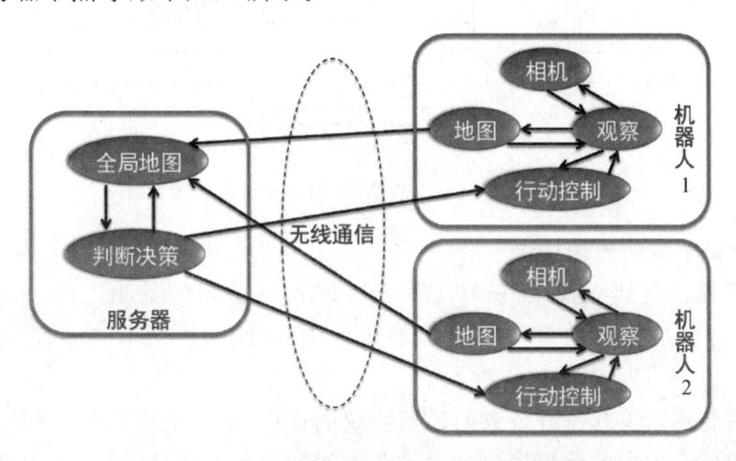

图4.4　一个典型的复合机器人操作系统案例

复合机器人操作系统的执行机制是，首先通过传感器观察环境和自身状态，根据观测到的信息形成判断；然后进行决策，产生行动方案；最后控制复合机器人的行动，形成“观察—判断—决策—行动控制”闭环行为链。

1. 复合机器人分布式软件体系结构

① 节点　基本运行单元。将每个进程抽象为一个节点。这些节点可以运行在同一台计算机上或者不同的计算机上，通过局域网建立联系。每个节点实现自己的处理功能并通过与其他节点的通信接收输入，产生输出。

② 名字　用于标识节点与节点通信数据的全局唯一的一段路径字符串。名字类似于因特网中的域名概念。比如可以用名字“/foo/bar”标识节点“foo”上的“bar”通信数据。

③ 主节点　在整个分布式系统中，存在一个唯一的主节点。它专门用于解析节点通信所用的名字。也就是将每个名字解析成对应的IP地址返回给请求的节点。它的作用类似于因特网中的DNS服务器。

④ 消息　节点间通信的数据单元。一个消息由数个变量组成，消息格式规定了每个变量的类型。节点间就用事先规定好的消息格式通信。

⑤ 话题　节点间用消息进行异步通信的方法。一个节点会向主节点注册一个

话题的名字，其他节点会通过主节点识别出发布话题节点的IP与端口，并与该节点建立连接，接收话题发布的消息。

⑥ 服务　节点间用消息进行同步通信的方法。一个节点会向主节点注册一个服务名字，其他节点会通过主节点识别发布服务节点的IP与端口，并与该节点建立连接，发送服务输入消息，得到服务输出消息。

消息、话题与服务之间的关系如图4.5所示。

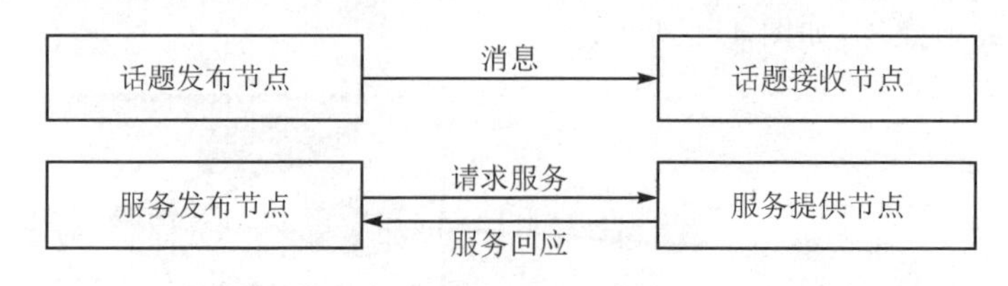

图4.5　消息、话题与服务

(1) 制订节点间通信协议

节点间通信是建立在TCP/IP或UDP/IP网络协议的基础上的。虽然节点间以名字标识，但是通信中需要将名字解析为IP和端口。主节点就是完成这个任务的。

节点需要用户编写符合节点间通信协议的程序，所以需要将节点间通信协议封装在客户端作为用户的编程接口。由于节点间通过网络通信，所以只要客户端实现了节点间通信协议，对编程语言并无要求。客户端向用户提供的API也没有规定，可以用多种编程语言实现客户端，得到更加丰富的编程资源和兼容已有的机器人应用软件。

(2) 提供实时支持

提供实时支持也就是使一部分节点具备实时性能，运行在实时操作系统之下。如果实时节点和非实时节点运行在不同的计算机上，那么这是一个分布式的实时应用服务。它需要一台计算机运行非实时操作系统，另一台运行实时操作系统。但是很多机器人平台只有一台计算机(机器人控制器)，实时节点和非实时节点需要运行在同一台计算机上，这就意味着在一台计算机上同时运行实时操作系统和非实时操作系统。这是一个一体式的实时应用服务。

(3) 机器人软件仓库建设与集成技术研究

目前，基于ROS及其他操作系统有很多开源软件，未来的复合机器人操作系统中应当会有一个由许多成熟机器人实用算法构成的机器人软件仓库，使操作系统与其上诸多开源软件实现无缝衔接，如图4.6所示。

2. 复合机器人模块化硬件平台

如图4.7所示的复合机器人开放式控制系统硬件结构，其执行层、监控与控制层和网络层分别对应最底层、中间层和最高层。

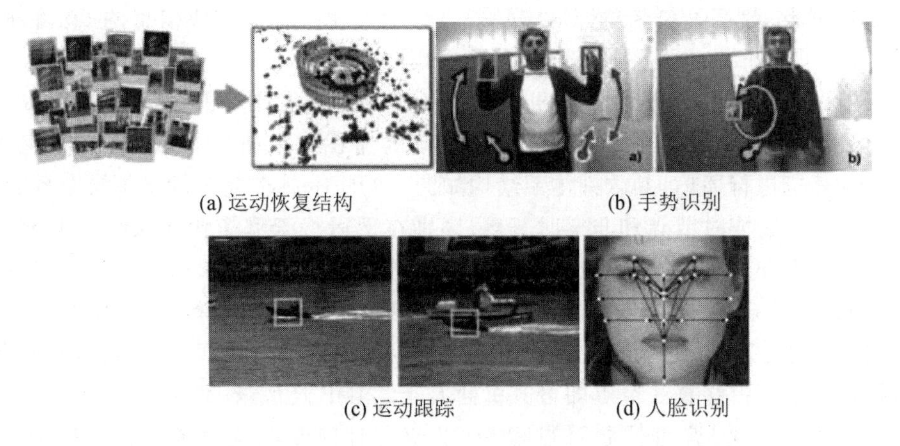

(a) 运动恢复结构　(b) 手势识别

(c) 运动跟踪　(d) 人脸识别

图 4.6　复合机器人操作系统上的部分应用软件

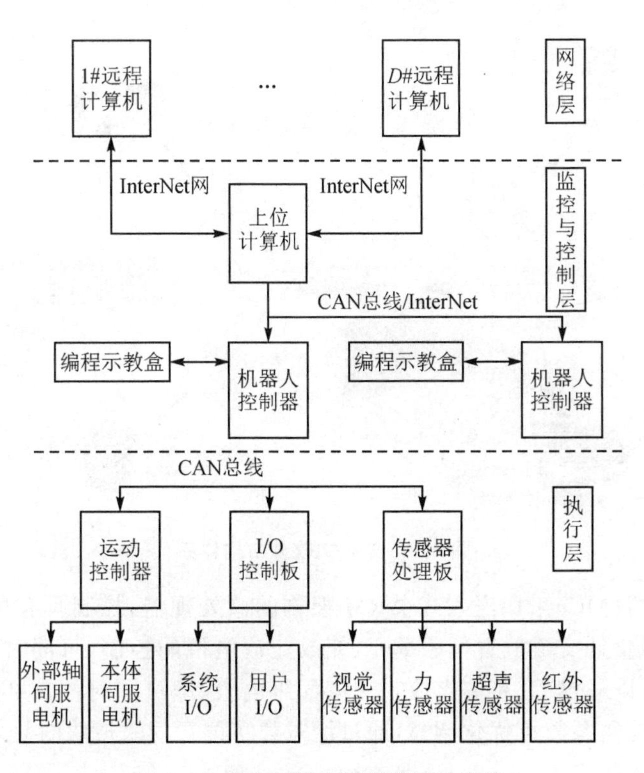

图 4.7　复合机器人控制器硬件系统

中间层包括机器人基本系统和机器人应用系统，并且其内部采用了 CAN 总线，对机器人系统进行功能扩展。该开放式机器人控制系统的系统层采用分布式 CPU 计算机结构，分为机器人控制器(RC)、运动控制器(MC)、光电隔离 I/O 控制板、传感器处理板和编程示教盒等。机器人控制器(RC)和编程示教盒通过串口/CAN 总线进行通信。机器人控制器(RC)的主计算机完成机器人的运动规划、插补和位置伺服以及主控逻辑、数字 I/O、传感器处理等功能，而编程示教盒完成信息的显示和按键的输入。

机器人控制器(RC)的主计算机为基于 X86 的嵌入式计算机，由于采用了嵌入式结构，保证了系统的可靠性，缩小了控制系统的体积。它通过 CAN 总线/InterNet 同上位计算机进行通信，其软件体系结构如图 4.8 所示。在复合机器人操作系统上，所有节点被分为实时节点和非实时节点，区别在于运行于哪个操作系统之上。比如图像处理节点和人机交互节点控制非实时设备摄像头和显示器，运行在 Linux 上；而电机控制节点和位置传感节点控制实时设备电机和传感器，运行在实时操作系统上。节点之间的通信通过规范，不同的设备节点可以无须修改更换，开发者只需根据应用需求挑选或编写控制算法节点即可。机器人开发 IDE 环境 RiDE 提供开发中选择服务机器人软件模块、编写控制节点程序、定制实时操作系统服务等过程的自动化服务。

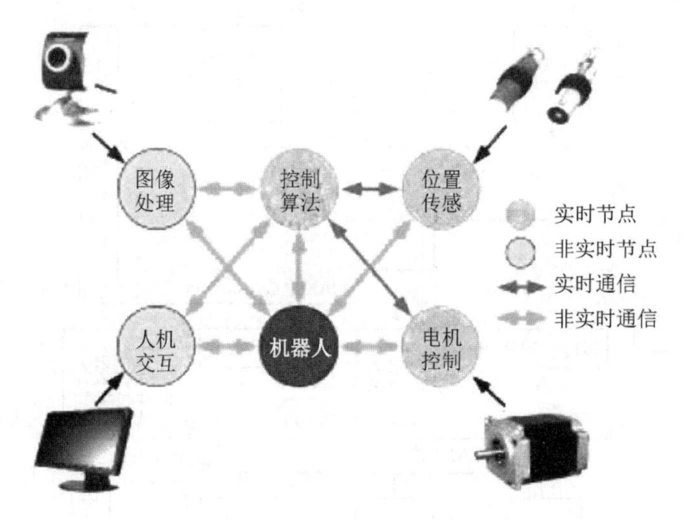

图 4.8 分布式软件结构体系

运动控制器(MC)采用嵌入式 ARM 架构的微处理器，控制具有标准脉冲接口/数字接口/模拟量的交流位置伺服单元，完成交流电机的控制，可同时控制 6 路交流伺服电机；也可以通过 D/A 输出控制交流伺服电机，即可同时控制 2 路交流伺服电机。该模块的控制参数可优化调整，通过增减数字位置伺服模块的数量，可控制不同的机器人运动轴数。

4.1.2 操作系统的主要功能与特点

复合机器人操作系统的主要功能分为资源管理和行为管理两部分。资源管理部分主要内容是管理软硬件、数据资源，满足传感器驱动、行动控制、无线通信、分布式架构等复合机器人的特殊要求；行为管理部分主要内容是实现行为的抽象和管理，支撑行为的智能化，管理“观察—判断—决策—行动控制”闭环链的调度执行，提供可复用的共性基础软件库和工具，满足行为的可靠性约束。

具体而言，复合机器人操作系统包含以下主要功能：运动控制、传感器处理、路径规划、任务调度、用户界面、通信接口、系统管理、数据存储和处理、自适应控制、安全控制、开发工具、软件更新和维护、复合机器人控制算法、仿真、视觉，甚至未来还会具有语音交互、学习、云服务支持等智能化功能。这些功能可以帮助机器人更加智能化、高效化地运行，实现多种机器人应用程序的开发和部署。复合机器人操作系统的功能越来越丰富，也为机器人技术的发展提供了更多的可能性。

(1) 运动控制

这是操作系统最基本的功能之一，负责控制机器人的运动，包括轴运动、关节运动和整体运动等。它通常需要实时响应机器人传感器的数据，从而对机器人进行动态控制。

(2) 传感器处理

复合机器人操作系统可以与各种类型的传感器进行交互，如视觉传感器、力传感器、触觉传感器等。它可以收集并处理传感器数据，以实现机器人的自适应和自适应控制。

(3) 路径规划

复合机器人操作系统可以计算机器人的最佳运动路径，从而实现高效的运动控制。路径规划涉及机器人的动力学特性、环境信息和任务要求等多种因素。

(4) 任务调度

复合机器人操作系统可以实现任务的自动调度和协同控制。它可以将多个机器人协调起来，实现复杂的协同操作和生产流程。

(5) 用户界面

操作系统通常提供一个友好的用户界面，使用户可以方便地与机器人进行交互。这包括显示机器人状态、控制机器人运动、设置任务等功能。

(6) 通信接口

操作系统需要提供多种通信接口，包括与外部设备的通信接口、与其他机器人的通信接口等。这些接口通常是标准化的，以实现与其他设备的兼容性。

(7) 系统管理

操作系统还需要提供一系列系统管理功能，如故障检测和排除、安全管理等，以确保机器人系统的稳定和安全运行。

(8) 数据存储和处理

复合机器人操作系统需要处理大量的数据，包括传感器数据、任务数据、运动规划数据等。因此，操作系统需要提供数据存储和处理的功能，以便进行数据分析、机器学习等应用。

(9) 自适应控制

自适应控制是一种可以自动调整控制策略和参数的机制,以实现对机器人运动的优化。复合机器人操作系统可以利用机器学习和其他自适应控制方法来实现自适应控制。

(10) 安全控制

机器人的安全控制是非常重要的。复合机器人操作系统需要提供多种安全保护措施,包括控制机器人的运动范围、实时检测机器人的运动状态、监控机器人的电气安全等。

(11) 开发工具

操作系统需要提供开发工具,以便用户开发自己的机器人应用程序。这些工具包括编程接口、仿真工具、开发文档等。

(12) 软件更新和维护

复合机器人操作系统需要进行软件更新和维护,以确保系统的稳定和安全运行。这通常需要提供远程访问和远程控制等功能,以方便系统管理员进行操作和维护。

(13) 机器人控制算法

机器人控制算法是机器人操作系统中非常重要的部分,可以用来控制机器人的运动、路径规划、力控制、视觉跟踪、物体抓取等操作。常见的控制算法包括 PID 控制、模型预测控制、自适应控制、强化学习等。

(14) 机器人仿真

机器人仿真是机器人操作系统中常用的一种工具,可以用来模拟机器人的运动、传感器数据、环境信息等。它可以用于机器人控制算法的开发和调试,也可以用于机器人任务的规划和预测。

(15) 机器人视觉

机器人视觉是机器人操作系统中非常重要的部分,可以用来实现机器人对物体的识别、跟踪、分割、重构等操作。常用的机器人视觉算法包括深度学习、神经网络、计算机视觉等。

(16) 机器人语音交互

机器人语音交互是机器人操作系统中的一种交互方式,可以通过语音指令来控制机器人的运动、任务等操作。它通常需要语音识别、自然语言处理等技术支持。

(17) 机器人学习

机器人学习是机器人操作系统中的一种重要应用,可以让机器人通过经验自动调整控制策略和参数,从而实现更加优化的机器人运动和任务执行。

(18) 云服务支持

机器人操作系统可以通过云服务来实现多台机器人之间的协同操作和管理。它可以将多个机器人连接到云服务中,从而实现数据共享、任务协同、远程控制等功能。

复合机器人操作系统的这些功能可以帮助机器人更加智能化、高效化地运行,实现多种应用程序的开发和部署。

此外，复合机器人操作系统也称为多机器人操作系统，是为多个机器人提供统一控制系统的软件框架。该系统集成了不同的软件组件和硬件资源来管理和控制一组机器人。这种类型操作系统的目标是简化多个机器人的控制和管理，使它们能够作为一个团队一起工作。

与传统的单机器人操作系统相比，使用复合机器人操作系统具有以下优点：

首先，该系统实现了多个机器人的协调，允许它们以同步的方式一起工作。这在机器人执行的任务复杂且需要协调的应用中尤其有用，例如在制造和军事领域中。

其次，操作系统的可扩展性。该系统可以根据需要轻松扩展到包括其他机器人，使其成为大规模部署的理想选择。该系统还提供了一个集中管理系统，可以监控机器人的状态及其任务，从而更容易管理和维护机器人。

除了这些优点之外，复合机器人操作系统还提供了更高级别的灵活性。该系统允许机器人以模块化方式进行编程和控制，从而可以根据需要轻松修改单个机器人或机器人组的行为。这在需要频繁重新配置机器人的应用中尤其有用，例如在搜索和救援任务中。

复合机器人操作系统的开发需要硬件和软件工程技能的结合。在硬件方面，该系统的设计必须与各种机器人兼容，包括地面机器人和空中机器人。在软件方面，系统必须能够集成不同的软件组件，例如通信协议、控制算法和任务调度器。

与复合机器人操作系统的开发相关的几个挑战中最大的挑战就是确保系统安全，尤其是在特殊环境中使用的机器人操作系统。为可能发生的硬件故障、通信故障、人为干扰等突发事件制定应急处置预案和系统备份，是确保系统安全的有效途径。

另一个挑战是确保系统可靠，并且能够连续运行而不中断。这需要开发鲁棒的算法和软件组件，以及实现故障安全机制。此外，系统必须能够处理机器人产生的大量数据，其中包括传感器数据、遥测数据和其他类型的信息。

总之，开发复合机器人操作系统是一项复杂且具有挑战性的任务。该系统的优点是显著的。它为多个机器人提供了统一的控制系统，允许它们以协调和高效的方式一起工作；并提供了高度的可扩展性、灵活性和可靠性，是广泛应用的理想选择。随着机器人技术的普及程度不断提高和重要性日益凸显，复杂软件系统（如复合机器人操作系统）的开发将变得越来越重要。

4.2　复合机器人操作系统的核心功能模块

复合机器人的核心功能模块是实现机器人智能化和自主性的关键，其中硬件管理模块确保机器人硬件的有效管理和资源利用；运动控制模块实现机器人精确的运动规划和控制；感知与认知模块使机器人能够感知环境、理解任务要求和规划行动；交互与界面模块提供用户友好的界面和交互方式，增强人机互动性；任务执行与协作模块实现任务调度和多机器人协作能力；安全与故障处理模块保障机器人操作的安全性和故障处理的及时性。这些模块相互协作，使机器人能够感知环境、执行任务、与用户交互，并保证操作的安全性和可靠性。随着技术的不断进步和应用的拓展，复合机器人操作系统将继续发展壮大，为各个领域带来更多机遇和挑战。

4.2.1 硬件管理模块

1. 硬件抽象层：提供对底层硬件的抽象和统一接口

硬件抽象层（Hardware Abstraction Layer，HAL）是复合机器人操作系统中的核心功能模块之一，起着连接上层软件和底层硬件之间的桥梁作用。硬件抽象层的主要目标是提供对底层硬件的抽象和统一接口，使上层的软件开发人员能够以一种统一的方式访问和控制各种类型的硬件设备，而不需要关注具体的硬件细节和底层操作细节。在复合机器人操作系统中，硬件抽象层扮演着多个重要角色。

首先，它负责与底层硬件进行通信和交互，包括传感器和执行器等设备。通过硬件抽象层，软件开发人员可以方便地获取传感器数据，如视觉图像、声音信号、触觉反馈等，并控制执行器执行各种操作，如机器人的运动、抓取和操纵等。

其次，硬件抽象层提供了一种通用的接口和数据结构，以支持不同厂商和类型的硬件设备无缝集成和交互。这意味着软件开发人员不需要为每种硬件设备编写特定的驱动程序或进行底层的硬件适配，而是通过与硬件抽象层进行交互来实现对各种硬件设备的访问。硬件抽象层的设计使得机器人操作系统更具灵活性和可扩展性，能够适应不同类型的机器人和硬件配置。

此外，硬件抽象层还提供了硬件资源管理和调度的功能。它可以追踪和管理机器人所拥有的硬件资源，如传感器数量、执行器通道等，并分配这些资源给不同的软件模块或任务。通过合理的资源调度，硬件抽象层可以优化机器人的性能和效率，确保各个模块之间的资源冲突得到合理解决，从而提高整个机器人系统的响应速度和稳定性。

为了实现上述功能，硬件抽象层通常包括以下几个方面的设计和实现：

1）设备驱动程序

硬件抽象层通过设备驱动程序与底层硬件进行通信。这些驱动程序负责将底层硬件的特定指令和接口转换为统一的数据格式和操作接口，使上层软件能够统一地与不同硬件设备进行交互。

2）抽象接口

硬件抽象层定义了一组抽象接口，用于表示和操作不同类型的硬件设备。这些接口包括传感器接口和执行器接口，用于读取传感器数据和控制执行器操作。通过使用抽象接口，软件开发人员可以以一种统一的方式与各种硬件设备进行交互，而不需要关注具体硬件的细节。

3）设备管理

硬件抽象层提供设备管理功能，用于管理机器人所连接的硬件设备。它负责检测和识别已连接的设备，分配设备资源，配置设备参数，并跟踪设备的状态和可用性。设备管理模块还负责处理设备的插拔事件，以便在设备连接或断开时进行相应的处理。

4）硬件抽象层驱动程序接口

硬件抽象层提供了一组驱动程序接口，用于开发者编写特定硬件设备的驱动程序。这些接口定义了与硬件驱动程序交互的规范和约定，包括数据传输、指令发送和接收、错误处理等。通过遵循这些接口的规范，硬件供应商和开发者可以开发符合硬件抽象层标准的驱动程序，实现与硬件抽象层的无缝集成。

总的来说，硬件抽象层在复合机器人操作系统中具有重要的地位和作用。它为上层软件提供了一种统一的、与硬件无关的接口，简化了软件开发和硬件集成的复杂性。通过硬件抽象层，开发者可以以一种统一的方式访问和控制各种硬件设备，提高软件的可移植性、可扩展性和可维护性。同时，硬件抽象层的资源管理和调度功能可以优化机器人系统的性能和效率，提高整个系统的响应速度和稳定性。随着机器人技术的不断发展，硬件抽象层的设计和实现将进一步完善，为机器人系统的开发和应用提供更加便利和灵活的支持。

2. 设备管理：管理机器人的传感器、执行器等设备

设备管理是复合机器人操作系统中硬件抽象层的关键功能模块之一，它负责管理和控制机器人所连接的硬件设备。设备管理模块的主要目标是检测、识别和配置已连接的设备，并为上层软件提供一致的接口和功能，使其能够方便地与硬件设备进行交互。

(1) 设备管理模块的功能

设备管理模块的功能可以分为以下几个方面：

1）设备检测与识别

设备管理模块负责监测机器人所连接的硬件设备，包括传感器、执行器、通信接口等。它会扫描系统中的设备接口，并识别已连接的设备。通过设备检测与识别，系统能够知道有哪些硬件设备可供使用，并为其分配唯一的标识符以便后续的管理和访问。

2）设备配置与初始化

一旦设备被检测和识别，设备管理模块将负责对设备进行配置和初始化。它包括设定设备的参数、通信协议和数据格式等。设备管理模块会向设备发送初始化指令，并确保设备在正确的工作模式下运行。通过设备的配置与初始化，系统可以确保设备处于可用状态，以便后续的数据获取和控制操作。

3）设备状态跟踪

设备管理模块会跟踪每个设备的状态，并提供接口供上层软件查询设备的状态

信息。它包括设备的连接状态、工作状态、错误状态等。设备管理模块会定期与设备进行通信,获取设备的状态反馈,并将其记录和更新。通过设备状态跟踪,系统能够实时监测设备的运行状况,及时发现和处理设备故障或异常情况。

4）设备插拔事件处理

设备管理模块会监测设备的插拔事件,并进行相应的处理。当设备被插入系统时,设备管理模块会进行设备的检测、识别和初始化操作。当设备被拔出系统时,设备管理模块会将其从设备列表中移除,并释放相关的资源。设备插拔事件处理确保系统能够动态适应设备的变化,并在设备连接或断开时及时更新系统状态。

5）设备资源分配与调度

设备管理模块负责对硬件资源进行分配和调度。它会追踪每个设备所需的资源,如内存、带宽、处理能力等,并根据系统的需求进行资源分配。设备管理模块会协调多个设备之间的资源竞争,并确保每个设备都能够按照其需求获得所需的资源。资源分配和调度使系统能够充分利用硬件资源,提高系统性能和效率。

6）设备驱动程序管理

设备管理模块还负责管理设备驱动程序。设备驱动程序是与特定硬件设备相关的软件模块,它负责控制硬件设备的操作和数据传输。设备管理模块会加载和卸载设备驱动程序,并向驱动程序提供设备配置和状态信息。通过设备驱动程序管理,系统能够与不同类型的硬件设备进行交互,实现对硬件设备的控制和数据传输。

(2) 实现设备管理模块的一些关键问题

在设备管理模块的实现过程中,还需要考虑以下一些关键问题:

1）设备兼容性

设备管理模块需要支持不同类型和厂家的硬件设备,并能处理不同设备之间的差异性。这要求设备管理模块能够识别和配置各种类型的硬件设备,并提供一致的接口和功能,使上层软件能方便地与不同类型的设备进行交互。

2）系统安全性

设备管理模块需要确保系统对硬件设备的访问是安全和可控的。它需要进行访问授权和权限控制,防止未经授权的设备访问系统,并保护系统数据和资源的安全性。

3）系统可扩展性

设备管理模块需要支持系统的可扩展性,能够适应不同规模和复杂度的系统需求。它要能动态识别和管理新添加的设备,并自动完成设备的配置和初始化,以满足不断变化的系统需求。

4）性能优化

设备管理模块需要考虑系统性能和效率,尽可能减小设备管理过程对系统性能的影响。它需要优化设备检测、设备状态跟踪和设备资源分配等关键功能,以提高系统响应速度和效率。

在总体设计和实现方面，设备管理模块需要与其他功能模块进行协同，共同实现复合机器人操作系统的整体功能。在实际应用中，设备管理模块是复合机器人操作系统的一个重要组成部分，它的稳定性、可靠性和性能将直接影响整个系统的运行和效果。

3. 资源调度：协调和优化机器人硬件资源的使用

资源调度是复合机器人操作系统中设备管理模块的关键功能之一，它涉及对机器人系统中的硬件资源进行合理分配和调度，以提高系统的性能、效率和可靠性。资源调度的主要目标是确保不同软件模块或任务之间的资源需求得到满足，并尽可能减少资源冲突和竞争，从而优化整个机器人系统的运行。

(1) 资源调度的重要作用

资源调度在复合机器人操作系统中具有以下重要作用：

1) 资源分配

资源调度负责将系统中的硬件资源分配给不同的软件模块或任务，包括处理器资源、内存资源、带宽资源等。通过合理的资源分配，资源调度可以确保每个模块或任务都获得其所需的资源，避免资源过度分配或资源不足的情况。

2) 任务优先级管理

资源调度可以根据任务的优先级进行资源分配和调度。不同的任务可能具有不同的优先级和紧急程度，资源调度可以根据任务的重要性和紧急程度，合理地分配和调度资源，以确保高优先级任务的及时执行，提高系统的响应速度和性能。

3) 资源冲突解决

在机器人系统中，不同的软件模块可能会竞争同一资源，例如多个任务同时需要使用某个传感器或执行器。资源调度负责解决这些资源冲突，以避免资源竞争导致的错误或延迟。通过调度算法和策略，资源调度可以确定资源的使用顺序和时间分配，以最大限度地减少冲突并保证资源的正常使用。

4) 资源利用率优化

资源调度可以优化机器人系统中资源的利用率，以提高系统的效率和性能。它可以根据任务的特点和需求，动态调整资源的分配和使用，避免资源的浪费和闲置。资源调度还可以通过合理的任务调度和资源分配，实现资源的并行利用，提高整个系统的并发性和吞吐量。

5) 实时性和响应性

在某些机器人应用中，实时性和响应性是至关重要的要求。资源调度可以根据任务的时间要求和约束，进行实时性调度，保证实时任务的及时响应和完成。通过合理的资源分配和调度，资源调度模块可以满足实时任务的时间限制，避免任务的丢失或延迟，提高系统的实时性和可靠性。

(2) 实现资源调度需考虑多种因素

在复合机器人操作系统中实现资源调度功能，通常会考虑以下几个方面：

1）资源管理策略

资源调度模块需要定义适合机器人系统的资源管理策略，包括优先级调度、轮转调度、最短作业优先调度等。通过选择合适的策略，资源调度模块可以根据不同任务的需求和系统的特点，进行资源的合理调度和分配。

2）资源调度算法

资源调度模块需要设计和实现相应的调度算法，以决定资源的分配和调度顺序。调度算法可以基于不同的准则和目标，如最大化资源利用率、最小化任务延迟或最大化系统吞吐量等。合适的调度算法可以提高系统的性能和效率。

3）任务调度

资源调度模块需要考虑任务的调度顺序和时间分配。它需要根据任务的优先级和时间要求，决定任务的执行顺序和时间片分配。任务调度的目标是确保高优先级任务的及时执行，同时兼顾系统的整体性能和平衡。

4）资源监测和调整

资源调度模块需要实时监测系统中资源的使用情况，包括处理器利用率、内存使用情况、通信带宽等。基于资源的监测结果，资源调度模块可以动态调整资源的分配和调度策略，以适应系统的变化和任务的需求。

5）资源预测和规划

资源调度模块可以根据任务的特性和历史数据，进行资源的预测和规划。通过分析和预测任务的资源需求，资源调度模块可以提前做出合理的资源分配和调度安排，以避免资源的不足或浪费，提高系统的效率和可靠性。

6）与其他模块的协同

资源调度模块需要与其他功能模块进行协同工作，例如设备管理模块、任务管理模块等。它需要接收来自其他模块的任务需求和资源约束，根据系统的整体状态和目标，进行资源调度和分配。

在实际应用中，资源调度模块需要考虑多种因素，如任务的优先级、实时性要求、资源约束等。同时，还需要解决资源冲突和竞争问题，避免资源的浪费和闲置。通过有效的资源调度，可以提高机器人系统的性能和可靠性，确保任务的顺利执行和系统的稳定运行。

4.2.2 运动控制模块

1. 运动控制器：控制机器人的运动执行，保证运动的准确性和安全性

运动控制器是复合机器人操作系统中的一个重要模块，它负责对机器人的运动进行实时控制和调整，以实现预定的姿态和运动轨迹。运动控制器通过与传感器、执行器和其他相关模块的交互，将运动规划生成的指令转化为具体的机器人动作，以实现精准的运动控制和执行。

运动控制器在复合机器人操作系统中扮演以下关键角色：

(1) 运动指令解析

运动控制器接收来自运动规划模块的运动指令，对指令进行解析和处理。它将指令中包含的目标位置、速度、加速度等信息转化为具体的控制指令，并确定执行器的运动模式和参数。

(2) 执行器控制

运动控制器与机器人的执行器（如关节驱动器、电机）进行通信和控制。它将解析后的控制指令传递给执行器，并监控执行器的状态和反馈。通过调整执行器的控制信号，运动控制器可以实现精确的位置控制、速度控制或力/力矩控制，以确保机器人的运动准确和稳定。

(3) 运动调整和迟滞补偿

运动控制器负责对机器人的运动进行实时调整和校正，以应对外部干扰、机械误差或其他因素的影响。它可以通过运动迟滞补偿、运动模型预测和反馈控制等技术，对实际运动与期望运动之间的差异进行补偿和调整，以确保机器人的运动精度和稳定性。

(4) 传感器数据融合

运动控制器通常会与传感器模块进行数据融合，以获取机器人当前的位置、速度、力/力矩等状态信息。通过与传感器数据的融合，运动控制器可以实时感知机器人的实际状态，对运动控制进行实时调整和校正。

(5) 运动插补和平滑过渡

在一些应用中，机器人需要实现平滑的运动轨迹和过渡。运动控制器可以通过运动插补技术，生成平滑的运动轨迹，并确保机器人在不同动作之间的平滑过渡。运动插补可以基于样条曲线、多项式拟合等方法实现，以实现连续、流畅和自然性的运动控制。

(6) 实时性和响应性

运动控制器需要具备良好的实时性和响应性，以适应复合机器人系统对实时运动控制的需求。它需要在短时间内对控制指令进行处理和转化，并将控制信号传递给执行器，以实现即时的运动响应。实时性和响应性的要求可以通过优化算法、硬件加速和并行处理等技术手段来实现。

(7) 鲁棒性和容错性

运动控制器需要具备鲁棒性和容错性，以应对环境变化、干扰和异常情况。它要能够检测和处理控制系统中的故障和异常，并采取相应的措施进行容错处理。例如，当执行器出现故障时，运动控制器需要及时切换到备用执行器，以保证机器人运动的连续性和稳定性。

(8) 系统集成和协同

运动控制器需要与其他功能模块进行协同工作，如感知模块、运动规划模块等。它需要接收来自感知模块的环境信息、来自运动规划模块的运动指令，并根据系统的整体状态和目标,实现运动控制的协调和优化。与其他模块的紧密集成和协同可以提高机器人系统的整体性能和效率。

在实际应用中,运动控制器需要考虑多个因素,如机器人的动力学特性、执行器的响应特性、环境的约束条件等。通过精确的运动控制和实时的状态调整,运动控制器可以实现机器人在复杂环境中的精确定位、高速运动和稳定操作。运动控制器的稳定性、准确性和可靠性将直接影响机器人系统的运动精度和控制性能。

2. 运动规划:根据任务要求和环境条件,生成机器人的运动轨迹

运动规划是复合机器人操作系统中的一个重要功能模块,它负责确定机器人在给定环境中的合适运动路径或动作序列,以完成任务。运动规划涉及机器人的姿态控制、路径规划、碰撞检测等关键问题,旨在确保机器人的运动安全、高效和平滑。

运动规划模块在复合机器人操作系统中扮演着以下关键角色:

(1) 姿态控制

姿态控制是机器人运动的基础,它涉及机器人的姿态调整、姿态变换和姿态稳定。运动规划模块需要根据任务的需求和环境的限制,计算机器人的期望姿态,并生成相应的控制指令。这些指令包括关节角度、末端执行器位置或速度等。姿态控制的目标是确保机器人能够准确、稳定地达到期望的姿态,以便执行后续的运动任务。

(2) 路径规划

路径规划是确定机器人在给定环境中的合适路径,以达到任务目标的过程。运动规划模块需要考虑机器人的动力学特性、环境的约束条件和任务的需求,生成合适的路径。路径规划可以基于不同的算法和策略,如 A^* 算法、Dijkstra 算法、遗传算法等。通过路径规划,运动规划模块可以确保机器人能够避开障碍物、遵循合适的行进路线,实现高效且安全的移动。

(3) 碰撞检测

碰撞检测是运动规划中的一个重要环节,用于检测机器人在运动过程中是否会与环境中的障碍物发生碰撞。运动规划模块需要利用传感器数据或环境模型进行碰撞检测,并相应地调整机器人的路径或动作。碰撞检测可以通过几何模型、边界体积、机器人的碰撞区域等方法实现。通过碰撞检测,运动规划模块可以保证机器人运动的安全性,避免与环境中的物体产生碰撞。

(4) 运动优化

运动规划模块可以通过运动优化方法,如最短时间、最低能耗、最短距离等,对生成的路径或动作序列进行优化。优化的目标可以是最小化机器人的移动时间、降低能耗、最小化移动距离等。通过运动优化,运动规划模块可以提高机器人的效率和性能,使其在运动过程中更加经济、快速和精确。

(5) 动作序列生成

除了路径规划之外,运动规划模块还负责生成机器人执行复杂动作的序列,包括

一系列连续的运动姿态、关节角度的变化、末端执行器的路径等。运动规划模块需要考虑机器人的运动学约束、动作的连贯性和流畅性，以生成合适的动作序列，完成复杂任务。

(6) 实时性和适应性

在一些机器人应用中，实时性和适应性是运动规划模块的重要考虑因素。运动规划模块需要在有限的时间内生成合适的运动路径或动作序列，并根据环境的变化和任务的需求进行实时调整。这可以通过快速算法、并行计算和实时传感器数据的处理来实现。实时性和适应性的考虑可以使机器人灵活应对不同的场景和任务需求，提高系统的鲁棒性和灵活性。

(7) 与其他模块的协同

运动规划模块需要与其他功能模块协同工作，如感知模块、控制模块等。它需要接收来自感知模块的环境信息、来自控制模块的姿态调整指令，并根据系统的整体状态和任务的要求，生成合适的运动规划。与其他模块的协同可以实现机器人系统的整体优化和协调。

在实际应用中，运动规划模块需要综合考虑机器人的机械结构、动力学特性、环境约束以及任务要求等因素。通过合理的路径规划、姿态控制和动作序列生成，运动规划模块可以确保机器人在复杂环境中安全、高效地执行各种任务。运动规划模块的稳定性、准确性和高效性将直接影响机器人系统的运行质量和性能表现。

3. 运动感知：监测和反馈机器人的运动状态和姿态

运动感知是复合机器人操作系统中的一个重要模块，它负责感知和获取机器人及其周围环境的运动相关信息。运动感知模块通过使用传感器技术和算法来实时监测和解析机器人的位置、速度、姿态、力/力矩等关键参数，以支持运动控制、路径规划、碰撞检测和环境交互等功能。

运动感知模块在复合机器人操作系统中扮演以下关键角色：

(1) 位置和姿态感知

运动感知模块通过使用各种传感器，如惯性测量单元(IMU)、编码器、视觉传感器等，来实时感知机器人的位置和姿态。IMU 测量机器人的加速度和角速度，并通过积分计算出机器人的位置和姿态。编码器测量机器人各关节的角度，从而推导出机器人的位置和姿态。视觉传感器通过视觉 SLAM、标记识别、特征匹配等技术来实时感知机器人的位置和姿态。位置和姿态感知的准确性和实时性对于运动控制、导航和环境交互等任务至关重要。

(2) 速度和加速度感知

除了位置和姿态感知之外，运动感知模块还负责感知机器人的速度和加速度。它通过对位置和姿态数据进行微分和滤波计算得到。实时感知机器人的速度和加速度对于精确的运动控制、运动规划和碰撞检测等任务非常重要。

(3) 力和力矩感知

在一些应用中,机器人需要感知和响应外部施加的力和力矩。运动感知模块通过力传感器、力矩传感器或力/力矩传感器来实时感知机器人与外界的力/力矩交互。这些传感器可以测量机器人各关节、末端执行器或机器人身体的受力情况。力和力矩感知用于力控制、力反馈、物体抓取和碰撞检测等应用。

(4) 传感器数据融合

运动感知模块通常需要对多个传感器的数据进行融合和整合,以获得更准确和可靠的运动感知结果。传感器数据融合基于滤波器、融合算法、状态估计等方法,将来自不同传感器的数据进行整合和校准,从而得到更全面和一致的机器人运动信息。传感器数据融合提高了感知结果的准确性、抗干扰能力和实时性,为机器人系统的运动控制和决策提供可靠的基础。

(5) 环境感知

除了感知机器人自身的运动信息外,运动感知模块还可以通过环境感知来获取周围环境的运动相关信息。例如,通过使用激光雷达、摄像头、深度相机等传感器,可以实时感知和跟踪移动物体、障碍物和场景变化。环境感知为机器人的路径规划、避障和导航等任务提供了重要的参考信息,确保机器人在复杂环境中安全移动和交互。

(6) 运动分析和预测

运动感知模块对感知到的运动信息进行分析和预测,获得对未来运动趋势的理解和预测。通过运动分析和预测,可以更好地规划机器人的运动轨迹、避免碰撞、优化路径规划等。运动分析和预测利用机器学习、模式识别、时序分析等技术来实现,提高了机器人的运动决策和控制能力。

(7) 数据处理和算法优化

运动感知模块需要进行大量的数据处理和算法优化,以提取和解析有用的运动信息。数据处理涉及数据采集、滤波、校准、坐标转换等技术,以确保感知数据的准确性和一致性。算法优化基于机器学习、优化算法、传感器模型等方法,提高运动感知的准确性、实时性和鲁棒性。

(8) 与其他模块的协同

运动感知模块需要与其他功能模块协同工作,如运动规划模块、运动控制模块等。它需要将感知到的运动信息提供给其他模块,以支持运动规划、运动控制和环境交互等任务。同时,运动感知模块也需要接收来自其他模块的指令和信息,以调整感知参数和优化运动感知的过程。

在实际应用中,运动感知模块需要考虑传感器选择、传感器布局、数据处理算法的选择和调优等因素。通过准确感知和解析机器人的运动信息,运动感知模块为机器人系统提供了可靠的运动状态反馈,从而支持精确的运动控制、路径规划、环境感知和交互等功能。

4.2.3 感知与认知模块

1. 感知处理：处理机器人传感器获取的数据，如视觉、声音、触觉等

感知处理模块是复合机器人操作系统的核心功能模块之一，主要任务是对感知数据进行处理、解析和分析，从中提取有用的信息以支持机器人的决策和控制。感知处理模块起着至关重要的作用，它能够将来自各种传感器的原始数据转化为高级的、可理解的形式，使机器人系统具备准确、全面的环境感知能力。下面将详细介绍感知处理模块的主要功能和关键技术。

(1) 数据预处理

感知处理模块首先要对原始的感知数据进行预处理，以消除噪声、校正误差，并提高数据质量，包括数据滤波、数据校准和数据对齐等步骤。数据滤波通过滑动窗口、均值滤波、中值滤波等技术降低噪声的影响，使数据更加平滑和稳定。数据校准涉及对传感器的误差进行校准，以提高感知数据的准确性。数据对齐是将不同传感器的数据进行时间同步，使它们具有相同的时间戳，方便后续的数据融合和处理。

(2) 特征提取和分析

感知处理模块需要从原始数据中提取有用的特征，并进行分析和识别。这些特征可以是形状、颜色、纹理、运动、物体边界等方面的信息。通过应用计算机视觉、模式识别和机器学习等技术，感知处理模块可以对感知数据进行特征提取和分析，识别目标物体、检测场景变化、跟踪运动物体等。特征提取和分析是实现高级感知能力的关键步骤，为机器人系统提供对环境的深入理解和认知。

(3) 目标检测和识别

感知处理模块通过目标检测和识别技术，自动检测和识别出场景中的目标物体。目标检测是指在图像或视频中准确定位目标物体的过程，常用的方法包括基于特征的检测、基于深度学习的检测等。目标识别则是指通过与预定义的物体模型进行匹配和识别，确定目标的类别和属性。目标检测和识别为机器人系统提供了环境感知和目标感知的能力，可以用于导航、避障、抓取等任务。

(4) 场景理解和语义分析

感知处理模块通过场景理解和语义分析技术，将感知数据与环境场景进行关联和解释。场景理解涉及对感知数据进行语义分割、场景分类和物体关系推理等操作，以获得对场景的整体理解和描述。语义分析则是将感知数据与语义概念进行关联，从而实现对环境中物体、区域和动作的语义理解。场景理解和语义分析为机器人系统提供了更高层次的感知能力，使其能够理解和适应不同的环境和任务要求。

(5) 数据融合和整合

感知处理模块还需要进行数据融合和整合，将来自不同传感器和不同模块的感知数据进行整合，形成一个全局的环境感知结果。数据融合通过传感器融合、信息融合和决策融合等技术实现。传感器融合将来自多个传感器的数据进行融合和整合，

以提高感知结果的准确性和鲁棒性。信息融合将来自不同模块的感知信息进行整合,形成一个综合的环境感知结果。决策融合将感知结果与其他模块的决策结果进行融合,实现机器人系统的整体决策和控制。

(6) 高级感知和认知能力

感知处理模块通过结合高级算法和机器学习技术,实现机器人的高级感知和认知能力。这包括目标跟踪与预测、行为分析与预测、情感识别和人机交互等方面。通过学习和模式识别,感知处理模块能够自动学习环境和任务的特征,并做出智能的决策和行为。高级感知和认知能力使机器人能够适应不同的环境和任务,与人类进行自然而智能的交互。

综上所述,感知处理模块在复合机器人操作系统中起着重要的作用。它通过数据预处理、特征提取和分析、目标检测和识别、场景理解和语义分析、数据融合和整合,以及高级感知和认知能力等关键技术,实现对感知数据的处理、解析和分析,为机器人系统提供准确、全面的环境感知能力。感知处理模块的准确性、实时性和鲁棒性对于机器人系统的决策和控制具有重要影响。因此,在设计和实现感知处理模块时,需要综合考虑传感器选择、数据处理算法、数据融合和整合技术以及与其他模块的协同工作等因素。通过不断优化和改进感知处理模块,提高机器人的环境感知能力,使其适应不同的应用场景和任务要求,为机器人系统的整体性能提供更强大的支持。

2. 环境建模:构建对机器人周围环境的模型,包括地图、障碍物等

环境建模模块是复合机器人操作系统中的核心功能模块之一,它的主要任务是通过感知数据和其他信息,对机器人周围的环境进行建模和描述。环境建模模块通过构建环境地图、表示物体和场景属性以及更新环境状态等操作,为机器人系统提供准确、实时的环境认知和理解能力。下面将详细介绍环境建模模块的主要功能和关键技术。

(1) 环境地图构建

环境地图是环境建模的核心内容之一。它是对机器人周围环境的一种抽象表示,可以是二维或三维的。环境地图可以通过多种传感器数据融合得到,例如激光雷达、摄像头、超声波传感器等。常用的环境地图类型包括栅格地图、拓扑地图和点云地图。栅格地图将环境划分为规则的网格,每个网格代表一种状态,如障碍物、自由空间等。拓扑地图使用节点和边表示环境中的关系,例如房间、门、走廊等。点云地图是通过激光或摄像头获取的点云数据,提供更精细的环境表示。

(2) 物体检测和识别

环境建模模块需要对环境中的物体进行检测和识别,以构建物体的模型。物体检测和识别是通过感知数据和图像处理技术实现的。常用的方法包括基于特征的检测、深度学习和神经网络等。物体检测和识别可以帮助机器人系统理解环境中的物体类型、位置和属性,为后续的任务规划和执行提供必要的信息。

(3) 场景分割和语义建模

场景分割是指将感知数据中的不同区域或物体分割开来，以获取环境的结构和语义信息。常用的方法包括图像分割、语义分割和实例分割等。图像分割将图像分成若干个连续区域，每个区域具有相似的颜色、纹理或边缘特征。语义分割不仅分割图像，还为每个区域分配语义标签，将不同的物体和背景区分开来。实例分割进一步将每个物体的轮廓分割出来，以实现对每个物体的独立处理。场景分割和语义建模使机器人系统对环境有更深入的理解，帮助机器人在复杂环境中进行感知和交互。

(4) 环境状态更新

环境建模模块需要实时更新环境的状态，以反映环境的动态变化。其中包括障碍物的移动、物体的增减以及场景的变化等。通过与运动感知、感知处理和运动规划等模块的协同工作，环境建模模块可以实时地更新环境地图和物体模型，保持对环境的准确感知。环境状态的更新既可以通过传感器数据的实时采集和处理来实现，也可以通过机器人与环境的交互来获取更全面的环境信息。

(5) 环境预测和规划

环境建模模块利用建模的环境信息进行环境预测和规划。通过对环境的建模和分析，预测环境中的物体运动趋势、行为意图等。这为机器人的决策和规划提供了重要的参考依据，使机器人能够做出适应性的决策和行动。例如，在导航任务中，机器人可以通过环境建模模块获取环境地图和障碍物信息，进行路径规划和避障决策。在人机交互中，机器人可以利用环境建模模块的预测能力，与人类进行自然而智能的交互，并根据环境的状态和人类的意图做出相应的反应。

(6) 不确定性建模和处理

在环境建模过程中，不可避免地存在不确定性因素，例如传感器误差、环境变化和感知数据的不完整等。环境建模模块需要考虑和处理这些不确定性，以提供可靠的环境认知。常用的方法包括概率建模、滤波器和粒子滤波等。这些方法可以帮助机器人系统对感知数据进行滤波和估计，减小不确定性对环境建模的影响，并提供更可靠的环境信息。

(7) 建模与其他模块的协同优化

环境建模模块与其他功能模块(如运动规划、任务规划和决策等模块)之间存在密切的协同关系。环境建模模块提供的环境信息可以为其他模块的决策和规划提供重要的参考，而其他模块的决策和规划也可以通过与环境建模模块的交互，进一步优化环境建模的准确性和完整性。例如，运动规划模块可以根据环境建模模块提供的障碍物信息进行路径规划，同时还可以通过实时更新环境状态来反馈路径规划的结果。

综上所述，环境建模模块是复合机器人操作系统中的重要功能模块。它通过环境地图构建、物体检测和识别、场景分割和语义建模、环境状态更新、环境预测和规划、不确定性建模和处理以及与其他模块的协同优化等关键技术，实现对机器人周围环境的建模和描述。环境建模模块的准确性、实时性和鲁棒性对于机器人系统的决策和控制具有重要影响。通过不断优化和改进环境建模模块,可以提高机器人的环境感知能力,使其能够适应不同的应用场景和任务要求,为机器人系统的整体性能提供更强大的支持。

3. 机器人定位与导航:实现机器人在环境中的准确定位和路径规划

机器人定位与导航模块是复合机器人操作系统中的核心功能模块之一,其主要任务是使机器人能够准确地感知自身位置,并能够规划和执行路径,以到达特定的目标位置。机器人定位与导航模块结合了感知、运动控制、环境建模和路径规划等多个子模块,通过集成和协调这些功能,实现机器人在复杂环境中的自主导航和移动能力。下面详细介绍机器人定位与导航模块的主要功能和关键技术。

(1) 机器人定位

机器人定位是指确定机器人在环境中的准确位置和姿态。准确的定位是机器人导航的基础,可以通过多种方式实现,如里程计、惯性导航、全球定位系统(GPS)、视觉定位和环境特征匹配等。里程计是通过测量机器人轮子的旋转量来估计机器人的运动,并根据已知起始位置进行累积。惯性导航则利用惯性传感器(如加速度计和陀螺仪)测量机器人的加速度和角速度,然后积分得到位姿估计。GPS 可以在户外环境中提供全球定位信息,但其精度受限于信号遮挡和多径效应。视觉定位使用摄像头捕捉环境特征,并通过图像处理和匹配算法计算机器人的位置。环境特征匹配使用机器人感知数据与预先构建的环境地图进行匹配,从而确定机器人的位置。

(2) 环境感知

环境感知是机器人定位与导航的重要组成部分。通过使用传感器技术,如激光雷达、摄像头和超声波传感器等,机器人可以感知周围环境的障碍物、地标和结构等信息。这些感知数据用来构建环境地图和进行障碍物检测,从而为机器人导航提供准确的环境信息。感知数据的处理和融合技术在环境感知中起着重要作用,可以帮助机器人理解环境并做出相应的导航决策。

(3) 路径规划

路径规划是机器人导航中的关键任务之一。它通过使用环境地图、目标位置和机器人当前位置等信息,计算出机器人从起始位置到目标位置的最短路径或最优路径。路径规划算法分为全局路径规划和局部路径规划两种类型。全局路径规划算法适用于已知环境地图的情况,它在整个环境中搜索最优路径,并考虑避障和机器人运动能力等因素。常见的全局路径规划算法包括 A^* 算法、Dijkstra 算法和最小生成树等。局部路径规划算法用于动态环境中,它根据机器人当前位置和感知数据,在局部范围内计算避障路径。常用的局部路径规划算法包括基于速度障碍物法、人工势场法和弹性带法等。

(4) 运动控制

机器人导航中的运动控制模块负责将规划好的路径转化为具体的机器人运动指

令，控制机器人实现精确的移动。运动控制涉及底层控制技术，包括速度控制、轨迹跟踪和姿态控制等。机器人的底层执行器，如电机和舵机，通过接收控制指令来实现机器人的运动。运动控制模块需要与定位模块、环境感知模块和路径规划模块协同工作，实现精确的定位和导航控制。

(5) 避　障

在导航过程中，机器人需要识别并避开环境中的障碍物，以保证安全和有效地移动。避障是导航中的关键挑战之一。它可以通过感知模块提供的障碍物信息来实现。常用的避障方法包括基于传感器数据的避障、人工势场法、轨迹规划和模型预测控制等。这些方法可以帮助机器人在避开障碍物的同时实现平稳的导航和路径跟踪。

(6) 定位与地标

除了传感器数据和环境地图以外，机器人还可以利用环境中的地标进行定位和导航。地标可以是人工放置的标志物，也可以是环境中固有的特征。机器人通过感知和识别这些地标，并与地标的位置和特征进行匹配，从而确定自身位置和方向。地标的使用可以提高机器人定位的准确性和鲁棒性，尤其是在没有先验地图或感知数据不准确的情况下。

机器人定位与导航模块通过机器人定位、环境感知、路径规划和运动控制等关键技术，使机器人能够准确地感知自身位置并规划和执行路径，实现自主导航和移动能力。机器人定位与导航模块的性能直接影响机器人导航的准确性、效率和安全性。因此，对于不同应用场景和任务需求，需要选择合适的定位与导航方法和算法，并不断优化和改进模块的功能和性能。

4.2.4 交互与界面模块

1. 用户界面：提供直观的人机交互界面，让用户能够轻松操作机器人

复合机器人操作系统的用户界面是机器人与人类用户进行交互和信息展示的关键部分。用户界面旨在提供直观、易用和有效的方式，使用户能够监控机器人的各种功能和任务。下面详细介绍复合机器人操作系统的用户界面的主要特点和功能。

(1) 图形用户界面(GUI)

复合机器人操作系统的用户界面通常采用图形用户界面(GUI)来实现用户与机器人的交互。GUI使用图形元素如按钮、菜单、滑块和文本框等，以及图像和动画等可视化元素，提供直观的界面，使用户能够通过鼠标、键盘或触摸屏等输入设备进行操作。GUI以窗口、面板或屏幕的形式呈现，用户可以通过界面上的元素进行导航，配置机器人参数，监控机器人状态和执行任务等。

(2) 实时监控和反馈

复合机器人操作系统的用户界面应提供实时的机器人监控和反馈功能。其中包括显示机器人的实时位置、传感器数据、环境地图和导航路径等信息，以便用户了解

机器人的状态和环境情况。用户界面通过图表、图像、视频和动画等方式，直观地展示机器人的运动轨迹、传感器数据和周围环境的变化；同时，还提供了警报和提示功能，及时向用户报告机器人的异常状态或任务完成情况。

(3) 任务管理和编程界面

复合机器人操作系统的用户界面通常具有任务管理和编程界面，使用户能够创建、编辑和管理机器人的任务。任务管理界面允许用户指定任务的优先级、时间限制和依赖关系等，以及监控任务的执行进度和结果。编程界面提供了一种图形化或文本化的方式，允许用户编写机器人的行为控制程序，如运动控制、感知与决策等。编程界面支持多种编程语言和工具，以满足不同用户的需求和技能水平。

(4) 配置和参数调整

用户界面还提供了配置和参数调整功能，使用户能够对机器人的各种参数进行设置和调整。其中包括机器人的硬件配置、传感器校准、运动控制参数、导航算法和环境地图等。用户界面提供了直观的界面和工具，帮助用户进行参数的选择和调整，并及时反馈参数调整的效果。

(5) 数据记录和分析

用户界面支持数据记录和分析功能，将机器人的运动轨迹、传感器数据和任务执行日志等保存为数据文件，以便用户后续分析和回放。数据记录和分析功能有助于用户对机器人的行为和性能进行评估和改进，并为后续任务的规划和决策提供依据。用户界面提供了数据可视化和统计分析工具，帮助用户快速理解和分析机器人的数据。

(6) 多平台和远程访问

复合机器人操作系统的用户界面支持多平台和远程访问。用户可以通过不同设备如个人计算机、平板计算机或智能手机等访问机器人的用户界面，并实时监控和操作机器人的运行。远程访问功能使用户能够在远程地点对机器人进行操作和管理，提高机器人的灵活性和可操作性。

综上所述，复合机器人操作系统的用户界面是机器人与人类用户进行交互和信息展示的重要组成部分。它通过图形用户界面、实时监控和反馈、任务管理和编程界面、配置和参数调整、数据记录和分析、多平台和远程访问等功能，使用户能够直观、方便地监控机器人的各种功能和任务。用户界面的设计和实现应考虑用户的需求和使用习惯，提供友好、易用和高效的交互体验，促进机器人的广泛应用和开发。

2. 视觉界面：支持机器人通过摄像头获取图像信息并进行图像识别和分析

复合机器人操作系统的视觉界面是机器人通过摄像头获取图像信息并进行图像识别和分析的关键部分。它利用计算机视觉技术，使机器人能够理解和处理图像数据，从而实现目标检测、物体识别、人脸识别、姿态估计等功能。下面详细介绍复合机器人操作系统的视觉界面的主要特点和功能。

(1) 图像获取和预处理

复合机器人操作系统的视觉界面通过摄像头获取实时图像数据。它支持不同类型的摄像头，如 RGB 摄像头、深度摄像头和红外摄像头等，以适应不同的应用场景和需求。同时，视觉界面可以进行图像预处理，如图像去噪、图像增强和图像校正等，以提高图像质量和准确性。

(2) 物体检测和识别

复合机器人操作系统的视觉界面可以利用机器学习和深度学习算法进行物体检测和识别。它通过训练模型来实现对特定物体的检测和识别，或者使用预训练的模型进行通用物体检测。视觉界面可以实时分析图像数据，识别出图像中的物体，并提供相关信息，如物体类别、位置和大小等。

(3) 人脸识别和表情分析

复合机器人操作系统的视觉界面可以实现人脸识别和表情分析功能。通过人脸检测和人脸特征提取算法，它可以识别出图像中的人脸，并进行人脸比对和身份认证。同时，视觉界面还可以分析人脸表情，如微笑、愤怒、惊讶等，并根据表情进行相应的交互和反馈。

(4) 姿态估计和动作识别

复合机器人操作系统的视觉界面可以实现姿态估计和动作识别功能。通过图像分析和机器学习算法，它可以识别人体的关键关节点，并推断出人体的姿态信息，如身体的姿势、朝向和关节角度等。同时，视觉界面还可以识别和分析人体的动作，如手势、动作序列和运动轨迹等。

(5) 视觉导航和避障

复合机器人操作系统的视觉界面支持视觉导航和避障功能。通过分析摄像头获取的图像数据，它可以识别出环境中的障碍物、路径和导航目标，并生成相应的导航指令。视觉界面可以结合其他传感器数据，如激光雷达和惯性测量单元(IMU)等，提供精确的导航和避障策略。

(6) 图像分析和反馈

复合机器人操作系统的视觉界面可以进行图像分析和反馈。它可以分析图像数据，提取出关键信息，并进行相应的决策和行动。视觉界面根据图像分析的结果，生成对应的反馈和指令，实现与机器人的交互和控制。

综上所述，复合机器人操作系统的视觉界面通过摄像头获取图像信息，并利用计算机视觉技术进行图像识别和分析。它可以实现物体检测和识别、人脸识别和表情分析、姿态估计和动作识别、视觉导航和避障等功能。视觉界面的设计和实现应考虑图像获取和预处理、算法选择和优化、实时性和准确性等因素，以满足不同应用场景和需求的图像处理要求，并提供直观、高效的用户交互体验。

3. 远程控制：允许用户通过网络远程监控和操作机器人

复合机器人操作系统的远程控制是指允许用户通过网络远程监控和操作机器人

的功能。远程控制功能使用户能够随时随地对机器人进行监视、控制和管理，无须实时物理接触机器人。下面详细介绍复合机器人操作系统的远程控制的主要特点和功能。

(1) 远程监视和实时视频传输

复合机器人操作系统的远程控制功能允许用户通过网络远程监视机器人的实时状态和环境。它通过实时视频传输技术，将机器人摄像头捕获的视频流传输到用户的设备上，用户可以实时观看机器人所处的环境，并监控机器人的行为和运动。

(2) 远程操作和控制

远程控制功能使用户能够通过网络对机器人进行远程操作和控制。用户可以使用鼠标、键盘或触摸屏等输入设备，向机器人发送指令和控制信号，以执行特定的任务和动作。远程操作包括运动控制、任务切换、传感器配置和参数调整等。

(3) 远程任务管理和编程

复合机器人操作系统的远程控制功能允许用户对机器人的任务进行远程管理和编程。用户可以通过远程控制界面创建、编辑和管理机器人的任务，并指定任务的优先级、时间限制和依赖关系等。远程编程功能使用户能够远程编写和上传机器人的行为控制程序，如运动轨迹规划、感知决策和自主导航等。

(4) 远程故障诊断和维护

远程控制功能还支持远程故障诊断和维护。用户可以通过远程控制界面获取机器人的状态和传感器数据，进行故障分析和诊断，并远程执行相应的维护操作，如重启机器人、重新配置传感器或更新软件等。

(5) 安全和权限管理

复合机器人操作系统的远程控制功能应考虑安全性和权限管理。系统通过身份验证、加密传输和防火墙等机制，确保远程控制的安全性和数据的保密性。同时，系统可以实现用户权限管理，控制不同用户对机器人的访问权限和操作权限，保护机器人和相关数据安全。

(6) 远程日志和数据记录

远程控制功能支持远程日志记录和数据记录。系统将机器人的日志和运行数据上传到远程服务器，供用户后续分析和审查。远程记录功能有助于用户了解机器人的运行状况、任务执行情况和性能表现，并为机器人的优化和改进提供参考。

综上所述，复合机器人操作系统的远程控制功能使用户能够通过网络远程监视、操作和管理机器人。远程控制功能通过实时视频传输、远程操作和控制、远程任务管理和编程、远程故障诊断和维护、安全和权限管理、远程日志和数据记录等功能，提供了灵活、便捷的远程操作体验。远程控制功能的设计和实现应考虑网络稳定性、实时性要求，以及安全性和用户友好性等因素，以满足用户对机器人的远程控制需求。

4.2.5　任务执行与协作模块

1. 任务调度：根据任务优先级和资源可用性，调度机器人执行任务

复合机器人操作系统的任务调度是指根据任务的优先级和资源的可用性，对机器人的任务进行合理的调度和分配，以实现高效的任务执行和资源利用。任务调度功能是复合机器人操作系统的核心模块之一。下面详细介绍任务调度的主要特点和功能。

(1) 任务管理和优先级

复合机器人操作系统的任务调度功能是对机器人的任务进行管理和优先级划分。用户可以通过任务管理界面创建、编辑和删除任务，并为每个任务指定优先级。优先级决定了任务的执行顺序，高优先级任务将优先被调度执行，以确保重要任务的及时完成。

(2) 资源管理和可用性检测

任务调度功能需要考虑机器人的资源情况和可用性检测。它会监测机器人的硬件设备、传感器、执行器和计算资源等的状态和可用性。基于资源的实时状态，任务调度功能会智能地分配任务给可用资源，避免资源冲突和过载，以确保任务的平稳执行。

(3) 调度策略和算法

任务调度功能采用不同的调度策略和算法，以实现任务的有效调度。常见的调度策略包括先来先服务（FCFS）、最短作业优先（SJF）、最高优先级优先（HPF）和时间片轮转等。调度算法会根据任务的优先级、执行时间、资源需求等因素，选择最优的任务调度方式，以提高任务执行效率。

(4) 动态调度和适应性调整

任务调度功能支持动态调度和适应性调整。它会根据实时的任务状态和资源状况，动态地调整任务的执行顺序和分配策略。如果发生资源故障或新的高优先级任务到达，任务调度功能可以及时做出相应的调整，以满足新的任务需求和优先级变化。

(5) 协同和通信

任务调度功能需要与其他模块进行协同和通信。它需要与设备管理模块、感知处理模块、运动控制模块等进行有效的信息交互和协作，以获取任务执行所需的资源和信息。任务调度功能还可与其他机器人系统通信，实现分布式任务调度和协同工作。

(6) 错误处理和故障恢复

任务调度功能应具备错误处理和故障恢复机制。它可以监测任务执行过程中的错误和故障，并采取相应的措施处理和恢复。例如，当任务执行失败或资源不可用时，任务调度功能会尝试重新分配任务或进行资源切换，以确保任务的顺利执行。

综上所述，复合机器人操作系统的任务调度功能根据任务的优先级和资源的可用性，智能地调度机器人执行任务。任务调度功能通过任务管理和优先级划分、资源管理和可用性检测、调度策略和算法、动态调度和适应性调整、协同和通信、错误处理和故障恢复等功能，实现任务的高效执行和资源的合理利用。任务调度功能的设计和实现应考虑任务优先级的合理划分、资源管理的精确检测、调度算法的灵活性和效率，以提供稳定、高效的任务调度服务。

2. 多机器人协作：支持多个机器人之间的协作和任务分配

复合机器人操作系统的多机器人协作功能是指支持多个机器人之间的协作和任务分配，使它们能够共同完成复杂的任务。多机器人协作是实现机器人团队合作的关键。下面详细介绍复合机器人操作系统的多机器人协作的主要特点和功能。

(1) 协同任务分配

多机器人协作功能允许系统将任务分配给机器人团队中的不同机器人。任务分配可以基于机器人的能力、位置、资源可用性和任务优先级等因素进行决策。系统会根据任务的要求和机器人的特点，智能地分配任务给适合的机器人，以实现任务的高效执行。

(2) 通信和协议

多机器人协作功能需要支持机器人之间的通信和协议。机器人可以通过无线网络或其他通信方式进行数据交换和信息共享。通信和协议功能确保机器人之间的协同工作和任务分配的准确性，以便实现任务的协同完成。

(3) 分布式决策和规划

多机器人协作功能允许机器人团队在分布式环境下进行决策和规划。每个机器人都可以根据自身的感知数据和任务要求，进行局部决策和规划。同时，机器人团队通过协同通信和信息交换，共同进行全局决策和规划，以协调机器人之间的行动和任务分配。

(4) 集中式和分散式协作

多机器人协作功能支持集中式和分散式的协作方式。在集中式协作中，存在一个中央控制节点负责任务的分配和协调，机器人团队按照中央控制节点的指令执行任务。在分散式协作中，机器人团队通过相互协商和通信，自主地进行任务分配和协调。系统可以根据实际需求选择适合的协作方式。

(5) 任务拆分和合并

多机器人协作功能支持任务的拆分和合并。当任务较大或复杂时，系统会将任务分解为多个子任务，并分配给多个机器人同时执行。机器人团队通过协同工作和信息共享，将各自执行的子任务结果合并，以完成整体任务。这种任务的拆分和合并提高了任务执行的效率和灵活性。

(6) 碰撞检测和避免

多机器人协作功能需要考虑机器人之间的碰撞检测和避免。系统使用传感器数据和环境建模信息来监测机器人的位置和运动状态，避免机器人之间的碰撞。碰撞检测和避免功能确保机器人团队安全地协同工作，避免意外碰撞和冲突。

综上所述，复合机器人操作系统的多机器人协作功能通过协同任务分配、通信和协议、分布式决策和规划、集中式和分散式协作、任务拆分和合并以及碰撞检测和避免等功能，实现了机器人团队之间的协作和任务分配。多机器人协作功能的设计和实现应考虑任务的分配策略、通信协议的准确性和效率、决策和规划的智能性、任务的拆分和合并的灵活性，以提供稳定、高效的多机器人协作服务。

3. 任务监控与反馈：实时监控任务执行情况，向用户提供反馈和报告

复合机器人操作系统的任务监控与反馈功能是指实时监控机器人的任务执行情况，并向用户提供反馈和报告。这个功能使用户能够及时了解机器人的工作状态，监控任务的进展，并获得任务执行的反馈信息。下面详细介绍任务监控与反馈的主要特点和功能。

(1) 实时任务监控

任务监控与反馈功能可以实时监控机器人的任务执行情况。它会跟踪任务的启动、执行和完成情况，并记录关键事件和里程碑。用户可以通过任务监控界面或日志查看任务的实时状态和进展情况，以确保任务按计划执行。

(2) 异常检测和警报

任务监控与反馈功能可以检测任务执行过程中的异常情况，并生成相应的警报。例如，当机器人遇到障碍物、传感器故障或执行器错误时，系统会自动检测并发送警报。用户可以即时收到异常警报，并采取必要的措施进行干预和解决问题。

(3) 进度报告和统计数据

任务监控与反馈功能可以生成任务的进度报告和统计数据。它会记录任务的执行时间、资源消耗、任务完成率等关键指标，并以图表或表格形式展示给用户。这些报告和数据有助于用户评估任务的执行效率、资源利用情况和团队绩效，从而进行优化和改进。

(4) 用户反馈和交互

任务监控与反馈功能允许用户与机器人进行实时的反馈和交互。用户可以通过界面或指令向机器人发送指导、调整任务优先级或重新分配资源。机器人可以根据用户的反馈和要求进行相应的调整和执行，以满足用户的需求。

(5) 数据记录和分析

任务监控与反馈功能可以记录任务执行过程中的关键数据，并提供数据分析功能。它会将传感器数据、任务执行日志、异常事件等记录下来，以便用户进行后续的数据分析和决策。用户可以根据数据分析结果，优化任务调度、资源分配和工作流程，提升机器人的整体性能。

(6) 任务回放和回顾

任务监控与反馈功能允许用户进行任务回放和回顾。用户可以选择特定的任

务,回放任务执行过程中的图像、视频或日志信息。这对于故障诊断、任务评估和培训是非常有帮助的,使用户可以更好地了解机器人的工作流程和问题所在。

综上所述,复合机器人操作系统的任务监控与反馈功能通过实时任务监控、异常检测和警报、进度报告和统计数据、用户反馈和交互、数据记录和分析、任务回放和回顾等功能,提供了对机器人任务执行情况的实时监控和用户反馈。这样,用户可以及时了解任务的执行状态,发现异常情况并采取相应措施,优化任务执行和资源利用,提高机器人系统的整体性能。

4.2.6 安全与故障处理模块

1. 安全保护:监测和保护机器人在操作过程中的安全性

复合机器人操作系统的安全保护功能是监测和保护机器人在操作过程中的安全性。由于机器人操作涉及物理环境及与人的交互,安全保护功能至关重要。下面详细介绍复合机器人操作系统的安全保护功能的主要特点和功能。

(1) 环境感知和障碍物检测

安全保护功能通过环境感知和障碍物检测来监测机器人周围的物理环境。通过使用传感器和视觉系统,系统可以识别和检测障碍物、人员、其他机器人或不安全区域。当检测到潜在的碰撞风险或危险情况时,系统会采取相应的安全措施,例如停止机器人运动或发出警报。

(2) 人机交互安全

安全保护功能确保机器人在与人员交互时的安全性。它可以识别人员的存在和位置,并采取相应的措施,以避免机器人对人员造成伤害。例如,在人机交互过程中,机器人使用触觉传感器和视觉系统来检测人员的接近和动作,以确保安全距离和避免意外接触。

(3) 紧急停止

安全保护功能提供紧急停止按钮,以便在出现危险情况或紧急情况下立即停止机器人的运动。这些按钮通常布置在机器人附近易于访问的位置,以便操作人员可以快速触发,并立即停止机器人的活动,确保人员和设备的安全。

(4) 访问控制和权限管理

安全保护功能使用访问控制和权限管理来限制对机器人系统的访问和操作。只有经过授权的人员才能访问系统,系统会根据其角色和责任分配相应的权限级别。这确保了机器人系统的安全性和数据的保密性。

(5) 安全漏洞和威胁监测

安全保护功能监测系统中的安全漏洞和潜在威胁。它会检测异常行为、未经授权的访问尝试、恶意软件或网络攻击,并采取相应的措施进行防御和保护。系统会及时更新安全补丁和防病毒软件,以最大限度地降低潜在的安全风险。

(6) 安全审计和报告

安全保护功能提供安全审计和报告功能,记录安全事件和操作日志。这样,系统管理员可以跟踪和审查机器人系统的安全性,并及时发现潜在的安全问题。安全审计和报告功能有助于改进安全策略和措施,确保机器人操作过程的持续安全。

综上所述,复合机器人操作系统的安全保护功能通过环境感知和障碍物检测、人机交互安全、紧急停止、访问控制和权限管理、安全漏洞和威胁监测以及安全审计和报告等功能,确保机器人在操作过程中的安全性。这些功能有助于预防事故和伤害,并提供安全的机器人操作环境。

2. 故障检测与恢复:监测机器人硬件和软件的状态,及时处理故障和异常情况

复合机器人操作系统的故障检测与恢复功能是监测机器人硬件和软件的状态,并及时处理故障和异常情况,以确保机器人系统的稳定性和可靠性。下面详细介绍故障检测与恢复的主要特点和功能。

(1) 硬件状态监测

故障检测与恢复功能监测机器人硬件组件的状态。它通过传感器和监控设备实时监测机器人的各个硬件部件,例如传动系统、执行器、传感器、电源等。如果检测到硬件故障、过热、电量不足等异常情况,系统会立即采取相应的措施,如停止任务执行、发出警报或自动切换备用设备。

(2) 软件状态监测

故障检测与恢复功能监测机器人操作系统和相关软件的状态。它会定期检查软件模块的运行状况、内存使用情况、通信状态等。如果发现软件故障、内存泄漏、通信中断等异常情况,系统会尝试自动修复问题,或者提供相应的报警信息,以便人工干预。

(3) 故障诊断

故障检测与恢复功能具备故障诊断能力。当发生故障或异常情况时,系统会尝试识别问题的原因和位置。它会通过分析传感器数据、日志信息、错误报告等来确定故障根源,并尽可能提供详细的故障诊断结果。这有助于加快故障处理的速度和提高故障处理的准确性。

(4) 故障处理和恢复

故障检测与恢复功能会根据故障的严重程度和影响范围,采取相应的故障处理和恢复措施。对于较小的故障,系统可能会自动进行故障处理,如重新启动软件模块、重新连接传感器等。对于严重的故障,系统会停止任务执行并发出警报,同时提供相应的故障处理指南和建议。

(5) 异常事件记录和报告

故障检测与恢复功能会记录异常事件和故障情况,并生成相应的报告。这些报告包括故障描述、诊断结果、处理过程和恢复措施等信息。通过记录和报告异常事件,系统管理员和技术人员可以了解机器人系统的故障历史、趋势和模式,从而改进

系统的设计和维护策略。

综上所述,复合机器人操作系统的故障检测与恢复功能通过硬件状态监测、软件状态监测、故障诊断、故障处理和恢复以及异常事件记录和报告等功能,保障机器人系统的稳定性和可靠性。这些功能能及时发现故障和异常情况,并采取相应的措施进行处理,确保机器人系统能够持续运行并及时恢复正常操作。

3. 紧急停止措施:提供紧急停止功能,保证人员和机器人的安全

复合机器人操作系统的紧急停止与急救措施是为保障人员和机器人的安全而设计的重要功能。它能够提供紧急停止功能和必要的急救措施,以应对意外情况和紧急情况。下面详细介绍紧急停止与急救措施的主要特点和功能。

(1) 紧急停止按钮

复合机器人操作系统配备了紧急停止按钮,通常位于机器人周围易于访问的位置。当发生紧急情况或意外事件时,人员可以立即按下紧急停止按钮,以迅速停止机器人的运动。紧急停止按钮的触发将切断机器人的动力源,使其立即停止并进入安全模式,以减轻潜在的伤害风险。

(2) 紧急停止信号传输

一旦紧急停止按钮被触发,复合机器人操作系统会迅速传输紧急停止信号给机器人的所有执行器和控制系统。这确保了紧急停止指令能够快速传达到每个关键部件,停止机器人的运动。这种快速响应机制可以最大限度地减少潜在的伤害和损害。

(3) 报警系统和通知

复合机器人操作系统配备了报警系统和通知功能,以便在紧急情况发生时及时通知相关人员。这些通知可以通过声音警报、短信、邮件等方式发送给系统管理员、操作人员和相关人员。及时的报警和通知可以帮助人员采取紧急措施,确保人员的安全和机器人系统的稳定。

综上所述,复合机器人操作系统的紧急停止功能模块可通过紧急停止按钮、紧急停止信号传输、报警系统和通知等,保障人员和机器人在紧急情况下的安全。这些措施旨在快速响应紧急情况,降低伤害风险,确保操作过程安全可靠。

4.3 几种典型的复合机器人操作系统

4.3.1 ROS 操作系统

1. 历 史

随着机器人技术的快速发展和复杂化,代码的复用性和模块化的需求越来越强烈,而已有的开源机器人系统又不能很好地适应需求。2010 年,Willow Garage 公司发布了开源机器人操作系统 ROS(Robot Operating System),标识如图 4.9 所示,很

快在机器人研究领域展开了学习和使用 ROS 的热潮。

ROS 系统起源于 2007 年斯坦福大学人工智能实验室与机器人技术公司 Willow Garage 的个人机器人项目(personal robots program)的合作。它提供了一些标准操作系统服务,目前主要支持 Ubuntu 操作系统。ROS 可分为两层,低层是操作系统层,高层是实现不同功能的软件包。2008 年之后 ROS 由 Willow Garage 公司推动直到现在。随着 PR2 那些不可思议的表现,譬如叠衣服、插插座、做早饭,ROS 也得到越来越多的关注。Willow Garage 公司也表示希望借助开源的力量使 PR2 变成"全能"机器人。

图 4.9　ROS 标识

PR2 价格高昂,2011 年零售价高达 40 万美元。PR2 现主要用于研究。PR2 有两条手臂,每条手臂七个关节,手臂末端是一个可以张合的钳子。PR2 依靠底部的四个轮子移动。在 PR2 的头部、胸部、肘部和钳子上安装有高分辨率摄像头、激光测距仪、惯性测量单元、触觉传感器等丰富的传感设备。在 PR2 的底部有两台 8 核的电脑作为机器人各硬件的控制和通信中枢。两台电脑安装有 Ubuntu 和 ROS。目前,ROS 支持多种机器人硬件平台如 Willow Garage 公司的 PR2、Lego、Nao,如图 4.10 所示。

图 4.10　ROS 支持的机器人硬件平台

2. 设计目标

机器人操作系统 ROS,是专为机器人软件开发而设计出来的一套电脑操作系统架构。如图4.11所示，它是一个开源的元级操作系统(后操作系统)，不仅提供类似于操作系统的服务，包括硬件抽象描述、底层驱动程序管理、共用功能的执行、程序间消息传递、程序发行包管理，还提供一些工具和库用于获取、建立、编写和执行多机融合的程序。

图4.11　采用ROS的机器人实例

ROS的首要设计目标是在机器人研发领域提高代码复用率。ROS是一种分布式处理框架(又名Nodes)。这使可执行文件能单独设计，并且在运行时松散耦合。这些过程可以封装到数据包(Packages)和堆栈(Stacks)中，以便于共享和分发。ROS还支持代码库的联合系统，使得协作也能被分发。这种从文件系统级到社区级的设计让独立地决定发展和实施工作成为可能。上述所有功能都能由ROS的基础工具实现。

为了实现“共享与协作”这一首要目标，人们制定了ROS架构中的其他支援性目标：

① 轻便　ROS使设计尽可能方便简单，且不必替换主框架与系统，因为ROS编写的代码可以用于其他机器人软件框架中。事实上，ROS已完成与OpenRAVE、Orocos和Player的整合。

② ROS-agnostic库　建议的开发模型是使用clear的函数接口书写ROS-agnostic库。

③ 语言独立性　ROS框架很容易在任何编程语言中执行。我们已将其在Python和C++中顺利运行，且同时添加有Lisp、Octave和Java语言库。

④ 测试简单　ROS有一个内建的单元/组合集测试框架，称为rostest。这使得集成调试和分解调试很容易。

⑤ 扩展性　ROS适合于大型实时系统和大型的系统开发项目。

3. 主要特点

ROS 的运行架构是一种使用 ROS 通信模块实现模块间 P2P 的松耦合的网络连接处理架构，它执行若干种类型的通信，包括基于服务的同步 RPC（远程过程调用）通信、基于 Topic 的异步数据流通信，还有参数服务器上的数据存储。但是 ROS 本身并没有实时性。

ROS 的主要特点归纳为以下几条：

(1) 点对点设计

一个使用 ROS 的系统包括一系列进程，这些进程存在于多个不同的主机中，且在运行过程中通过点对点的拓扑结构进行联系。虽然基于中心服务器的那些软件框架也可以实现多进程和多主机的优势，但在这些框架中，当各计算机通过不同的网络连接时，中心数据服务器就会发生问题。

ROS 的点对点设计以及服务和节点管理器等机制可以分散由计算机视觉和语音识别等功能带来的实时计算压力，能够应对多机器人遇到的挑战，如图 4.12 所示。

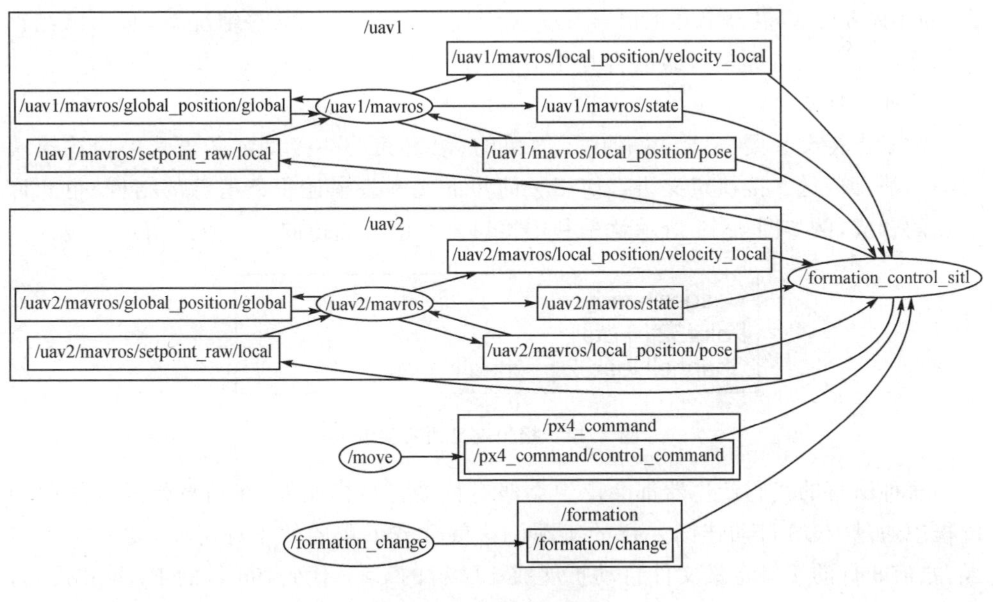

图 4.12　ROS 节点图

(2) 多语言支持

在写代码时，许多编程者会比较偏向某些编程语言。这些偏好是由个人在每种语言的编程时间、调试效果、语法、执行效率以及各种技术和文化等方面的原因导致的。为了解决这些问题，我们将 ROS 设计成了语言中立性的框架结构。目前 ROS 支持许多种不同的语言，例如 C++、Python、Octave 和 LISP，也包含其他语言的多种接口实现，如图 4.13 所示。

图 4.13　ROS 支持的语言库

ROS 的特殊性主要体现在消息通信层,而不是更深的层次。端对端的连接和配置利用 XML－RPC 机制实现,XML－RPC 也包含了大多数主要语言的合理实现描述。我们希望 ROS 能够利用各种语言实现得更加自然,更符合各种语言的语法约定,而不是基于 C 语言给其他语言提供实现接口。然而,在某些情况下,利用已经存在的库封装后支持更多新的语言是很方便的,比如 Octave 的客户端就是通过 C++ 的封装库实现的。

为了支持交叉语言,ROS 利用了简单的、语言无关的接口定义语言去描述模块之间的消息传送。接口定义语言使用了简短的文本去描述每条消息的结构,也允许消息的合成,例如图 4.14 所示就是利用接口定义语言描述的一个点的消息。

```
Header header
Point32 [ ] pts
ChannelFloat32 [ ] chan
```

图 4.14　接口定义语言实例

每种语言的代码产生器都会产生类似本种语言目标文件,在消息传递和接收的过程中通过 ROS 自动连续并行的实现。这就节省了重要的编程时间,也避免了错误:之前 3 行的接口定义文件自动扩展成 137 行的 C++代码,96 行的 Python 代码,81 行的 Lisp 代码和 99 行的 Octave 代码。因为消息是从各种简单的文本文件中自动生成的,所以很容易列举出新的消息类型。在编写时,已知的基于 ROS 的代码库包含超过 400 种消息类型,这些消息从传感器传送数据,使得物体检测到了周围的环境。

最后的结果就是一种与语言无关的消息处理,让多种语言可以自由地混合和匹配使用。

(3) 精简与集成

大多数已经存在的机器人软件工程都包含了可以在工程外重复使用的驱动和算

法，不幸的是，由于多方面的原因，大部分代码的中间层过于混乱，致使提取它的功能很困难，并且也很难把它们从原型中提取出来应用到其他方面。

为了应对这种趋势，ROS 鼓励将所有的驱动和算法逐渐发展成为与 ROS 没有依赖性的单独的库。ROS 建立的系统具有模块化的特点，各模块中的代码可以单独编译，而且编译使用的 CMake 工具使它很容易实现精简的理念。ROS 基本将复杂的代码封装在库里，只是创建了一些小的应用程序为 ROS 显示库的功能，从而允许对简单的代码超越原型进行移植和重新使用。

ROS 利用了很多现在已经存在的开源项目的代码，比如说从 Player 项目中借鉴了驱动、运动控制和仿真方面的代码，从 OpenCV 中借鉴了视觉算法方面的代码，从 OpenRAVE 借鉴了规划算法的内容，还有很多其他的项目。在每一个实例中，ROS 都用来显示多种多样的配置选项及与各软件之间进行数据通信，也同时对它们进行微小的包装和改动。ROS 可以不断地从社区维护中升级，包括从其他的软件库、应用补丁中升级 ROS 的源代码。

(4) 工具包丰富

为了管理复杂的软件框架，ROS 系统利用了大量小工具去编译和运行多种多样的 ROS 组件，从而设计成了内核，而不是构建一个庞大的开发和运行环境，如图 4.15 所示。

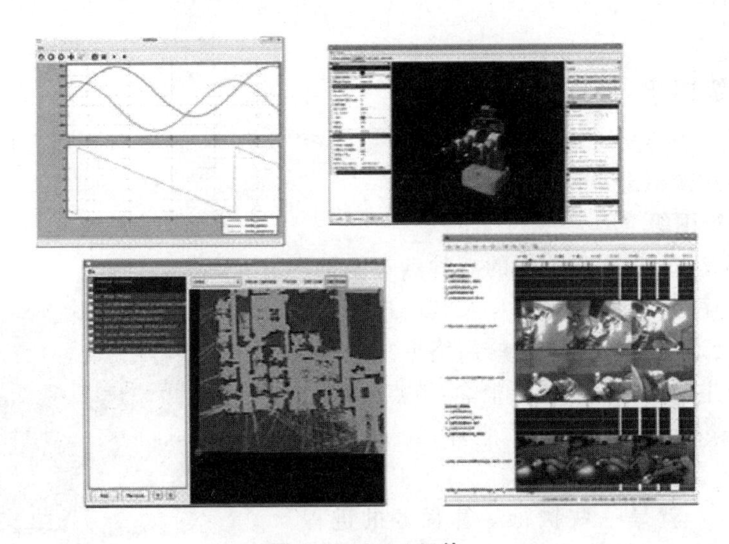

图 4.15　ROS 组件

这些工具承担了各种各样的任务，例如，组织源代码的结构，获取和设置配置参数，形象化端对端的拓扑连接，测量频带使用宽度，生动描绘信息数据，自动生成文档等。尽管已经测试通过像全局时钟和控制器模块的记录器的核心服务，但还是希望能把所有的代码模块化。

(5) 免费并且开源

ROS 所有的源代码都是公开发布的，这必定促进 ROS 软件各层次的调试，不断地改正错误。虽然像 Microsoft Robotics Studio 和 Webots 这样的非开源软件也有很多值得赞美的属性，但一个开源的平台也是无可替代的。当硬件和各层次的软件同时设计和调试时，这一点尤其重要。

ROS 以分布式的关系遵循着 BSD 许可，也就是说，允许各种商业和非商业的工程进行开发。ROS 通过内部处理的通信系统进行数据的传递，不要求各模块在同样的可执行功能上连接在一起。因此，利用 ROS 构建的系统可以很好地使用它们丰富的组件：个别的模块可以包含被各种协议保护的软件，这些协议从 GPL 到 BSD，但是许可的一些“污染物”将在模块的分解上就完全消灭掉。

4. 总体结构

根据 ROS 系统代码的维护者和分布来标示，主要有两大部分：

① main：核心部分，主要由 Willow Garage 公司和一些开发者设计、提供以及维护。它提供了一些分布式计算的基本工具，以及整个 ROS 的核心部分的程序编写。

② universe：全球范围的代码，由不同国家的 ROS 社区组织开发和维护。其中，一种是库的代码，如 OpenCV、PCL 等；库的上一层是从功能角度提供的代码，如人脸识别，它们调用下层的库；最上层的代码是应用级的代码，让机器人实现某一确定的功能。

5. 层级概念

ROS 有三个层次的概念，分别为：计算图级、文件系统级、社区级。以下内容总结了这些层次及概念。

(1) 计算图级

计算图是 ROS 处理数据的一种点对点的网络形式。程序运行时，所有进程及其所进行的数据处理，都会通过一种点对点的网络形式表现出来。这一级主要包括几个重要概念：节点（node）、消息（message）、主题（topic）、服务（service），如图 4.16 所示。

图 4.16　几个重要概念

① 节点　就是一些执行运算任务的进程。ROS 利用规模可增长的方式是代码模块化：一个系统就是典型的由很多节点（node）组成的。比如一个节点控制激光雷达，一个节点控制车轮马达，一个节点处理定位，一个节点执行路径规划，另外一个提供图形化界面，等等。一个 ROS 节点是由 Libraries ROS client library 写成的，例如 roscpp 和 rospy，在这里节点也可以称为“软件模块”。“节点”使得基于 ROS 的系统在运行时更加形象化：当许

多节点同时运行时,可以很方便地将点对点的通信绘制成一个图表,在这个图表中,进程就是图中的节点,而点对点的连接关系就是其中弧线连接。

② 消息 节点之间是通过传送消息进行通信的。每一个消息都是一个严格的数据结构。原来标准的数据类型(整型、浮点型、布尔型等)都是支持的,同时也支持原始数组类型。消息可以包含任意的嵌套结构和数组(类似于 C 语言的结构 structs)。

③ 主题 消息以一种发布/订阅的方式传递。一个节点可以在一个给定的主题(topic)中发布(publish)消息。主题是一个名字,用来描述消息(message)内容。一个节点针对某个主题订阅(subscribe)特定类型的数据。可能同时有多个节点发布或者订阅同一个主题的消息;也可能有一个节点同时发布或订阅多个主题。总体上,发布者和订阅者不了解彼此的存在。主题的概念在于将信息的发布者和需求者解耦、分离,如图 4.17 所示。

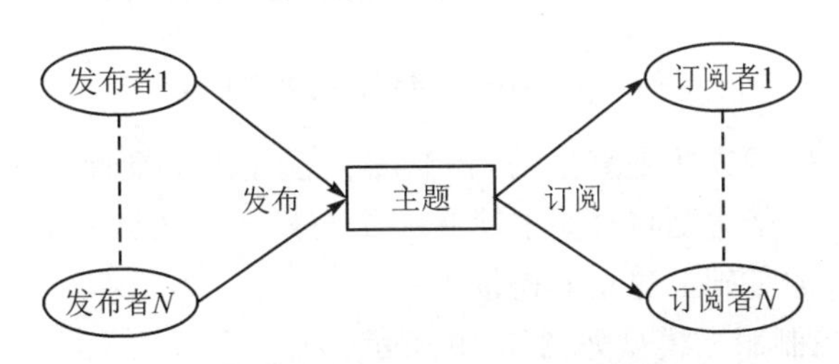

图 4.17 ROS 消息传递示意图

④ 服务 虽然基于话题的发布/订阅模型是很灵活的通信模式,但是多对多,单向传输对于分布式系统中经常需要的"请求/回应"式的交互来说并不合适。因此,"请求/回应"是通过服务来实现的。这种通信的定义是一种成对的消息:一个用于请求,另一个用于回应。假设一个节点提供了一个服务,提供下一个名字的客户使用服务发送请求消息并等待答复。ROS 的客户库通常以一种远程调用的方式提供这样的交互。

在以上概念的基础上,需要有一个控制器可以使所有节点有条不紊地执行,这就是一个 ROS 的控制器(ROS Master)。

ROS Master 通过远程过程调用(Remote Procedure Call Protocol,RPC)提供了登记列表和对其他计算图表的查找。没有控制器,节点将无法找到其他节点交换消息或调用服务。

控制节点订阅和发布消息的模型如图 4.18 所示。

ROS 的控制器给 ROS 的节点存储了主题和服务的注册信息。节点与控制器通信并报告它们的注册信息。当这些节点与控制器通信时,它们可以接收关于其他已注册节点的信息并且建立与其他已注册节点之间的联系。当这些注册信息改变时,控制器也会回馈这些节点,同时允许节点动态创建与新节点之间的连接。

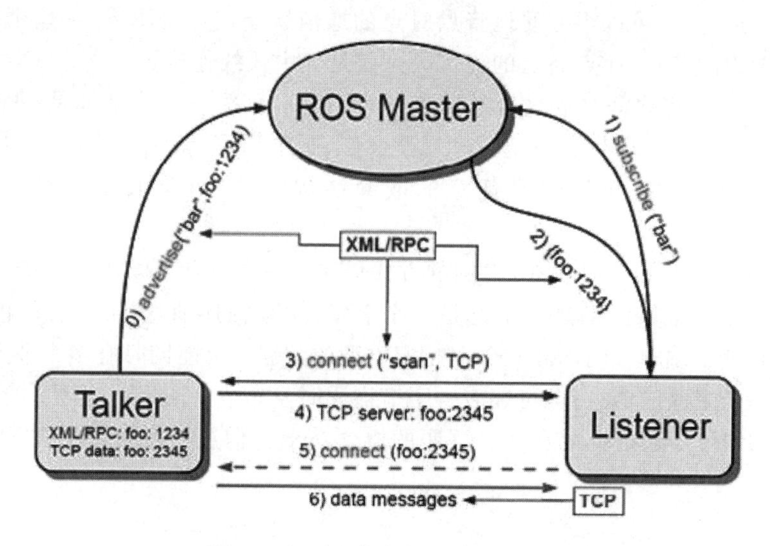

图 4.18 ROS 节点订阅与发布模型

节点与节点之间的连接是直接的，控制器仅仅提供了查询信息，就像一个 DNS 服务器。节点订阅一个主题将会要求建立一个与发布该主题的节点的连接，并且将会在同意连接协议的基础上建立该连接。

ROS 控制器控制服务模型如图 4.19 所示。

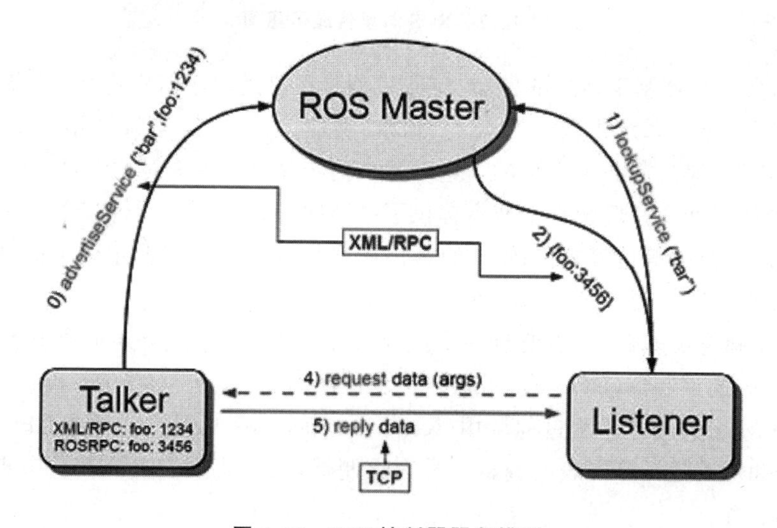

图 4.19 ROS 控制器服务模型

(2) 文件系统级

ROS 文件系统级指在硬盘上查看的 ROS 源代码的组织形式，如图 4.20 所示。例如：

① Package(包)：ROS 的基本组织，可以包含任意格式文件。包由节点、ROS 依

赖库、数据套、配置文件、第三方软件或者任何其他逻辑构成。包的目标是提供一种易于使用的结构以便于软件的重复使用。总的来说,ROS 的包短小精悍。

② Manifests(manifest. xml):提供关于 Package 的元数据,包括它的许可信息和 Package 之间的依赖关系,以及语言特性信息,像编译旗帜(编译优化参数)。

③ Stacks(堆):Package 的集合,它提供一个完整的功能,像 navigation stack,Stack 与版本号关联,同时也是如何发行 ROS 软件方式的关键,如图 4.21 所示。

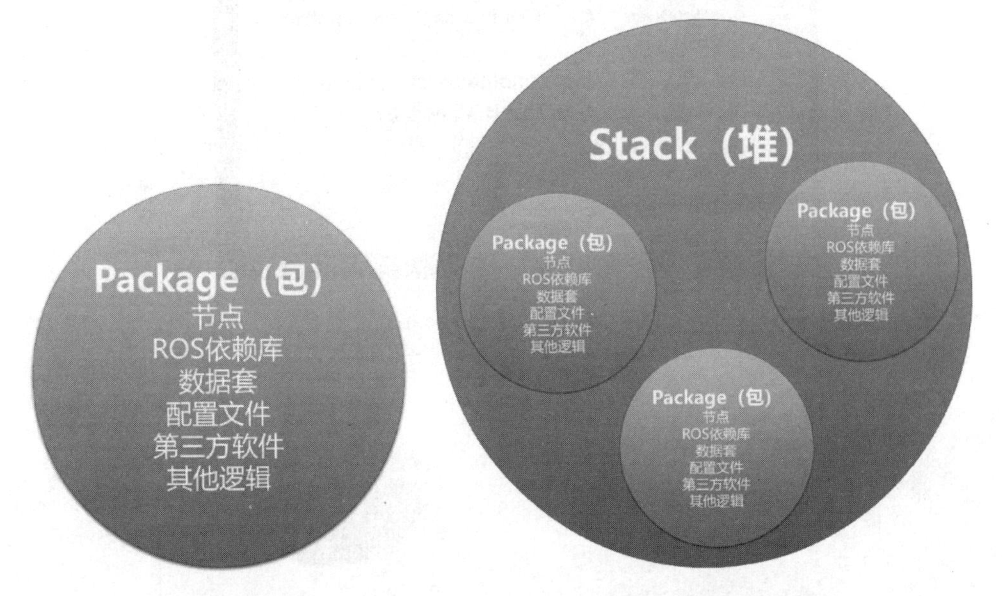

图 4.20　ROS 源代码的组织形式　　　　**图 4.21　Stacks 文件模型**

ROS 是一种分布式处理框架。这使可执行文件能单独设计,并且在运行时松散耦合。这些过程可以封装到包(Package)和堆(Stack)中,以便于共享和分发。图 4.22 所示是包和堆在文件中的具体结构。

Manifest Stack Manifests:Stack manifests (stack. xml) 提供关于 Stack 的元数据,包括它的许可信息和 Stack 之间的依赖关系。

Message (msg) types:信息描述,位置在路径:my_package/msg/MyMessageType. msg,定义数据类型在 ROS 的 messages 中。

Service (srv) types:服务描述,位置在路径:my_package/srv/MyServiceType. srv,定义这个请求和相应的数据结构在 ROS services 中。

(3) 社区级

ROS 的社区级概念是 ROS 网络上进行代码发布的一种表现形式。其结构如图 4.23 所示。

这种从文件系统级到社区级的设计让独立地发展和实施工作成为可能。正是因为这种分布式的结构,使得 ROS 迅速发展,软件仓库中包的数量指数级增加。

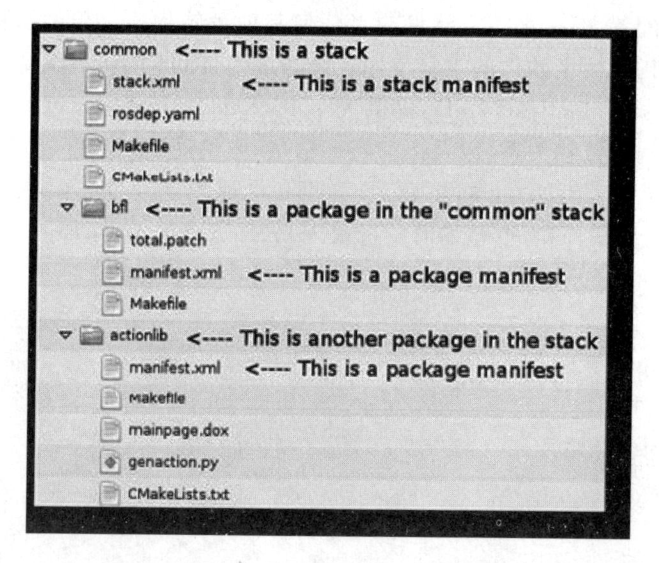

图 4.22 文件系统具体格式

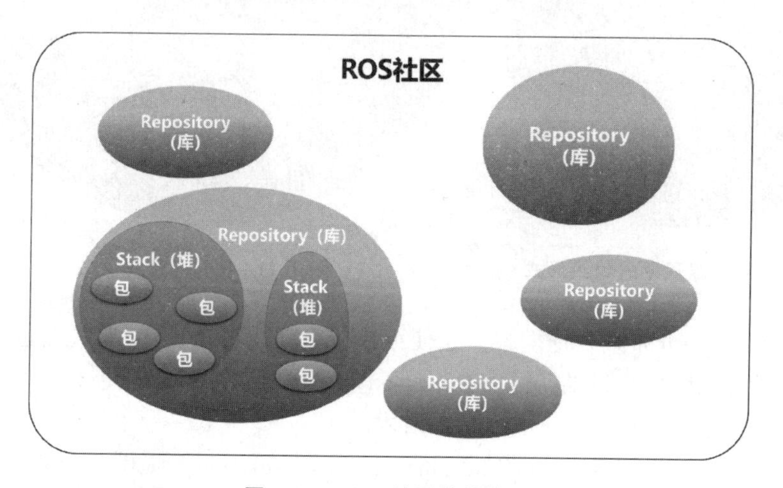

图 4.23 ROS 社区的结构图

4.3.2 嵌入式 Linux 操作系统

机器人嵌入式 Linux 操作系统是指在机器人系统中使用的一种嵌入式操作系统，其核心是 Linux。它提供了一个稳定、灵活和强大的基础平台，用于控制、管理和运行机器人的各种功能和任务。

1. 定 义

机器人嵌入式 Linux 操作系统是在机器人系统中嵌入的一种特定版本的 Linux 操作系统。它针对机器人的特殊需求进行了优化和定制，以提供更好的性能、稳定性和可靠性。这种操作系统通常设计为轻量级、实时响应和可定制的，以满足不同机器人应用的要求。

2. 发　展

嵌入式系统是指集成在各种设备和系统中，以执行特定任务的计算机系统。早期的嵌入式系统主要使用专用操作系统和硬件平台。然而，随着计算能力的提升和硬件成本的降低，使用通用操作系统(如 Linux)的嵌入式系统逐渐兴起。

Linux 操作系统作为一种开源操作系统，具有稳定性、可靠性和灵活性，在服务器、桌面和移动设备等领域取得了广泛应用。人们开始意识到 Linux 操作系统在嵌入式系统领域的潜力，并开始将其应用于嵌入式设备和机器人。

随着机器人技术的发展和应用范围的扩大，对机器人操作系统的需求也越来越迫切。传统的专用操作系统已无法满足不断增长的机器人应用需求，因此出现了基于通用操作系统的机器人操作系统，其中包括基于 Linux 的机器人操作系统。

随着 Linux 在嵌入式领域的成熟和应用经验的积累，一些开源机器人操作系统，如 ROS 开始兴起。ROS 是一个开放源代码的机器人软件平台，基于 Linux 操作系统，提供了丰富的工具、库和功能，用于机器人应用的开发和集成。

随着机器人应用需求的多样化和复杂化，人们开始将 Linux 操作系统定制为嵌入式 Linux 操作系统，以满足机器人应用的特殊需求。嵌入式 Linux 操作系统针对机器人应用进行了优化和定制，提供了更小的系统占用空间、更强的实时性能和可定制性。

随着机器人技术的快速发展和嵌入式系统的进步，机器人嵌入式 Linux 操作系统在机器人应用中的地位和重要性逐渐增强。未来，预计将有更多的机器人平台采用嵌入式 Linux 操作系统，为机器人开发人员提供更强大、灵活和可定制的开发环境。同时，随着人工智能和机器学习的发展，机器人嵌入式 Linux 操作系统将更加注重对这些技术的集成和支持，以提供更智能、自主和更具交互性的机器人系统。

此外，随着物联网和边缘计算的兴起，机器人嵌入式 Linux 操作系统将与其他嵌入式设备和系统进行更紧密的集成，实现更广泛的互操作性和协作能力。这将为机器人应用开辟更多的合作和创新机会，推动机器人技术在各个领域的应用。

3. 主要特点

机器人嵌入式 Linux 操作系统的主要特点如下：

① 稳定性和可靠性　机器人嵌入式 Linux 操作系统基于成熟的 Linux 内核，具有稳定性和可靠性。它经过了广泛的测试和验证，能够长时间运行和在复杂环境中保持系统的稳定性和可靠性。

② 灵活性和可定制性　机器人嵌入式 Linux 操作系统具有高度的灵活性和可定制性。开发人员可以根据机器人应用的需求，选择并集成所需的软件包和功能，以构建定制化的机器人系统。

③ 实时性和响应性　许多机器人应用需要实时响应和控制，嵌入式 Linux 操作

系统通常提供实时内核和实时调度器,以确保任务的及时执行和实时性能。

④ 开放性和可扩展性　机器人嵌入式 Linux 操作系统基于开源的 Linux 操作系统,具有开放的标准和接口,促进了软件和硬件的互操作性。它允许开发人员访问和修改源代码,扩展和定制系统,满足不同机器人应用的需求。

⑤ 强大的工具和库支持　机器人嵌入式 Linux 操作系统提供了丰富的开发工具、库和框架,用于机器人应用的开发和集成。这些工具和库可以加速开发过程,提供各种功能和算法支持,如感知、导航、控制等。

⑥ 生态系统和社区支持　机器人嵌入式 Linux 操作系统拥有庞大的开发者社区和丰富的软件资源。开发人员可以从社区中获取支持,分享经验,并共同推动操作系统的发展和创新。

总的来说,机器人嵌入式 Linux 操作系统通过稳定性、灵活性、实时性和开放性等特点,为机器人应用提供了一个强大的基础平台。它能够满足不同机器人应用的需求,支持定制化开发,促进创新和协作,推动机器人技术的发展。

4. 架构和组成部分

机器人嵌入式 Linux 操作系统的架构和组成部分包括:

① Linux 内核(Linux Kernel)　机器人嵌入式 Linux 操作系统的核心是 Linux 内核。Linux 内核提供了操作系统的底层功能,包括处理器管理、设备驱动程序、内存管理、进程调度等。它是嵌入式 Linux 操作系统的基础,负责系统的底层运行和硬件的管理。

② 嵌入式应用框架(Embedded Application Framework)　机器人嵌入式 Linux 操作系统通常提供一个嵌入式应用框架,用于管理和运行机器人应用程序。这个框架可以提供一些常见的机器人功能,如感知、导航、控制等,以简化开发过程,并提供可重用的组件和接口。

③ 驱动程序(Device Drivers)　机器人嵌入式 Linux 操作系统可以与各种硬件设备通信和控制,例如传感器、执行器、摄像头等。为了实现与硬件的交互,它具有相应的驱动程序。驱动程序负责将硬件设备的接口和功能映射到操作系统的接口,使应用程序可以通过操作系统访问硬件设备。

④ 实时性扩展(Real-time Extensions)　对于一些需要实时响应和控制的机器人应用,嵌入式 Linux 操作系统通常提供了实时性扩展,包括实时内核、实时调度器和实时通信机制,以确保任务能够按时执行和满足实时性要求。

⑤ 开发工具和库(Development Tools and Libraries)　机器人嵌入式 Linux 操作系统提供了丰富的开发工具和库,用于机器人应用的开发和集成。这些工具和库包括编译器、调试器、模拟器、算法库等,能够帮助开发人员进行应用程序的开发、测试和调试。

⑥ 用户界面(User Interface)　机器人嵌入式 Linux 操作系统通常提供一个用户界面,用于操作和监控机器人系统。它是一个命令行界面或图形用户界面,提供各

种配置、控制和显示机器人状态的功能。

总的来说,机器人嵌入式 Linux 操作系统的架构和组成部分涵盖了 Linux 内核、嵌入式应用框架、驱动程序、实时性扩展、开发工具和库,以及用户界面等。这些组件共同构成了机器人嵌入式 Linux 操作系统的基础,为机器人应用的开发和运行提供了必要的支持和功能。除了上述组成部分外,还有以下内容:

⑦ 通信协议和接口　机器人嵌入式 Linux 操作系统支持各种通信协议和接口,以与其他系统和设备进行数据交换和通信,包括网络通信协议(如 TCP/IP、UDP)、串行通信接口(如 UART、SPI、I^2C)以及无线通信(如 Wi-Fi、蓝牙)等。

⑧ 安全和权限管理　机器人嵌入式 Linux 操作系统具备一定的安全性和权限管理机制,以保护机器人系统和数据的安全,包括访问控制、用户认证、加密通信等安全功能,以及对操作系统和应用程序的安全漏洞进行监测和修复。

⑨ 数据存储和管理　机器人嵌入式 Linux 操作系统提供数据存储和管理的功能,包括文件系统的支持,用于存储和管理机器人应用程序的数据和配置文件;数据库的支持,用于存储和检索大量数据。

⑩ 资源管理和功耗优化　机器人嵌入式 Linux 操作系统可以进行资源管理和功耗优化,以提高系统的效率和节约能源,包括任务调度算法、内存管理策略、功耗管理策略等,以确保系统资源的有效利用和最小化功耗。

机器人嵌入式 Linux 操作系统的架构和组成部分考虑到与硬件设备的交互、实时性需求、开发工具和库的支持、通信协议和接口的兼容性、安全性和权限管理、数据存储和管理,以及资源管理和功耗优化等方面。这些组成部分共同构建了一个功能强大、可定制和高效的机器人嵌入式 Linux 操作系统。

5. 优势与局限性

机器人嵌入式 Linux 操作系统具有以下优势:

① 开源生态系统　机器人嵌入式 Linux 操作系统基于开源的 Linux 平台,拥有庞大的开发者社区和丰富的软件资源,使得开发人员可以充分利用开源工具、库和框架来加快开发进程,共享经验和技术,并从社区中获得支持和反馈。

② 灵活性和可定制性　嵌入式 Linux 操作系统具有高度的灵活性和可定制性,允许开发人员根据机器人应用的需求选择和集成所需的软件包和功能。这样,开发人员可以构建出适合特定机器人应用的定制化系统,满足不同应用场景的要求。

③ 强大的开发工具和库支持　机器人嵌入式 Linux 操作系统提供了丰富的开发工具和库,用于机器人应用的开发和集成。这些工具和库可以加速开发过程,提供各种功能和算法支持,如感知、导航、控制等。开发人员可以借助这些工具和库,更容易地实现复杂的机器人功能。

④ 实时性扩展　对于需要实时响应和控制的机器人应用,机器人嵌入式 Linux 操作系统通常提供实时性扩展,如实时内核、实时调度器和实时通信机制,使系统能够满足实时性要求,保证任务的及时执行和响应。

机器人嵌入式 Linux 操作系统具有以下局限性：

① 资源消耗　嵌入式 Linux 操作系统通常需要较高的计算资源和存储空间，这可能给一些资源有限的嵌入式平台带来挑战。特别是在一些低功耗、小型化的机器人应用中，资源消耗可能成为限制因素。

② 实时性限制　虽然嵌入式 Linux 操作系统提供了实时性扩展，但对于某些高度实时的机器人应用，特别是在需要高精度的实时控制和反馈的情况下，仍可能存在实时性限制。在这种情况下，可能需要专用的实时操作系统或实时内核。

③ 安全性考虑　嵌入式 Linux 操作系统面临与其他操作系统相同的安全性挑战。由于其广泛的应用和开源性质，它可能成为潜在的攻击目标。因此，在机器人应用中，需要采取适当的安全措施来保护系统免受恶意攻击和免于数据泄露。

④ 开发和维护成本　尽管嵌入式 Linux 操作系统提供了丰富的软件资源和开发工具，但对于一些初学者或小规模团队来说，学习和掌握 Linux 操作系统的开发和维护可能需要一定的时间和成本。这涉及对操作系统和底层硬件的深入了解，以及解决和调试复杂的问题。

⑤ 集成复杂性　机器人嵌入式 Linux 操作系统需要与各种硬件和软件组件进行集成，如传感器、执行器、通信模块、导航算法等。这种集成过程需要处理不同硬件和软件之间的兼容性问题，编写驱动程序和接口，确保各个组件之间的协同工作。这增加了系统集成的复杂性和挑战。

4.3.3　其他操作系统

1. PLEXIL

PLEXIL 是一个为多个机器人提供集中控制系统的软件框架。它使用高级语言编程和执行机器人任务，并支持各种机器人平台，包括地面机器人、空中机器人和太空机器人。PLEXIL 用于灾难响应、搜索和救援以及环境监测等领域。

2. MOOS

MOOS 是一种专门为海洋机器人应用设计的复合机器人操作系统。它为在水下环境中编程和部署机器人提供了一套工具，并支持一系列机器人平台，包括自主水下航行器、滑翔机和其他类型的水下机器人。MOOS 应用于海洋研究、环境监测和水下勘探等领域。

3. MORSE

MORSE 是一个仿真框架，为开发和测试机器人应用程序提供了虚拟环境。它支持多种机器人平台，包括地面机器人、空中机器人和水下机器人。MORSE 用于研究和开发环境中，在机器人应用程序部署到现实世界环境之前对其进行模拟。

4. OpenRTM

OpenRTM-aist 是一个机器人系统软件平台，基于面向组件的开发。它为每个功能元素创建称为“RT 组件(RTC)”的软件模块，并将 RT 组件连接起来构建机器人系统。RT 组件可以使用 C++、Python、Java 语言进行开发，工作在主流操作系统(Linux / Unix、Windows、Mac OS X)上，也可以使用 Eclipse 工具和命令行工具进行组件开发，还可以使用组件进行系统开发。RT 组件具有用于与其他组件交换数据和命令的称为“端口”的函数，用于统一行为的称为“活动”的基本状态转换，以及可以从外部操作参数的称为“配置”的函数。通过使用这些函数，用户可以轻松创建具有高度独立性和可重用性的模块。通过使用现有的组件，用户可以以最小的工作量构建一个系统。OpenRTM-aist 是基于 CORBA 分布式对象体系结构实现的，强调了网络透明性、操作系统独立性和语言独立性。目前，OpenRTM-aist 提供了 C++、Python 和 Java 语言的实现。

支持：多传感器、移动机器人和机械臂。

官网：https://www.openrtm.org/openrtm/。

5. YARP

类似于 ROS 的通信结构，但没有 ROS 那么庞大，是一个轻量级的分布式框架。它具有跨平台的特性，采用开发语言 C++，依赖的库很少，在 Linux 下只需要必备的几个第三方库，在 Windows 下需额外下载一个库，编译后即可使用。

官网：http://www.yarp.it/latest/。

6. Orocos

Orocos 是一个用于高级机器和机器人控制的便携式 C++库。多年来，Orocos 已经成为一个大型的中间件和机器人软件开发工具项目。该项目的主要部分是实时工具链(RTT)和 Orocos 组件库(OCL)。Orocos Real - Time Toolkit (RTT)：一个组件框架，允许用 C++编写实时组件。Orocos 组件库(OCL)：启动应用程序并在运行时与之交互的必要组件。Orocos Log4cpp (Log4cpp)：Log4cpp 库的一个补丁版本，用于灵活地记录文件、syslog、IDSA 和其他目的地。

主要包含：KDL 运动学库、贝叶斯滤波库、有限状态机库、Instantaneous Task Specification using Constraints (iTaSC)机器人运动规划。

官网：https://orocos.org/。

7. CARMEN

CARMEN 是一个用于移动机器人控制的开源软件集合。CARMEN 是模块化软件，旨在提供导航的基本要素，包括：底盘和传感器控制、日志、避障、定位、路径规划和建图。查看我们的列表，它显示了 CARMEN 内部的核心功能。CARMEN 程序之间的通信使用一个单独的包，称为 IPC。

官网：http://carmen.sourceforge.net/home.html。

这些只是众所周知的复合机器人操作系统的几个例子。在这些系统中，每一个系统都提供了一组独特的工具和功能，并且都非常适合不同类型的应用程序和环境。

随着机器人技术的不断发展,新的和改进的复合机器人操作系统会不断开发出来并广泛使用。

小　结

本章主要讲解了复合机器人的操作系统,其中展开描述了复合机器人操作系统的构成与主要任务、主要功能与特点,并阐述了复合机器人操作系统的核心功能模块如硬件管理、运动控制、感知、交互、协作等,最后讲述目前应用比较广泛的几种典型复合机器人操作系统,特别是ROS操作系统。通过阅读本章,读者能对复合机器人的操作系统有一定的了解,并能使用复合机器人操作系统实现自己想要的功能。

第5章

复合机器人的关键核心算法

随着复合机器人技术的不断发展,它在生产生活中的应用潜力越来越大,能让人们从危险、简单重复的生产作业中解放出来,显著提高人类生活与生产的便捷性,市场前景广阔。本章对复合机器人的地图构建与定位、路径规划、导航、工业视觉及多机协同控制等若干核心技术进行介绍。

5.1 复合机器人的建图与定位

针对复合机器人的建图与定位的研究主要完成的任务是“我在何处”,当机器人处于一个未知的、复杂的、动态变化的环境中时,除了高精度移动底盘稳定、可靠的机械结构设计外,一方面要通过传感器的测量数据进行定位,然后构建增量式地图;另一方面要通过构建的地图来校正位姿,两者相辅相成,是复合机器人实现各种复杂任务的关键。

5.1.1 建 图

地图是对环境的一种知识表达方式,是移动底盘实现自主移动的基础要素,是实现定位和导航规划的前提条件。定位需要通过匹配当前环境感知的实时信息和预存的地图信息来最优估计移动底盘在环境中的位姿。导航规划是根据地图中移动底盘的运动目标点的位置,根据障碍物的信息规划出移动底盘从起点到目标点的可行路径轨迹。

1. 地图的表示

地图的表示方法直接影响定位和导航规划方法的可行性、高效性和精确性。同时,地图表示方法也受导航传感器所能获得的数据类型的影响,这也对使用导航传感器数据构建相应地图的方法提出了要求和约束。在实际应用中,要综合考虑地图表示方法的适用性、精度匹配性、计算复杂性和导航传感器的适配性等因素。

构建的地图根据表示的信息种类可分为稀疏地图、稠密地图和语义地图。常见的地图模型可以分为栅格地图、拓扑地图和特征地图。

栅格地图按照设定好的尺度将空间离散化成许多大小相同的网格，每个网格存储维护对应环境中的一块区域，根据传感器获得的环境信息测量值计算网格的占有率，并赋予其相应的灰度值，以表示当前网格的状态（可通行、有障碍物、未知环境）。栅格地图易于创建和保存，且能够准确地反应环境信息。网格大小影响着机器人构建地图的精度和定位效果。目前常用的避障算法和路径规划算法都能完善地支持栅格地图，方便机器人导航。但它也存在一定的不足，对于一个大型场景，会占用更大的内存空间，会降低机器人对地图的处理能力。栅格地图模型如图 5.1 所示。

图 5.1　栅格地图

特征地图就是把抽象的几何特征提取出来，将环境信息用点线面直观地表示出来，从而生成环境地图。这种表示方法的运算量和数据存储相对较小，构建出来的地图简洁明了。但是特征地图只适用于室内结构化环境，对于复杂的非结构化环境，环境特征较少，很难提取特征，这会导致较差的位姿估计，简单的几何特征不能有效地表示出环境中的细节（障碍物的位置信息），需要其他传感器的辅助（超声波、毫米波）才能完成机器人的导航任务。特征地图模型如图 5.2 所示。

拓扑地图是根据一种拓扑图的数据结构而来的，它把环境中那些有形状特征的物体如垃圾桶、板凳、桌子等抽象为一个点，用点和点的连线表示环境中对应物体间的相互关系（走廊）。拓扑地图的优点是非常紧凑，占用空间相对较少，能够快速、有效地进行机器人路径规划。但是，它有一定的局限性，地图中只有点和线，比较抽象，很难对其开发和维护；它的识别度不高，对视角敏感，很难识别不同视角下的同一物体，机器人容易迷失，不能构建全局一致的地图。如图 5.3 所示为拓扑地图模型。

不同的地图表示形式具有不同的特点和优势，在实际运用时，须根据工作环境与应用需求选择合适的地图表示方法。近年来，提出了语义地图的概念，它以“语义地图连续性假说”为其主要设想，将环境语义信息融入地图中，不仅为类型学研究提供了一种有效的表达方式，而且使跨语言研究中所涉及的功能和形式上的差异得以清

图 5.2　特征地图

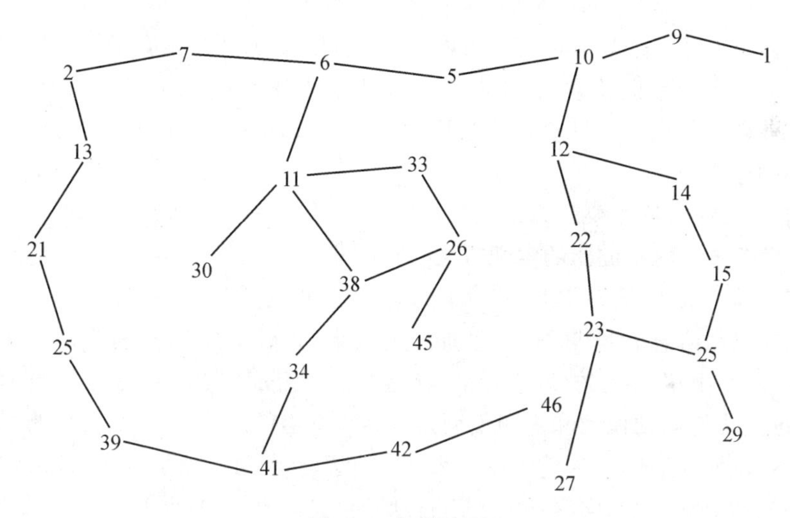

图 5.3　拓扑地图

楚地展现，同时也提出了“概念空间”为人类所共有的观点，从而进一步推动了对于人类语言共性的发掘与研究。随着深度学习的发展，地图语义标注的准确度得到了极大的提升，目前关于利用地图的语义信息提高定位、建图、导航等应用模块的性能方面的研究越来越受到关注。

2. 地图构建概述

目前建图效果最好的图优化理论方法，将复合机器人的位姿和观测到的环境中的特征点作为 SLAM 系统的一个状态，每一个状态都是图模型中的一个节点，每个节点之间都存在一定的约束，最后通过最大后验估计器，估计所有时刻移动机器人移动底盘的位姿。

移动底盘的 SLAM 系统通常包含两部分，前端和后端。前端提取特征匹配，后端求解轨迹，从而解决从传感器原始数据到定位和建图的问题，如图5.4所示。

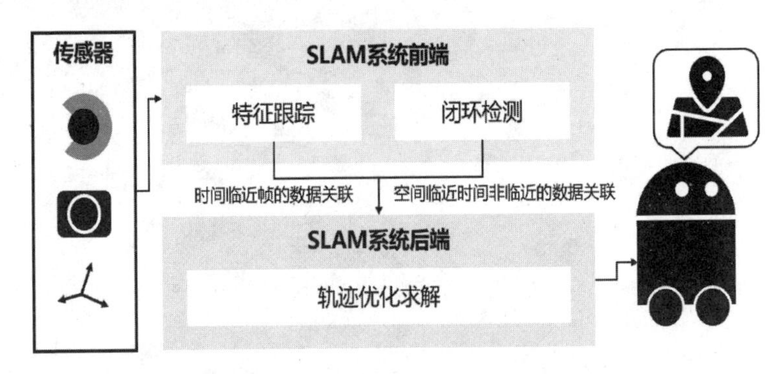

图5.4 移动底盘的SLAM系统

前端的任务是解决匹配问题，它包括两部分：一是解决时间上邻近帧之间的特征匹配，即解决里程估计中的特征跟踪问题；二是解决空间上邻近但时间上非邻近的移动机器人回访问题，也是闭环检测问题。通过前端的处理将环境感知传感器的原始数据解析为一系列数据关联，其中包括移动机器人底盘位姿与特征间的关联信息。后端的任务就是根据前端计算出的数据关联求解移动机器人底盘的轨迹，并同时进行地图的构建。

目前SLAM方法主要有以下几类：

(1) 基于卡尔曼滤波器的实现方法

从统计学的观点看，SLAM是一个滤波问题，也就是根据系统的初始状态和从0到t时刻的观测信息和控制信息（里程计的读数）估计系统的当前状态。在SLAM中，系统的状态由机器人的位姿r和地图信息m组成（包含各特征标志的位置信息）。假设系统的运动模型和观测模型是带高斯噪声的线性模型，即系统服从高斯分布，则SLAM可以采用卡尔曼滤波器来实现。基于卡尔曼滤波器的SLAM包括系统状态预测和更新两步，同时还需要进行地图信息的管理，如新特征标志的加入与特征标志的删除等。

卡尔曼滤波器假设系统是线性系统，但在实际中机器人的运动模型与观测模型是非线性的，因此通常采用扩展卡尔曼滤波器EKF(Extended Kalman Filter)。扩展卡尔曼滤波器通过一阶泰勒展开来近似表示非线性模型。另一种适用于非线性模型的卡尔曼滤波器是UKF(Unscented Kalman Filter)采用条件高斯分布来近似后验概率分布。与EKF相比，UKF的线性化精度更高，而且不需要计算雅可比矩阵。

卡尔曼滤波器已经成为实现SLAM的基本方法。其协方差矩阵包含了机器人的位置和地图的不确定信息。当机器人连续观测环境中的特征标志时，协方差矩阵的任何子矩阵的行列式都呈单调递减。从理论上讲，当观测次数趋于无穷时，每个特征标志的协方差都只与机器人起始位置的协方差有关。卡尔曼滤波器的时间复杂度

是 $O(n^3)$，由于每一时刻机器人只能观测到少数的几个特征标志，基于卡尔曼滤波器的 SLAM 的时间复杂度可以优化为 $O(n^3)$，n 表示地图中的特征标志数。

(2) 局部子地图法

局部子地图法从空间的角度将 SLAM 分解为一些较小的子问题。子地图法中主要需考虑以下几个问题：

① 如何划分子地图；

② 如何表示子地图间的相互关系；

③ 如何将子地图的信息传递给全局地图以及能否保证全局地图的一致性。

最简单的局部子地图方法是不考虑各子地图之间的相互关系，将全局地图划分为包括固定特征标志数的独立子地图，在各子地图中分别实现 SLAM，这种方法的时间复杂度为 $O(1)$。但是，由于丢失了表示不同子地图之间相关关系的有用信息，这种方法不能保证地图的全局一致性。

对此，Leonard 等人提出了 DSM(Decoupled Stochastic Mapping)方法，DSM 中各子地图分别保存自己的机器人位置估计，当机器人从一个子地图 A 进入另一个子地图 B 时，采用基于 EKF 的方法将子地图 A 中的信息传送给子地图 B；B. Williams 等人提出了一种基于 CLSF(Constrained Local Submap Filter)的 SLAM 方法，CLSF 在地图中创建全局坐标已知的子地图，机器人前进过程中只利用观测信息更新机器人和局部子地图中的特征标志的位置，并且按一定的时间间隔把局部子地图信息传送给全局地图。

虽然实验表明这两种算法都具有很好的性能，但是都没有从理论上证明它们能够保持地图的一致性。J. Guivant 等人提出了一种没有任何信息丢失的 SLAM 优化算法 CEKF(Compressed Extended Kalman Filter)。

CEKF 将已经观测到的特征标志分为 A 与 B 部分，A 表示与机器人当前位置相邻的区域，称为活动子地图。当机器人在活动子地图 A 中运动时，利用观测信息实时更新机器人的位置与子地图 A，并采用递归的方法记录观测信息对子地图 B 的影响；当机器人离开活动子地图 A 时，将观测信息无损失地传送给子地图 B，一次性地实现子地图 B 的更新，同时创建新的活动子地图。

(3) 去相关法

降低 SLAM 复杂度的另一种方法是将表示相关关系的协方差矩阵中一些取值较小的元素忽略掉，使其变为一个稀疏矩阵。然而，这也会因信息的丢失而使地图失去一致性。但是，如果能改变协方差矩阵的表示方式，使其中的很多元素接近于零或等于零，那么就可以将其安全地忽略了。基于扩展信息滤波器 EIF(Extended Information Filter)的 SLAM 就是基于这一思想。

EIF 和 EKF 都是基于信息的表达形式，它们的区别在于表示信息的形式不一样。EIF 采用协方差矩阵的逆矩阵来表征 SLAM 中的不确定信息，并称之为信息矩阵。两个不相关的信息矩阵的融合可以简单地表示为两个矩阵相加。信息矩阵中每个非对角线上的元素表示机器人与特征标志之间或特征标志与特征标志之间的一种约束关系，这些约束关系可以通过系统状态的信息关系进行局部更新。这种局部更新使得信息矩阵近似于稀疏矩阵，对其进行稀疏化产生的误差很小。

根据这一点，S. Thrun 等人提出了一种基于稀疏信息滤波器 SEIF（Sparse Extended Information Filter）的 SLAM 方法，并证明利用稀疏的信息矩阵实现 SLAM 的时间复杂度是 $O(1)$。虽然 SEIF 可以有效降低 SLAM 的时间复杂度，但是在地图信息的表示和管理方面还存在一些问题。首先，在常数时间内只能近似算得系统状态的均值；其次，在基于 SEIF 的 SLAM 方法中，特征标志的增删不方便。

(4) 分解法(FastSLAM)

M. Montemerlo 等人提出了一种基于粒子滤波器(particle filter) FastSLAM 方法。FastSLAM 将 SLAM 分解为机器人定位和特征标志的位置估计两个过程。粒子滤波器中的每个粒子代表机器人的一条可能运动路径，利用观测信息计算每个粒子的权重，以评价每条路径的好坏。对于每个粒子来说，机器人的运动路径都是确定的，因此特征标志之间相互独立，特征标志的观测信息只与机器人的位姿有关，每个粒子都可以采用 n 个卡尔曼滤波器分别估计地图中 n 个特征的位置。假设需要 k 个粒子实现 SLAM、FastSLAM，总共有 kn 个卡尔曼滤波器。FastSLAM 的时间复杂度为 $O(kn)$，利用树形的数据结构进行优化，其时间复杂度可达到 $O(k\log n)$。FastSLAM 方法的另一个主要优点是采用粒子滤波器估计机器人的位姿，可以很好地表示机器人的非线性、非高斯运动模型。

此外，为了使地图与实际场景更加一致，在建图的过程中，需增加全局特征信息建立约束关系，如在较大的场景中，在指定位置的地面贴二维码或增加反光板的标识来作为全局特征。上述方法主要是针对移动机器人的周围环境变化不大的情况下的建图方法，而在实际应用过程中，地图内的局部环境经常会发生变化，为了应对这种变化，复合机器人需要不断地更新地图，以确保准确定位。

5.1.2 精确定位

针对已构建好的地图进行精确定位的技术是实现移动底盘运动规划的前提。定位问题是以最初及运行期间可供使用信息的类型为特征的。随着难度的增大，定位问题分为三种类型。

一是位置追踪。该问题假定移动机器人初始位姿已知，通过适应移动机器人运动噪声来完成定位。位置跟踪问题是一个局部问题，因为不确定性是局部的，并且局限于移动机器人真实位姿附近的区域。

二是全局定位。该问题认为移动机器人初始位姿未知。全局定位比位置追踪更困难，它包括了位置追踪。

三是机器人绑架问题。该问题是全局定位问题的一个变种，但是它更加困难。在运行过程中机器人被绑架，瞬间移动到其他位置。绑架机器人问题比全局定位问题更困难,因为机器人首先要判断自己是否被绑架了,再进行全局定位。

1. 常用定位技术的性能比较

目前常用的定位方法主要有扩展卡尔曼滤波(EKF)、多假设技术(MHT)、自适应蒙特卡罗定位(AMCL)等。对于激光感知数据来说,也可以将计算激光里程计中的激光点云帧间匹配的方法如 PL－ICP 应用于移动机器人的定位计算上。对于有限不确定性和具有鲜明特征的环境,尤其是基于特征的地图,都可采用扩展卡尔曼滤波的定位方法,所采用的高斯滤波的方法能很好地适用于局部位置跟踪问题。但扩展卡尔曼滤波和无迹卡尔曼滤波,都不太适用于全局定位或大多数物体看起来相像的环境中的定位问题。

主要常用定位技术的性能参数比较,如表 5.1 所列。

表 5.1　常用定位技术性能参数比较

性能 \ 名称	扩展卡尔曼滤波(EKF)	多假设技术(MHT)	粗糙(拓扑)栅格	精细(度量)栅格	自适应蒙特卡罗定位(AMCL)
测量	地标	地标	地标	原始测量	原始测量
测量噪声	高斯	高斯	任意	任意	任意
后验	高斯	混合高斯	直方图	直方图	粒子
效率(内存)	＋＋	＋＋	＋	－	＋
效率(时间)	＋＋	＋	＋	－	＋
实现的简便性	＋	－	＋	－	＋＋
分辨率	＋＋	＋＋	－	＋	＋
鲁棒性	－	＋	＋	＋＋	＋＋
全局定位	否	是	是	是	是

2. 自适应蒙特卡罗定位方法

采用自适应蒙特卡罗定位方法,除了能进行位置追踪定位外,还能解决全局定位和某些情况下的机器人绑架问题,并能解决一些动态环境中的定位问题。蒙特卡罗粒子滤波定位方法的主要步骤如下:给定样本集;通过运动产生新的样本集;通过观测对样本集加权;如果粒子匮乏,则重采样,否则忽略;进行迭代。相比于卡尔曼滤波,自适应蒙特卡罗定位方法具有一定的优势,无须高斯分布假设,可解决全局定位问题和某些情况下的机器人绑架问题;无须非线性模型线性化;样本数决定性能,通过控制器的算力达到与定位性能之间的平衡。

蒙特卡罗定位方法使用粒子表达后验精确地计算,花费的平衡点根据设定的粒子集合大小确定,通过增加随机粒子,也能解决机器人绑架问题。通过随时间调节样本集合的大小,自适应蒙特卡罗定位方法中的库尔贝克-莱布勒散度(KLD)采样提高了粒子滤波的效率。它能随时间改变粒子数，KLD 采样的思想基础是基于采样的近似质量的统计界限来确定粒子数。具体来说，对于每次粒子滤波迭代，KLD 采样都以概率 $1-\delta$ 确定样本数，使得真实的后验与基于采样的近似之间的误差小于 ε。此外，通过对传感器数据进行滤波和舍弃那些极有可能对应未建模物体的数据，能够适应未建模环境的动态情况。应用激光导航雷达时，倾向于舍弃“极短”的测量值。

3. 组合式精确定位方法

当目标是实现在多场景下移动底盘的高精度实时定位功能时，可设计高精度定位算法包。一种通用的高精度定位算法包如图 5.5 所示，每种方法都提供了更加准确的移动底盘定位估计，只要移动底盘在平面上运行，且初始环境构建的地图是栅格地图就满足要求。第一步是采用鲁棒性高的自适应蒙特卡罗（AMCL）粒子滤波定位方法，使用激光导航雷达和轮式编码里程计的信息进行定位，输出移动机器人的位姿估计，并以此作为初值，再采用 PL - ICP 的激光点云匹配算法对当前检测激光帧与参考激光帧进行高精度匹配，从而提供比较精确的移动机器人底盘位姿估计。第二步，位姿估计的小的跳动变化通过离散傅里叶变换的方法进行过滤。第三步，将高精度的位姿估计反馈到 AMCL 的定位功能包中，实现闭环的位姿计算。

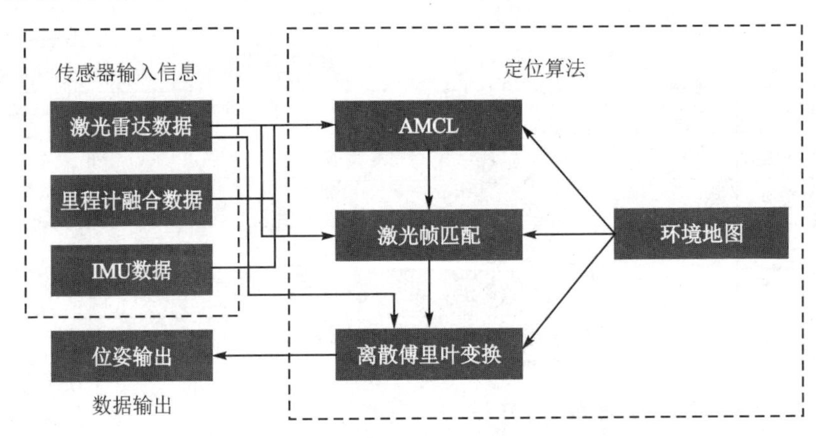

图 5.5 组合式高精度定位算法包流程图

关于自适应蒙特卡罗（AMCL）粒子滤波定位方法已经说明。下面介绍采用 PL - ICP 激光点云配准算法进行定位计算的过程。PL - ICP 激光点云配准算法是采用点与线匹配的方法进行激光点云配准。此算法使用当前激光雷达观测的点云与预先存储好的参考点云进行配准，从而计算出当前激光雷达距离参考位置的偏差，即可估计出当前激光雷达的精确位姿。

经过 PL - ICP 激光点云配准算法输出的移动机器人的位姿具有精确的角度信息，提高了定位的精度，但在 x 轴和 y 轴上依旧有较小的偏差。使用离散傅里叶变换模块在进一步缩小误差的同时过滤由于异常测量噪声带来的系统误差，提高了定位的稳定性和鲁棒性。离散傅里叶变换模块输入使用两个点云数据，第一个点云数据是激光导航雷达观测的点云，第二个点云数据是通过栅格地图和移动机器人位置获得的虚拟激光测量点云，并通过离散傅里叶变换可以计算出移动机器人从估计位置到真实位置处的位置偏差，根据这个位置偏差设定一定的阈值，可以滤除异常值，提升定位的稳定性，减小位姿数据的波动。

5.2　复合机器人的路径规划

路径规划主要解决移动机器人“去哪儿和如何去”的问题，是机器人技术中另一个重要的研究领域。复合机器人的路径规划要解决的问题主要分为3个方面：

① 复合机器人能从起始位置到达目标位置。

② 复合机器人可以进行障碍物躲避，并且路径包含了必须经过的位置点。

③ 在预设的指标下优化路径。

路径规划算法的研究最早开始于20世纪70年代，自80年代起，启发式和近似的方法被广泛应用于路径规划中。自90年代起，各种智能算法广泛应用于路径规划问题，使得路径规划水平显著提高。路径规划算法可根据应用背景不同分为复合机器人的全局路径规划、局部路径规划和现代智能路径规划3种。

5.2.1　全局路径规划

全局规划方法依照已获取的环境信息，给机器人规划出一条路径。规划路径的精确度取决于获取环境信息的准确度。全局方法通常可以寻找最优解，但是需要预先知道环境的准确信息，并且计算量很大。以下将介绍一些常用的全局路径规划算法。

1. 基于A*算法的路径规划

A*算法是一种常用的路径规划算法，收敛速度快，鲁棒性较强。A*算法最早发表于1968年，由Stanford研究院的Peter Hart、Nils Nilsson以及Bertram Raphael发表，它可以算作Dijkstra算法的扩展，借助启发函数的引导，A*算法通常拥有更强的性能。A*算法的流程如图5.6所示。其中，open表和close表分别存放算法还未遍历的节点和已遍历的节点。

A*算法中单个节点的综合优先级由

$$f(n)=g(n)+h(n)$$

决定。其中，$f(n)$是节点n的综合优先级；$g(n)$是节点n距离起点的代价；$h(n)$是节点n距离终点的预计代价。由$h(n)$值的变化可知，启发函数的调节可以改变算法的性能。

在实际问题中，算法的收敛速度可能是首要标准，路径的长度则是次要标准。可见，A*算法运用较灵活，这是A*算法的主要优点，但也存在目标不可达、实时性差等

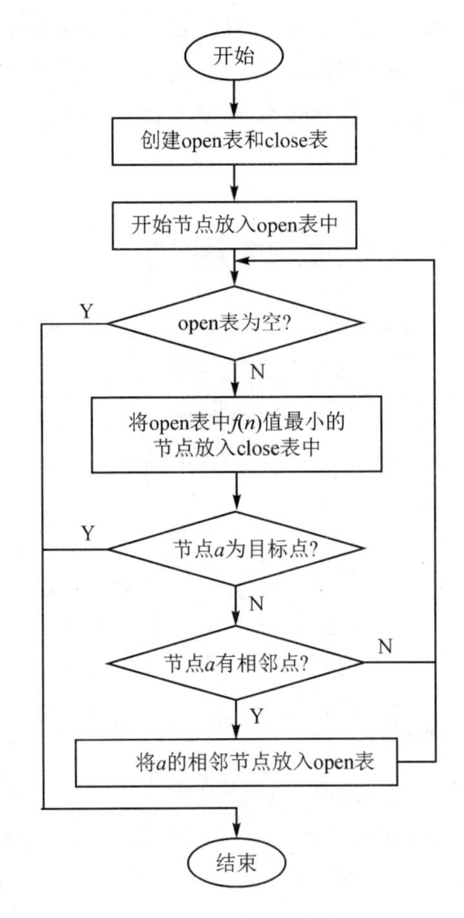

图 5.6 A*算法流程图

缺陷。近年来,针对 A*算法在路径规划问题上的应用,学者们提出了不同看法。针对 A*算法的改进,主要解决了算法在搜索速度和复杂环境中目标可达性的问题,切实改善了 A*算法在路径规划上的实际应用效果。

2. 基于禁忌搜索算法的路径规划

禁忌搜索算法 TS(Tabu Search)是美国科学家 Glover 等于 1986 年提出的一种优化算法,具有全局逐步寻优的能力,可很好地应用于机器人的路径规划问题。禁忌搜索算法是局部搜索算法的优化与发展,是一种基于贪婪思想的邻域搜索算法,其最大的缺点就是容易陷入局部最优。为了解决这一问题,科学家们引入禁忌表,形成了禁忌搜索算法,使其具有了较强的全局搜索寻优能力。当应用于路径规划问题时,禁忌表主要是用来存放已经搜索过的路径点,表中的内容是动态更新的,表的长度称为禁忌长度。在之后的搜索中,禁忌表中已有的路径点将直接跳过,从而使得算法具有全局搜索的特性。

禁忌搜索算法主要由禁忌表、禁忌长度、特赦准则、代价函数和停止规则等部分组成。禁忌搜索算法应用于路径规划问题的流程如图 5.7 所示。

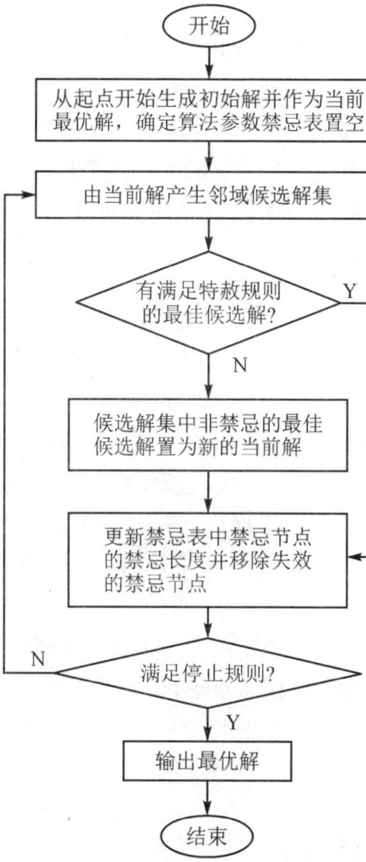

开始
从起点开始生成初始解并作为当前最优解，确定算法参数禁忌表置空
由当前解产生邻域候选解集
有满足特赦规则的最佳候选解?
Y
该候选解作为新的当前最优解
N
候选解集中非禁忌的最佳候选解置为新的当前解
更新禁忌表中禁忌节点的禁忌长度并移除失效的禁忌节点
满足停止规则?
N
Y
输出最优解
结束

图 5.7　禁忌算法流程图

禁忌搜索算法的主要思想有以下 3 点：

① 在进行邻域搜索时尽量避免循环行为的产生；

② 通过禁忌表实现只进不退，即跳过搜索过的路径点；

③ 算法旨在寻找全局最优解，要在局部最优解的基础上获取更大的搜索区域，实现全局寻优。

禁忌搜索算法在搜索过程中可以接受劣解，具有较强的"爬山"能力，可以跳出局部最优解，转向解空间的其他区域，从而提高获得更好的全局最优解的概率，是具有较强搜索能力的全局迭代寻优算法。在这些优点之外，禁忌搜索算法也存在容易陷入死锁等问题。为了禁忌搜索算法在机器人路径规划问题上的进一步应用，研究者做了许多优化与改进。禁忌搜索算法与其他算法相结合后，求解的路径在长度和平滑度等方面有了明显提升。当结合适当的环境建模方法，在更加简洁的地图上进行路径规划时，禁忌搜索算法的死锁率也相应降低，效率提高，有了更显著的优越性。

5.2.2 局部路径规划

局部规划方法侧重于考虑机器人当前的局部环境信息，让机器人具有良好的避碰能力。很多机器人导航方法通常是局部的方法，因为它仅仅依靠传感器系统获取信息，并随着环境的变化实时地发生变化。与全局规划方法相比，局部规划方法更具有实时性和实用性。缺陷是仅仅依靠局部信息，有时会产生局部极点，无法保证机器人顺利到达目的地。下面介绍一些常用的局部路径规划算法。

1. 基于人工势场法的路径规划

1986 年，Khatib 首先提出人工势场算法并应用于机器人路径规划领域。人工势场法的本质是将机器人在规定区域内的运动类比于在虚拟力场中的合力运动，即障碍物对机器人产生使其远离当前位置的斥力，目标点对机器人产生使其靠近目标位置的吸力，机器人在虚拟力场的合力方向指引下快速逼近目标点位置。人工势场法具有结构简洁明了、生成路径平滑易操作以及算法运行稳定的特点，颇受路径规划算法研究人员的青睐。人工势场法的收敛速度较快，得出的路径具有较高的可达性，非常适合对路径生成实时性和安全性要求较高的规划任务，得到的规划路径也是最平滑、最安全的。

为了方便建立模型，可将机器人和目标点等效为质点，将障碍物等效为圆，建立二维势场模型，如图 5.8 所示。机器人从起点开始，根据合力方向确定下一个节点，直至目标点。由此得到的一系列路径点在整合之后就是可行路径。由于人工势场法是把所有环境信息转变为虚拟力场的斥力与引力，忽略了障碍物的分布特点，仅通过最后的合力指向机器人的下一个运动节点，在复杂的现实环境中可能发生目标不可达现象，这是人工势场法不能忽略的问题。

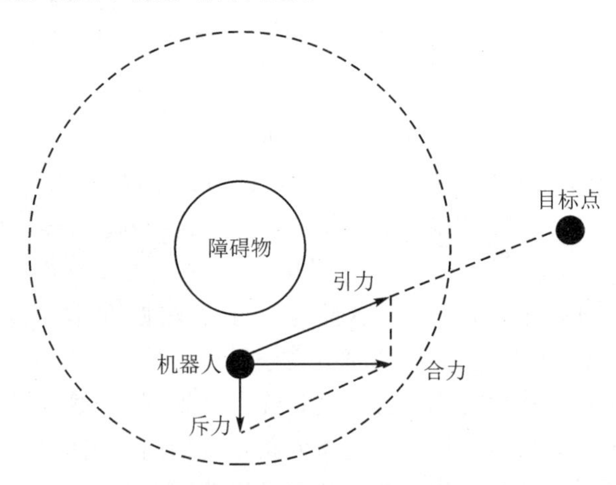

图 5.8 人工势场模型中机器人受力示意图

针对人工势场法存在的问题，众多学者从不同方面提出了许多改进的策略。通过优化斥力场函数等方法有效地解决了算法容易陷入局部最小值和障碍物附近目标不可达问题，提高了机器人的避障率，保障了算法在路径规划中的目标可达性。

2. 基于 D* 算法的路径规划

在 A*算法的基础上，Stentz 提出了一种动态路径规划算法，即 D* 算法，适用于动态环境下的路径规划。算法中 open、close 和 new 3 个列表分别用来存储未经访问的节点的路径代价、已经访问的节点的路径代价以及待更新节点的路径代价，并用 A、B、C 来表示。

在运用 D* 算法进行路径规划的过程中，一旦机器人遭遇障碍物，即意味着需要重新探寻可行路径以实现避障。此时，该算法能够高效地从包含路径点信息的列表中检索出当前位置及已规划路径的详细信息，进而迅速确定一条新的可行路径，确保目标依然可达。D* 算法凭借其卓越的实时性能，在复杂环境中的动态路径规划方面展现出显著优势。然而，D* 算法的一个主要缺陷在于，它通常在广阔的空间范围内搜索可行的路径点，这导致算法的收敛速度不尽如人意。

为了解决 D* 算法存在的问题，研究者结合其他算法对 D* 算法进行优化。通过改进算法结构并结合其他算法，使 D* 算法在路径规划上的收敛速度、实时性和避障能力有了明显提高，从而在实际环境中的应用范围不断拓宽。

5.2.3 智能仿生路径规划

智能仿生算法是一类模拟自然生物进化或者群体社会行为的随机搜索方法，由于其求解时不依赖梯度信息，故而广泛应用于路径规划等实际问题。智能仿生算法主要包括蚁群算法、遗传算法以及粒子群算法等。下面介绍一些常用的仿生智能路径规划算法。

1. 基于蚁群算法的路径规划

蚁群算法（ant colony optimization）首次出现于意大利学者 Marco Dorigo 于1992 年发表的博士论文中，其算法源于自然界中的蚂蚁因觅食需要而寻找前往食物源的最优路径的行为。算法具有的创新性和正反馈机制优势使其广泛应用于路径规划问题，同时，算法具有较强的鲁棒性，输出不易受外部扰动的影响。

由以往的研究成果可知，蚂蚁在外出觅食途中，更倾向于选择信息素浓度较高的路径，由此形成了一种正反馈机制，这条路径也就演变成了蚂蚁前往食物源的最优解路径。蚁群算法流程图如图 5.9 所示。蚁群算法的两个关键过程为状态转移和信息素更新。

蚁群算法最早在旅行商问题中得到应用，并逐渐在其他领域得到广泛的实践与改良。在机器人路径规划、交通拥堵状况下的车辆动态路径规划及公众场所人群疏散等多个领域，都取得了令人满意的结果。蚁群算法应用于机器人路径规划，分为初始化、构建解和信息素更新三部分。蚁群算法可以与其他算法进行有机结合，从而优化其收敛速度慢和容易陷入局部最优解问题。蚁群算法通过与其他算法的结合,较好地解决了算法在实际环境中进行路径规划时存在的死锁现象、收敛速度慢和局部极值问题,使得算法的可信赖程度大大提高。

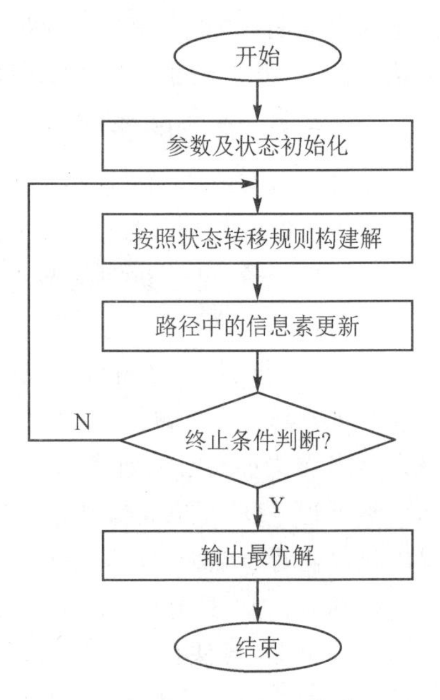

图 5.9 蚁群算法流程图

2. 基于遗传算法的路径规划

遗传算法(Genetic Algorithm)最早是由美国的 John holland 于 20 世纪 70 年代提出的,是根据自然界中的生物进化规律,模拟其自然进化过程而搜索最优解的一种算法,是一种基于自然选择和自然遗传的全局优化算法。在进化过程中,遗传算法主要进行选择、交叉、变异三种操作,经过编码的一个字符串对应一个可行解,遗传算法的操作主要是针对多个可行解组成的群体进行。下面将分别对三种遗传操作进行介绍。

① 选择:将父代个体的信息不做改变地复制传递给子代。每个个体对当前环境的适应度存在差异,在复制过程中,适应度值越高的个体被选中复制的概率越大,这一原则体现了自然界的优胜劣汰法则,使得群体中优秀个体的占比日益提高。随着迭代的进行,适应度值越高的路径越容易被保存,整体路径不断优化。

② 交叉:主要是同一代不同个体间的部分基因进行交换,产生不同基因组合的新个体。它有别于选择操作的单纯复制,在择优的基础上进一步催生更加优秀的个体。在应用于路径规划问题时,这有利于产生新的路径,在面对复杂环境或动态障碍物时能有更多选择。在进行交叉操作之前,要确定交叉概率 P_c,之后随机生成概率 P_i,$P_i \in (0,1)$,如果 $P_i < P_c$,则在交叉操作中采用单点交叉的方式进行后续的交叉处理。

③ 变异:能够使个体的基因型发生突变,进而产生更加多样化的基因组合。相比之下,选择和交叉这两种操作主要在小范围内探索最优解,而变异操作则通过增加基因型的种类,极大地丰富了排列组合的可能性,从而进一步拓宽了算法寻找最优解的范围。应用于路径规划时,变异操作可增删某个路径点或者移动该路径点,从而获得避开障碍物的新路径,但是变异操作具有一定的不确定性,所获得路径的适应度值有提高或降低的可能。在进行变异操作之前,同样要先确定变异概率 P_v,之后随机生成概率 P_j,$P_j \in (0,1)$,如果 $P_j < P_v$,则允许进行后续的变异处理。

因此,遗传算法有着不易陷入局部最小值的优点,且具有良好的收敛性和全局寻优能力,算法适用于求解各种复杂的实际工程问题,具有较强的鲁棒性,可以广泛应用于各种工程问题。其中,应用于移动机器人路径规划的遗传算法,有着优异的表现。遗传算法应用于路径规划问题的流程如图 5.10 所示。

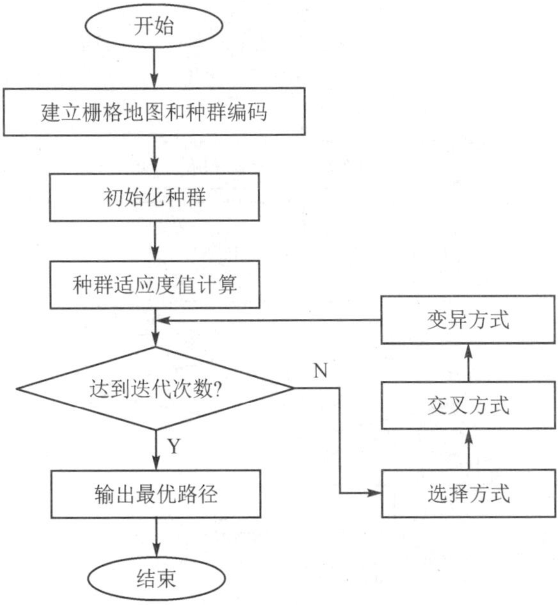

图 5.10　遗传算法流程图

然而,遗传算法局部搜索能力较差,易早熟和易陷入局部最优的缺陷促使大量学者对遗传算法进行优化与改进。针对遗传算法,通过以新的机制代替原有的选择算子或结合自适应算法改变遗传操作中的交叉概率和变异概率,弥补其局部搜索能力较差,以及易早熟和易陷入局部最优的缺陷,进一步增强了算法的鲁棒性和扩展性。

3. 基于粒子群优化算法的路径规划

粒子群算法是 1995 年由美国的心理学家 Kenndy 和电气工程师 Eberhart 首次提出来的一种集群优化算法。粒子群优化算法起源于对自然界中鸟群、鱼群觅食行为的研究,并通过模拟群觅食行为中的相互合作机制寻求问题的最优解。

算法首先初始化分布在解空间中的粒子,然后粒子经过迭代寻找到全局最优解。在迭代过程中,粒子依据两个极值来更新自身的速度和位置,一是粒子个体极值(pbest),二是解空间中的群体极值(gbest)。每个粒子都时刻更新速度,以求搜索到全局最优解。

粒子群算法具有结构简单、参数简洁以及容易实现等优点,广泛用于解决路径规划等问题。粒子群算法用于机器人路径规划问题的流程如图 5.11 所示。其中,每个粒子代表一条可行路径,粒子的维度分量则对应该路径上各节点与起始点至目标点连线的距离。

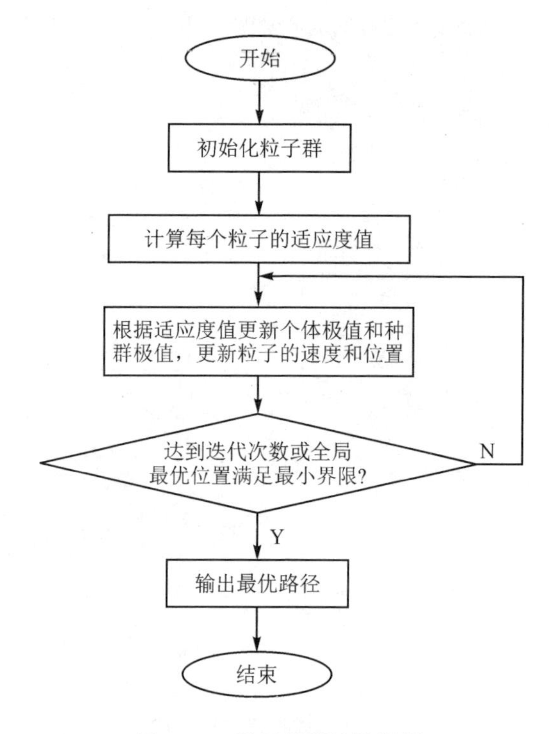

图 5.11 粒子群算法流程图

粒子群算法虽然在路径规划问题上得到广泛应用，但其本身也存在如下缺点：① 比较容易陷入局部最优解；② 收敛速度随着迭代次数和搜索范围的增加而变慢，甚至最终停滞；③ 开始时的参数设定多是依据经验，具有一定的不确定性。

为了提高粒子群算法在求解路径规划问题上的可靠性，研究者提出了许多优化方案。粒子群算法结合其他策略对位置更新方式的改进，极大地提高了算法的全局搜索能力和收敛速度。算法经过特定函数对参数的调整，具有了更强的局部搜索能力，鲁棒性和灵活性有了明显提升。

5.3 复合机器人的导航

复合机器人的导航问题是机器人通过传感器感知环境和自身状态，实现在有障碍物的环境中面向目标的自主运动。它是能够体现出现代移动机器人的自动化、智能化的关键一环。

在研究测试中，一个完整的复合机器人应该具有以下素质：在没有外在人力的影响下，把它置于一个复杂的、变化的、非结构的未知环境中，经过对周围环境感知，能够达到预期目的，在这种情况下，应尽量缩短时间或降低能量的消耗。而正是因为有了这种导航装置，才使得移动机器人在行走过程中不会迷失方向，不会与其他障碍物相碰撞，最后能顺利到达目的地。

根据不同的环境选择合适的导航方式，通常要考虑是室内还是室外环境、是结构化还是非结构化环境、已知还是未知环境。已知环境的导航比较简单。目前，通常所研究的导航是在未知环境中，至少是部分未知环境中的导航。其实，在未知环境中，移动机器人的定位、建图、导航是一个不断循环刷新的过程。随着机器人的运动，得到新的定位信息，从而对地图进行修订更新，然后进行新的导航控制。

5.3.1　导航形式

移动机器人的导航形式很多，包括磁导航、惯性导航、卫星导航、路标导航、视觉导航等。

① 磁导航，是目前所知自动导引车 AGV 的主要导航形式。这种导航形式要在 AGV 运行的路径上，开出深度为 11 mm 左右，宽 6 mm 左右的沟槽，并在其中埋入相应的导线，在导线上通以 5～25 kHz 的交变电流，这会使导线的周围产生磁场；将两个磁传感器安装在 AGV 左右对称的两个位置上，这两个磁传感器是用来检测磁场的强度和引导车辆沿着规定的路线行驶。现在这种导航形式在 AGV 中的应用已经非常广泛，并且其技术也已经十分成熟，可靠性非常高，但其成本也高。由于其传感器的发射和安装反射装置的过程非常复杂，而且其位置的确定也很困难，所以使得它的维护和改造变得很艰难。而 AGV 相对来说又缺乏相应的柔性，一旦在固定的路线上放一个物体，它就没法自动完成简单的避障动作。

② 惯性导航，它是通过描述机器人的方位角和根据从某一参考点出发测定的行驶距离来确定当前位置的一种导航形式。这种导航形式是通过与已知的地图路线来比较，进而控制移动机器人的运动方向和距离，从而使机器人实现自主导航。陀螺仪是移动机器人的一种非常重要的工具，在进行分析测试时，可以用其来补偿传感器所产生的位置误差，这种导航系统的优点是其不需要外部的参考，但由于随时间的积累，在对其进行积分之后，就算是一个很小的常数，它的误差也将无限增大。因此，惯性导航对于长时间的精确定位是不合适的。

③ 卫星导航，最开始应用于军事领域，通过给机器人安装卫星信号接收系统，利用全球导航卫星系统提供的位置、速度、时间等信息来完成导航。之后，民用卫星导航的精度逐渐得到提高，而卫星导航不受地形、环境等的影响，可提供全球性的导航，因此卫星导航的应用范围较广，但导航精度不高。由于卫星探测并不能穿透建筑物，卫星导航无法进行室内导航，通常需要其他方式协助。

④ 路标导航，路标就是复合机器人从其内部传感器输入信息，并且所能识别出的特殊环境的标志，它本身具有固定的位置。这种路标可以是数学中的几何形状，如：三角形、圆形和锥形等。按照路标类型的不同，可分为人为路标导航和自然路标导航。人为路标导航是通过事先做好标记，给安装在环境中专用的机器人进行导航设计，这种导航形式比较容易实现，价格低廉，而且还能提供额外的信息；其主要缺点

是需要人为地改变机器人行走的环境。自然路标导航是机器人不对原有的环境进行改变,而是通过对周围的环境进行自然特征的识别来实现导航,这种导航形式灵活且不改变工作环境。但值得注意的是,路标要经过认真选择,使其容易识别,并将其特征存入移动机器人的内存中,这样才能利用其实现导航。

⑤ 视觉导航,视觉是指计算机视觉。它具有信息量丰富、智能化水平高等多种优点,近年来广泛用于移动机器人的自主导航。计算机视觉导航技术关键在于完成路标、障碍物的探测和辨识;主要的优点是其探测信号范围广,获取信息完整。如移动机器人利用车载摄像机以及少量传感器,来识别路标给机器人进行导航。还可以借助车载摄像机和超声波传感器的研究,来对视觉导航系统中的避碰问题进行分析和处理。尽管我们对视觉导航技术的认识正在不断加深,但它在很多方面的问题仍无法得到有效解决,必须寻找一些新的解决方法,或者采取组合导航形式来代替。

⑥ 红外导航,利用红外传感器进行距离测量,判断机器人在环境中的位置。其结构简单,反应速度快,但易受光线、颜色、形状等影响。最基本的红外导航方法是将红外线发射器与红外线接收器安装在机器人上,通过发射器发射红外线,反射后由接收器接收,得到机器人与物体之间的距离,判断机器人所处的位置。

⑦ 超声导航,是应用最为广泛的传感器导航技术,通过超声传感器实现距离测量进而完成导航。该形式成本低,结构简单,不受光线影响,但易受物体表面形状的影响而降低导航精度且无法探测远距离物体。超声导航的基本原理是超声发射器发射超声波,在空气中传播遇到被测物体,反射之后由超声波接收器接收,根据发射与反射的时间差确定机器人与被测物体之间的距离,实现机器人导航。然而,超声传感器存在很大的波束角,无法准确判断机器人的方向,这也影响了机器人的导航精度。

⑧ 激光导航,通过激光传感器测距。其原理与红外导航和超声导航基本相同,但是激光信号能量密度大,亮度高,颜色纯,因此激光导航的精度更高,测量的距离更远且分辨率更高,但成本也相对较高。激光导航主要通过激发发射器发射激光,经由被测物体发射后由机器人携带的激光接收器接收,得出机器人的位置与方向。

5.3.2 导航方法

1. 基于多传感器信息融合的复合机器人导航

多传感器信息融合是指将多个传感器或多源的信息通过一定的算法进行综合处理,从而得到更准确、更可靠的结论。常用的信息融合方法有 D-S 证据方法、航迹融合的分层法、贝叶斯方法、卡尔曼滤波法、模糊推理法以及神经网络法等。

贝叶斯方法是将多传感器提供的各种不确定性信息表示为概率,利用贝叶斯条件概率公式对其进行处理,先描述模型,并赋予每个命题一个先验概率,再使用概率进行推断,根据信息数据估计置信度得到结果。卡尔曼滤波法是一种递推形式的状态和参数估计的方法,以测量误差为依据,进行估计和校正,从而不断逼近被估计状态或参数的真实值。D-S证据方法是使用一个不稳定区间，通过不稳定未知前提的先验概率来保证估计的一致性。航迹融合的分层法是一种集中式融合方法，即中心级航迹融合与传感器级航迹融合交替进行。模糊推理法是用隶属函数表示各传感器信息的不确定性，再利用模糊变换进行综合处理。神经网络法通过一定的学习算法可将传感器的信息进行融合。

2. 基于混合方法的复合机器人导航

近年来，有研究者将两种或两种以上的智能算法结合，开展了基于混合方法的复合机器人导航研究。

采用模糊神经网络方法对机器人导航，用模糊描述对机器人行为进行编码，用神经网络进行学习。机器人的传感器系统提供局部的环境检测信息，由模糊神经网络进行环境预测，进而完成未知环境中的导航。

还有研究者提出基于模糊神经网络与遗传算法相结合的机器人自适应控制方法。将导航过程分为离线学习和在线学习两部分。其中，离线学习部分主要为模糊神经网络方法，用神经网络对模糊控制的各层的参数进行训练。在线学习部分通过性能鉴别、行为搜索和规则构造达到目的。性能鉴别部分主要判断机器人工作环境中是否有障碍物。行为搜索部分根据费用最小原则，利用遗传算法调整路径。规则构造部分为模糊控制构造规则库，用于控制机器人的行为。该方法是一种混合的机器人自适应控制方法，可以自适应调整机器人的行走路线，达到避障和路径最短的双重优化。

5.4　复合机器人的视觉应用技术

机器视觉相当于机器人的眼睛，为机器人提供视觉感知、距离定位等重要信息，在复合机器人的实际应用中发挥着极其重要的作用。近些年，伴随着与复合机器人相关的制造业、服务业的蓬勃发展，应用于复合机器人辅助控制的机器人视觉技术发展得也非常迅速。越来越多应用于复合机器人的模块化、一体化、易部署的机器视觉技术成为相关领域的技术热点。基于应用于复合机器人的机器视觉技术，本节主要介绍复合机器人与机器视觉的融合和集成应用情况，并对与复合机器人相关的机器视觉概念、基本应用原理进行介绍。

5.4.1　概　述

1. 基本概念

机器视觉是指通过图像摄取装置将被摄取目标转换成相应的图像或点云信息，传送给专用的计算机图像处理系统，得到被摄目标的形态信息，根据采集到的像素分布和亮度、颜色或点云分布等信息，转变成相应的数字化信号。图像处理系统对这些信号进行运算处理来抽取目标的特征，进而根据判别的结果控制相应设备的动作，即通过机器视觉的应用，可方便地对协作机器人进行目标动作的控制，实现指定的动作。

2. 机器视觉系统的构成和分类

机器视觉系统主要由摄像头图像采集模块和图像处理模块组成。各模块的主要技术组成与分类如图 5.12 所示。

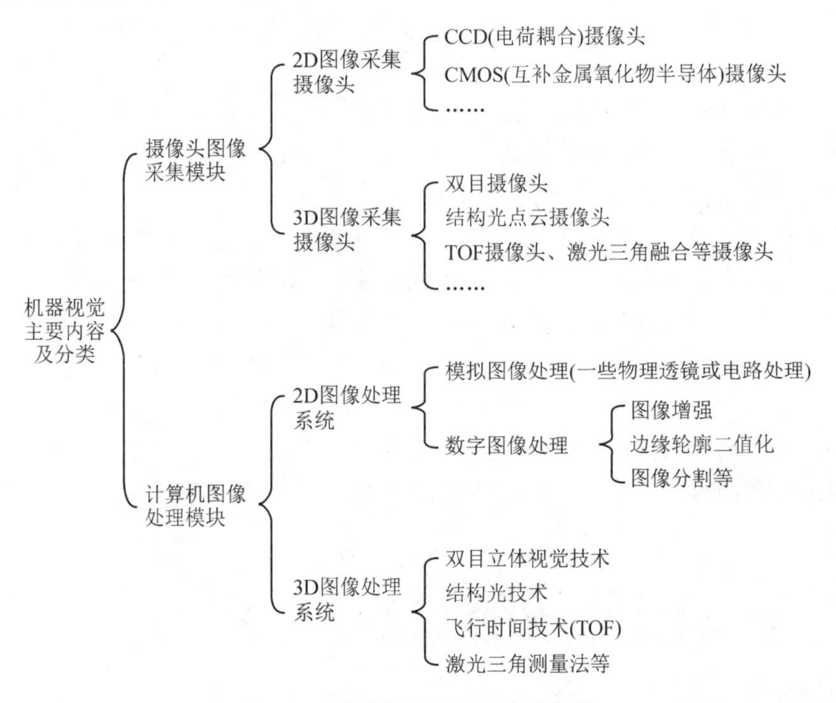

图 5.12　机器视觉主要内容及分类

图 5.12 中，摄像头图像采集模块按照图像采集的特征类型，可分为 2D 图像采集摄像头和 3D 图像采集摄像头。2D 图像采集摄像头是指利用 CCD（电荷耦合器件）或 CMOS（互补金属氧化物半导体）这类感光元器件将获取到的图像信息转换成电信号，主要包含颜色、大小、轮廓形状等平面图像所能包含的信息。3D 图像采集摄像头主要指利用双目摄像头或者点云深度摄像头等技术手段，除能获取平面图像的信息外，还能获取目标物的距离、3D 形状轮廓、点位距离等空间信息。

按照机器视觉对视觉信息处理类型的不同，机器视觉图像处理系统可分为 2D 图像处理系统和 3D 图像处理系统两大类。2D 图像处理系统，指对单目摄像头进行信息处理的计算机视觉处理系统。根据图像处理的前后期环节可分为模拟图像处理和数字图像处理两大类，图 5.13 展示了模拟图像和数字图像之间的关系。模拟图像处理主要是指利用一些物理的方法对摄像头采集图像信息的过程进行处理，其处理的图像物理量是连续变化的。通常会利用改变光圈大小、镜头焦段、镜头安装偏振片、安装辅助照明灯等方式对图像采集的过程进行处理调节。数字图像处理，又称为计算机图像处理，是指将图像信号转换成数字信号并利用计算机对其进行处理的过程，主要利用计算机对数字图像进行去除噪声、增强、复原、分割、提取特征等处理的方法和技术。

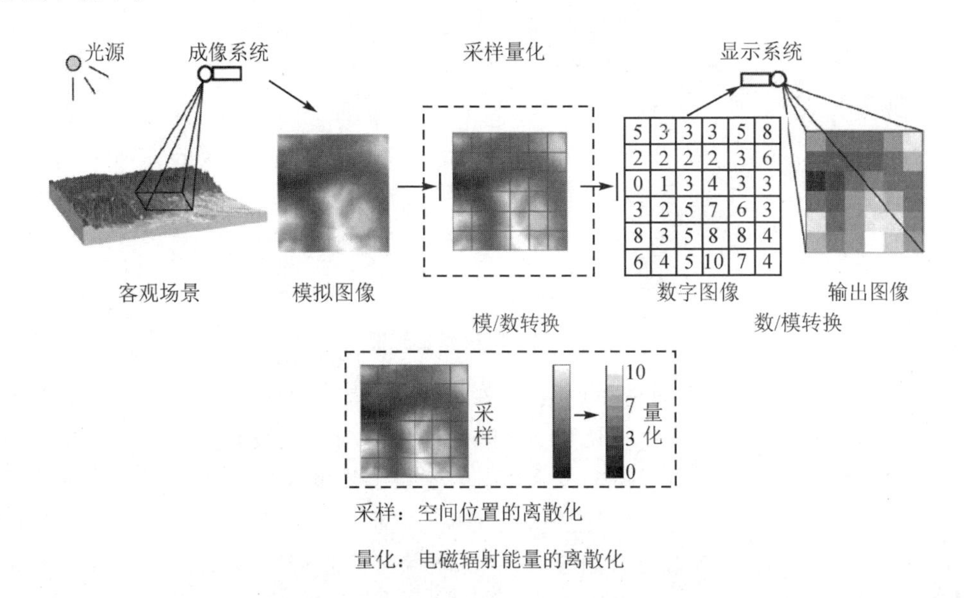

图 5.13　模拟图像与数字图像之间的关系

近些年，伴随着计算机软硬件技术、应用数学的发展和工业、医学、农牧业等行业的实际需要，涌现出一大批成熟的 2D 图像处理系统方案。例如德国 MVTec 公司开发的 HALCON 视觉处理模块，包含了各类滤波、色彩，以及几何、数学转换、形态学计算分析、校正、分类辨识、形状搜寻等基本的几何及影像计算功能。国内海康威视发布的 VisionMaster 系列机器视觉方案，来自奥普特视觉、天准科技、创科视觉等企业的视觉处理方案也都有广泛应用。

3D 图像视觉处理系统，是指对 3D 点云信息处理或者双目或多目摄像头信息处理的计算机视觉处理系统。常见的有双目立体视觉、结构光系统、飞行时间（TOF）、激光三角测量四种立体视觉处理方案。目前这四种 3D 视觉技术，在实际的工业生产中都已有了很多应用。其中，双目立体视觉和结构光系统得益于成本相对较低、易部署、可靠性高、使用场景宽泛等特点，广泛应用于制造业、服务业等。

立体视觉的工作原理与人眼类似，其原理如图 5.14 所示。需要使用两个 2D 相机从两个不同位置为被测量物体拍摄图像，并使用三角测量原理计算 3D 深度信息。但是当需要观察均匀的表面，以及当照明条件不良时，可能难以进行计算，因为通常数据过于混乱，无法得出确定的结果。这个问题可通过结构光解决，从而为图像生成清晰的预定义结构。

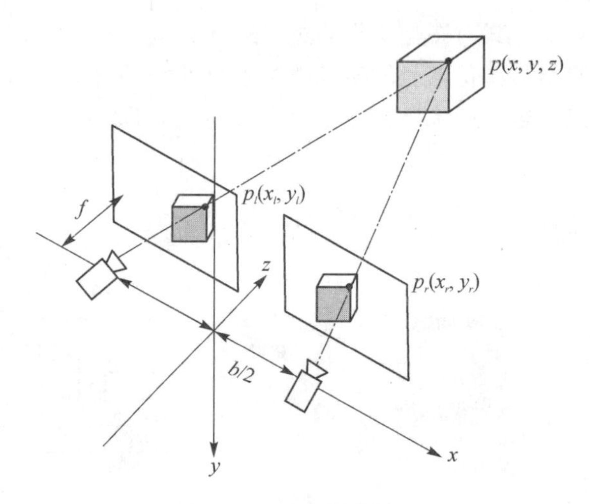

图 5.14　双目视觉原理

激光三角测量法使用的是 2D 相机和激光光源,其原理如图 5.15 所示。激光会将光线投射到目标区域,然后再使用 2D 相机进行拍摄。光线在接触被测物体的轮廓时会发生弯曲,因此可以根据多张照片中的光线位置坐标,计算出物体和激光光源之间的距离。激光三角测量法速度相对较慢,难以适应现代生产环境中不断加快的速度。在扫描过程中,此技术要在被测量物体保持静止时才能记录激光线的改变情况。

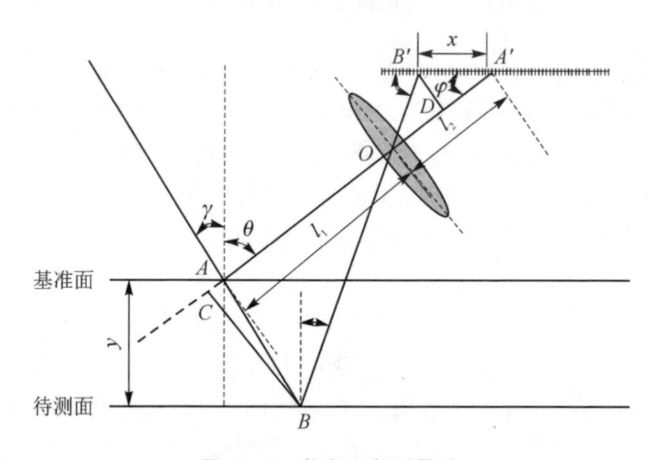

图 5.15　激光三角测量法

结构光视觉技术基于光学三角测量原理,将光线结构化,使其具有一定的结构特征,其原理如图 5.16 所示。需要用到红外激光发射器和采集摄像机,激光器发出的光经过预定的光栅或者其他设备产生出结构特征的光线,投射到被测物体表面,再由一组或多组摄像头采集被测物体的表面获取图像信息,由计算机系统对采集的信息进行深入处理成像。

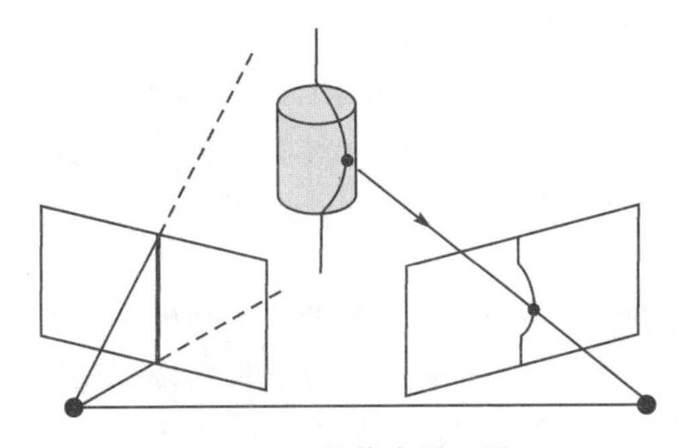

图 5.16　结构光原理图

飞行时间技术顾名思义就是测量光在空中飞行时间的技术，是指由 TOF 传感器向目标物体发射经调制的脉冲型近红外光，在被物体反射后，再由 TOF 传感器接收反射回的光线，通过计算光线发射和反射时间差或相位差，确定被拍摄物体和镜头、环境之间的距离，以产生深度信息，再结合计算机处理来呈现三维影像。其原理图如图 5.17 所示。

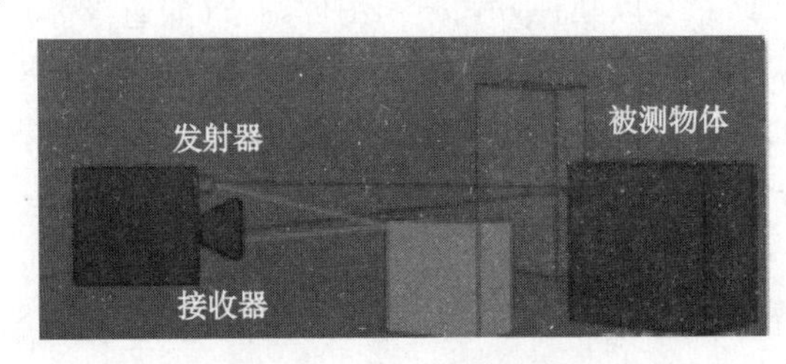

图 5.17　TOF 技术原理图

3. 数字图像处理技术简介

数字图像处理技术在整个机器视觉中发挥着重要的核心作用，是机器视觉应用技术的心脏。伴随着相机技术的发展和实际应用场景的需要，数字图像处理技术已不仅仅是对传统二维图像的处理，越来越多三维处理技术逐渐成为发展热点。无论二维图像数字处理，还是三维图像数字处理，其背后运用的图像处理基本算法是类似的。常见的典型数字图像处理有：

- 滤波、图像增强、边缘检测；
- 图像恢复与重构；
- 小波与多分辨率处理；
- 图像压缩；
- 欧几里得几何变换，诸如放大、缩小与旋转；
- 颜色校正，诸如亮度与对比度调整、定量化，或颜色变换到一个不同的色彩空间图像配准（两幅或多幅图像的排列）；
- 图像对准（两个或两个以上图像的对准）；
- 图像识别（例如，使用某些人脸识别算法从图像中抽取人脸）；

- 图像分割（根据颜色、边缘或其他特征，将图像划分成特征区）等。

上述仅为图像处理技术中一些常见的图像处理方法，这些技术细节内容远超本书所阐述的核心知识范畴。本小节主要针对协作机器人视觉应用中常用的图像滤波、图像边缘检测、图像分割进行介绍。

(1) 图像滤波

在数字图像的采集和传输过程中，往往会受到多种噪声信号的污染，对图像信号产生干扰影响，例如产生亮点、暗点等现象，对后期图像的复原、分割、特征提取、图像识别等工作都会有影响。图像滤波就是利用一些滤波算法来消除图像中混入的噪声，从噪声图像中提取出需要的图像信息。常见的图像滤波算法有非线性滤波、中值滤波、形态学滤波、双边滤波等。

1）非线性滤波

一般说来，当信号频谱与噪声频谱混叠时或者当信号中含有非叠加性噪声时（如由系统非线性引起的噪声或存在非高斯噪声等），传统的线性滤波技术（如傅里叶变换）在滤除噪声的同时，总会以某种方式模糊图像细节（如边缘等），进而导致图像线性特征的定位精度及特征的可抽取性降低。而非线性滤波器是基于对输入信号的一种非线性映射关系，常可以把某一特定的噪声近似地映射为零而保留信号的特征，因而其在一定程度上能弥补线性滤波器的不足，也是现在复杂滤波场景中最常用的滤波方法。

2）中值滤波

中值滤波由 Turky 在 1971 年提出的，最初用于时间序列分析，后来用于图像处理，并在去噪复原中取得了较好的效果。中值滤波器是基于次序统计完成信号恢复的一种典型的非线性滤波器，其基本原理是把图像或序列中心点位置的值用该域的中值替代，具有运算简单、速度快、除噪效果好等优点。然而，在实际应用中，一方面中值滤波因不具有平均作用，在滤除如高斯噪声时会严重损失信号的高频信息，使图像的边缘等细节模糊；另一方面中值滤波的滤波效果常受到噪声强度以及滤波窗口的大小和形状等因素的制约，为了使中值滤波器具有更好的细节保护特性及适应性，后期人们提出了许多中值滤波器的改进算法。图 5.18 所示是采用改进中值滤波对图像噪点滤波处理的效果。

图 5.18 图像中值滤波

3）形态学滤波

随着数学各分支在理论和应用上的逐步深入，以数学形态学为代表的非线性滤波在保护图像边缘和细节方面取得了显著进展。形态学滤波器是近年来出现的一类重要的非线性滤波器，由早期的二值形滤波器发展为后来的多值（灰度）形态滤波器，在形状识别、边缘检测、纹理分析、图像恢复和增强等领域得到了广泛的应用。形态滤波方法充分利用形态学运算所具有的几何特征和良好的代数性质，主要采用形态学开、闭运算进行滤波操作。

4）双边滤波

双边滤波是结合图像的空间邻近度和像素值相似度的一种折中处理，同时考虑空域信息和灰度相似性，达到保留边缘且去除噪声的目的，具有简单、非迭代、局部的特点。双边滤波器的好处是可以做边缘保存，过去常用的维纳滤波或者高斯滤波降噪，都会较明显地模糊边缘，对于高频细节的保护效果并不明显。

（2）图像边缘检测

图像边缘检测是一类方法和技术的统称。这些技术主要用于确定图像的轮廓线，而这些线条用来表示平面交界线，纹理、线条、色彩的交错，以及阴影和纹理的差异导致的数值变化。在这些技术中，有些是基于数学推理的，有些是直观推断得出的，还有些是描述性的。但是所有的技术都是通过使用掩模或者阈值，对像素或者对像素之间的灰度级进行差分操作，最后得到的结果是一幅线条图形或者类似的简单图形。这种图形只需要很少的存储空间，其形式也更易于处理，从而节约了机器人控制器和存储方面的开支。这种边缘检测在后续操作（如图像分割、物体识别）中是必须的。不进行边缘检测，可能就无法发现重叠的部分，也无法计算物体的某些特征，如直径和面积，更无法通过区域增长技术来确定图像的各个部分。常用的图像边缘检测方法有 Canny 最优边缘检测、梯度边缘检测、灰度直方图边缘检测等。下面对这几种常用的图像边缘检测方法进行简要介绍。

1）Canny 最优边缘检测

Canny 边缘检测算子是一种多级检测算法，1986 年由 John F. Canny 提出，同时提出了边缘检测的三大准则：① 低错误率的边缘检测，检测算法应该精确找到图像中尽可能多的边缘，尽量减少漏检和误检。② 最优定位，检测的边缘点应该精确定位于边缘的中心。③ 图像中的任意边缘应该只被标记一次，同时图像噪声不应产生伪边缘。

Canny 边缘检测算法处理主要有以下六步：

① 图像灰度化，只有灰度图才能进行边缘检测。

② 使用高斯滤波器，以平滑图像，滤除噪声。

③ 计算图像中每个像素点的梯度强度和方向。

④ 应用非极大值抑制，以消除边缘检测带来的杂散响应。

⑤ 应用双阈值（double-threshold）检测来确定真实的和潜在的边缘。

⑥ 通过抑制孤立的弱边缘最终完成边缘检测。

在目前常用的边缘检测方法中，Canny 边缘检测算法是具有严格定义的，可提供良好可靠检测的方法之一。由于它具有满足边缘检测的三个标准和实现过程简单的优势，成为边缘检测最流行的算法之一。图 5.19 所示为 Canny 边缘检测算法对某一道路场景的边缘检测效果。

(a) 某一道路风景图

Canny边缘处理

(b) 风景图边缘特征

图 5.19 Canny 边缘检测算法对某一道路场景的边缘检测

2）梯度边缘检测算子

梯度算子又称为一阶微分算子，图像的梯度函数即为函数灰度变化的速率，它在边缘处为局部极大值。通过梯度算子估计图像灰度变化的方向，增强图像中的灰度变化区域，然后对增强的区域进一步判断边缘。

根据梯度算法理论，人们提出了很多算法，经典算子有 Robert 算子、Sobel 算子、Prewitt 算子等。所有基于梯度的边缘算子之间的根本区别在于算子应用的方向，以及在这些方向上逼近图像一阶导数的方式和将这些近似值合成为梯度幅值的方式不同。

3）灰度直方图边缘检测

图像的灰度直方图是用一系列宽度相等、高度不等的矩形表示图像灰度数据分布的图形。矩形的宽度表示数据范围的间隔，矩形的高度表示在给定间隔内的数据频数。基于灰度直方图门限法的边缘检测是一种最常用、最简单的边缘检测方法，对检测图像中目标的边缘效果很好。图像在暗区的像素较多，而其他像素的灰度分布比较平坦。通过对灰度直方图设置阈值检测，提取相应的特征。

(3) 图像分割

图像分割就是把图像分成若干个特定的、具有独特性质的区域，并提出感兴趣目标的技术和过程。它是由图像处理到图像分析的关键步骤。现有的图像分割方法主要分以下几类：基于阈值的分割方法、基于区域的分割方法、基于边缘的分割方法以及基于特定理论的分割方法等。这里针对常见的基于阈值的分割方法、基于区域的分割方法、基于边缘的分割方法进行概述。关于更详尽的相关专业知识，感兴趣的读者可通过相关专业书籍进一步了解和学习。

1）阈值分割法

灰度阈值分割法是一种最常用的并行区域技术，它是图像分割中应用数量最多的一类。阈值分割算法的关键是确定阈值，如果能确定一个合适的阈值就可准确地将图像分割开来。阈值确定后，将阈值与像素点的灰度值逐个进行比较，而且像素分割可对各像素并行地进行，分割的结果直接给出图像区域。阈值分割的优点是计算简单、运算效率较高、速度快。在重视运算效率的应用场合（如用于硬件实现），它得到了广泛应用。

2）区域分割法

区域生长和分裂合并法是两种典型的串行区域技术，其分割过程后续步骤的处理要根据前面步骤的结果进行判断而确定。

3）边缘分割法

图像分割的一种重要途径是通过边缘检测，即检测灰度级或者结构具有突变的地方，表明一个区域的终结，也是另一个区域开始的地方。这种不连续性称为边缘。不同的图像灰度不同，边界处一般有明显的边缘，利用此特征可以分割图像。

5.4.2　机器视觉应用关键技术

在复合机器人与机器视觉融合的工作场景中，机器视觉相当于复合机器人的眼睛，帮助机器人识别和判断目标物体。通过将机器视觉技术与机器人的运动控制相结合，可实现对目标物体或目标轨迹的快速定位与动作，从而大大提高机器人的工作效率和智能化水平。无论是 2D 视觉技术方案还是 3D 视觉技术方案，应用于复合机器人工作的主要工作流程都是相似的，具体工作流程如图 5.20 所示。当复合机器人与机器视觉系统融合工作时，摄像头首先会对识别目标进行标定，之后通过摄像头对图像采集，将图像信号发送至图像处理的计算机，计算机通过对图像进行相应的预处理和算法识别，告知机器人相应的位置坐标信息，机器人控制器根据位置坐标信息生成相应的执行器运动指令，控制执行单元完成相应的目标动作，进而形成视觉识别和机器人运动的融合控制。

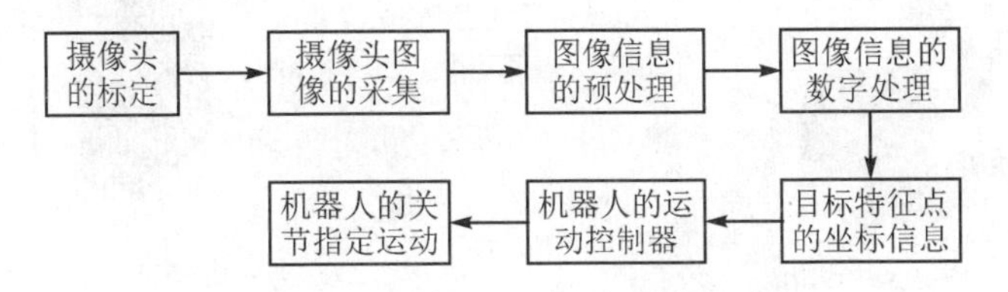

图 5.20　复合机器人+机器视觉应用

在复合机器人融合机器视觉的实际应用中，不同于两者的底层关键技术，两者在实际的工业场景融合应用中，通常机器视觉技术和复合机器人的运动控制都已集成封装为易部署、易适配、高可靠性的软件功能包。两者在实际应用集成中，主要有通信设置、图像目标特征标定和图像采集这三个适配操作关键技术。由于各品牌复合机器人和视觉模块厂商在应用适配细节上的差异，这里主要以国产的海康威视 VisionMaster 系列 2D 机器视觉系统和遨博 i5 系列的复合机器人为例进行关键技术的介绍。其他各个品牌的复合机器人和机器视觉的融合应用原理基本上大同小异，有兴趣的读者可结合相关复合机器人和视觉系统进行学习和实践。

1. 视觉系统与机器人之间的通信设置

面向工业和服务业等场景应用的复合机器人和机器视觉系统通常都具有成熟的模块封装通信协议，其通信协议除了具备一般的串口接收数据、发送数据的功能外，一般都支持 TCP 通信、PLC 通信、I/O 控制口通信、Modbus 通信等功能。其中，TCP/IP 通信是目前复合机器人与机器视觉之间最常用的通信协议之一。这里将以海康威视公司提供的 VisionMaster 3.1.0 视觉系统及配套 CS 系列摄像头和遨博 i5 系列机械臂为例，介绍机器视觉系统与复合机器人之间的 TCP/IP 通信设置，如图 5.21 所示。此外，还会对复合机器人与机器视觉之间其他常见的通信协议与设置进行概述。因各品牌工业机器人与机器视觉的应用协议各不相同，这里不再对所有通信协议一一详细介绍，如读者有兴趣，可根据此处提供的知识讲解，结合各品牌的协议说明进行学习与实践。

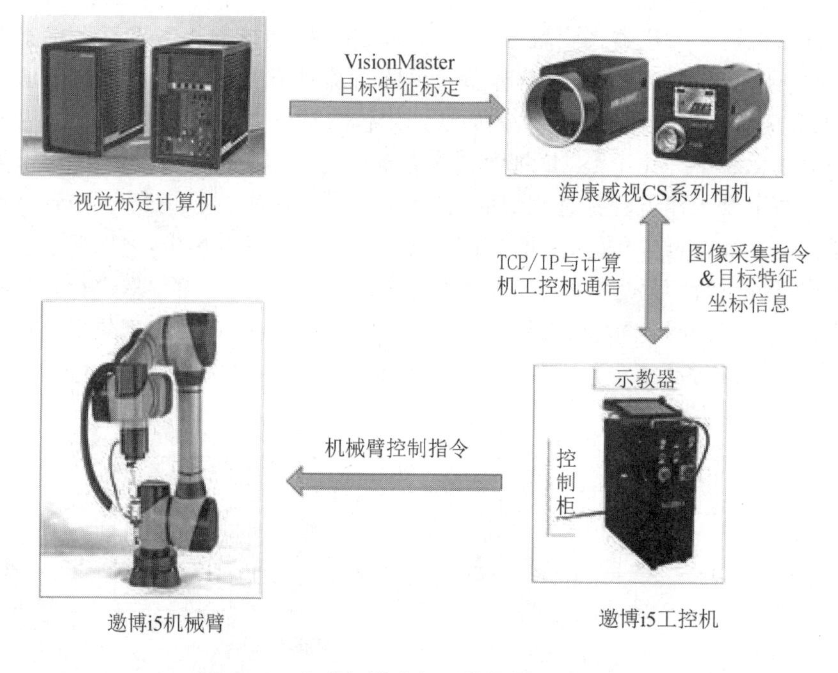

图 5.21　复合机器人与机器视觉通信框架

(1) 复合机器人与机器视觉之间的 TCP/IP 通信

TCP 通信是一种面向连接的、可靠的、基于字节流的传输层通信，当在发送数据或接收数据中选择通信设备时，可以配置 TCP 通信。遨博 i5 机器人与海康威视相机之间的 TCP/IP 通信框架如图 5.21 所示。以发送数据为例，具体的步骤如下：

① 在 VisionMaster 3.1.0 通信管理中加载 TCP 服务端或者客户端，设置目标端口和目标 IP 通信协议如图 5.22 所示，同时在对应的 TCP 通信另一端设置相应的 IP 和端口。

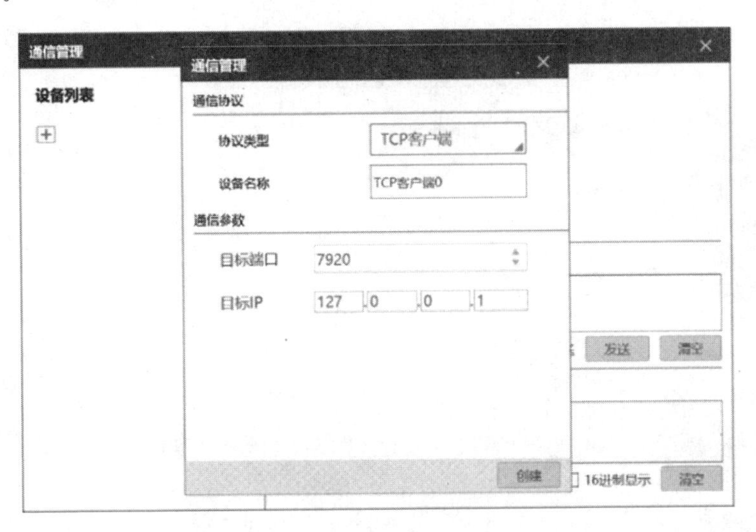

图 5.22　设置目标端口和目标 IP

② 在 VisionMaster 3.1.0 想要输出信息的模块后面连接“发送数据”模块，同时在发送数据里面的输出配置中选择“通信设备”，并且绑定相应的通信设备，即对应的复合机器人的 IP 地址，再选择想要发送的数据，发送选定如图 5.23 所示。

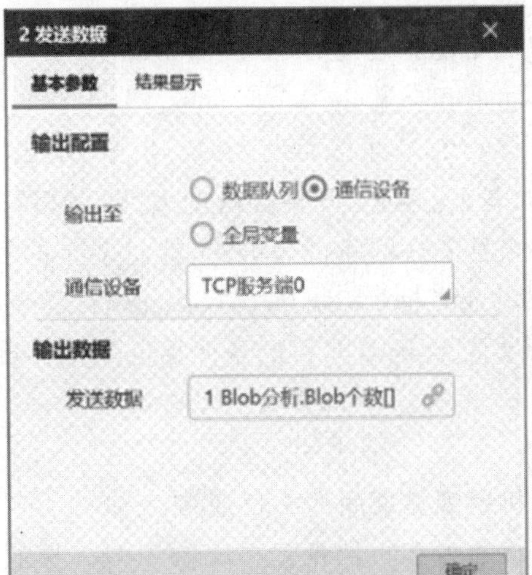

图 5.23　“发送数据”模块

③ 在完成机器视觉端的通信设置后，利用遨博复合机器人的示教器，对复合机器人进行相应的通信设置；在机器人示教器上按照机器视觉传输数据类型进行变量的配置，并在在线编程工具中创建工具坐标系以及编写机器人程序。便携程序界面类似图 5.24 所示。自此即可完成机器视觉与复合机械臂之间的 TCP/IP 通信配置。

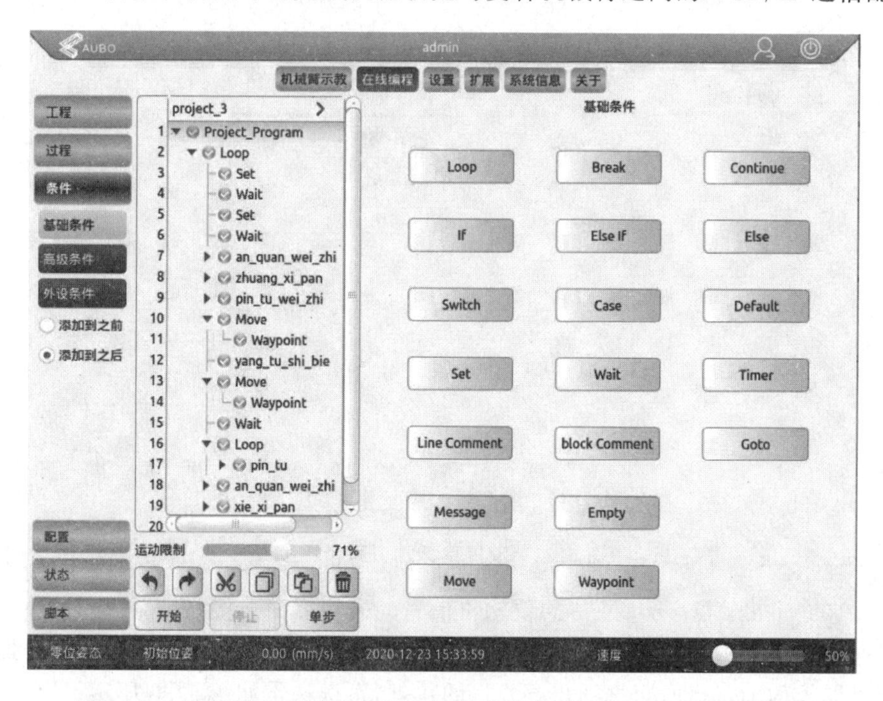

图 5.24　在机器人示教器上按照机器视觉传输数据类型进行变量的配置

(2) 复合机器人与机器视觉之间的 Modbus 通信

Modbus 是一种串行通信协议，由 Modicon 公司（现在的施耐德电气）于 1979 年为使用可编程逻辑控制器(PLC)通信而发表的。由于 Modbus 协议采用开源形式，具有无须版权要求、易部署、易维护、开发自由度大、通信相对数据量大等优势，可利用 TCP 网络或 485 通信等多种网络进行链接，经过多年的发展，Modbus 通信已经成为工业领域通信协议的业界标准(De facto)，并且现在是工业电子设备之间常用的连接方式。目前许多工业复合机器人和机器视觉也都内置有 Modbus 协议，实际使用时，只需按照相应协议说明连接部署即可，整体设置流程类似上述的 TCP/IP 协议。

(3) 复合机器人与机器视觉之间的 I/O 通信

I/O 通信也是复合机器人和机器视觉系统常用的一种通信方式，在工业自动化流水线、AGV 小车等工业设备中有着极其广泛的应用。I/O 通信是指利用 I/O 接线端口(Input 输入口与 Output 输出口)的高低电平进行数据传输的一种通信方式。目前主流厂家的复合机械人的控制柜和机器视觉模块都配有多个程序可编辑的 I/O

端口。通过控制和监测机器人和视觉模块的I/O口电平状态，可以实现简单的状态信息传送与控制。该方式相对于其他标准数据协议通信来说，更易操作和部署，应用门槛也更低，在一些小规模的复合机器人融合视觉的示教工作场景中有着广泛的应用。但I/O口通信同时伴随着接收和发送数据量有限（不易于传送坐标位置等数据信息）、接线I/O口规则标准不易统一等问题，不适用于大规模复合机器人和机器视觉融合工作的场景，在大规模的复合机器人与机器视觉的应用部署上，更多的是采用TCP/IP、Modbus等标准通信协议进行控制。

此外，伴随着各复合机器人和机器视觉厂家的发展，一些复合机器人公司联合机器视觉公司开发一些特殊的内置通信功能插件或通信协议供用户使用，以方便用户更快更好地进行机器视觉融合复合机器人运动控制的功能开发或部署。例如国内的遨博机器人、越疆机器人、艾利特机器人等复合机器人公司，均提供有开发接口，允许机器视觉厂家将他们的视觉控制程序直接内嵌在复合机器人的示教器中，大大简化了机器视觉系统与复合机器人之间通信部署的难度和复杂程度。

2. 机器人手眼标定原理

为了实现复合机器人与机器视觉之间的手眼协同，需要将复合机器人的坐标系与机器视觉的坐标系进行标定，建立起固定的关联关系，这个过程称为机器人的手眼标定。为了实现由图像目标点到实际物体上抓取点之间的坐标转换，就必须拥有准确的相机内外参信息。其中内参信息是相机内部的基本参数，包括镜头焦距、畸变等。一般相机出厂时内参信息已标定完成，保存在相机内部。相机外参信息表示机器人与相机之间的位姿转换关系（即手眼关系，因此相机外参的标定称为机器人手眼标定）。机器人与相机在不同的使用场景下其相对位姿不固定，需要在工作现场进行标定才能获得相机与机器人之间的手眼关系。

根据相机相对于机器人的安装方式，机器人手眼标定的分类方式各不相同，常用的手眼标定分为以下两种：

① 相机独立于机器人固定在支架上，称为ETH (Eye To Hand)方式。

② 相机固定于机器人末端法兰上，称为EIH (Eye In Hand)方式。

对标定点的添加设置一般可使用多个随机标定板位姿或TCP尖点触碰两种方式。两者的主要区别在于：

① 多个随机标定板位姿　使用软件自动生成的轨迹点或手动添加的多个位姿，在每个位姿拍照并识别标定板角点，建立标定板、相机及机器人三者间的关系，其过程简单，标定精度高。

② TCP尖点触碰　利用三点法确定标定板位姿后，建立标定板、相机及机器人三者间的关系，适用于机器人活动空间局促、标定板无法安装等情况。

各种手眼标定方式分类如图5.25所示。

(1) ETH标定基本原理

机器人末端通过法兰连接已知尺寸的标定板，可得到标定板(calibration board)

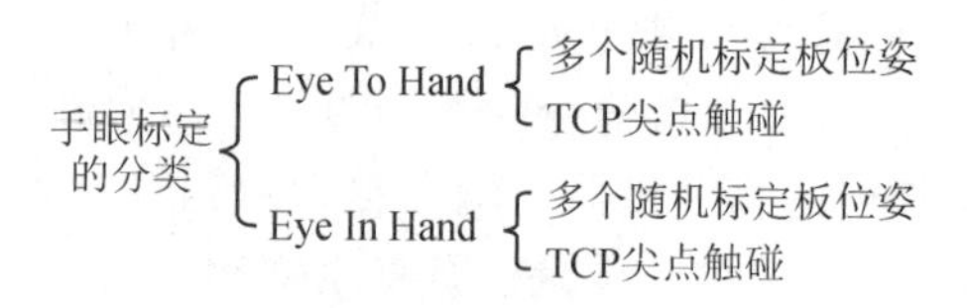

图 5.25 手眼标定分类

上的每个标志点相对于机器人基坐标 Base 的坐标 A;通过相机拍照获得标定板上每个圆点的图像,可以得到相机光心相对于标定板上每个标志点的坐标 B;相机光心和机器人基坐标(Base)之间的位姿关系 X 为待求量。A、B 和 X 构成闭环,形成等式,可以在等式中求解未知数 X。标定板到法兰末端位置关系 C 未知,通过标定板在标定过程中的一系列相对移动,使用数值方法计算得到标定板到法兰末端的位置关系,进而计算得到 A。通过移动机器人,变换标定板相对于相机的位姿,可以得到多组等式,对这些等式的值进行拟合优化计算,最终得到最优的 X 的值。位姿关系如图 5.26 所示。

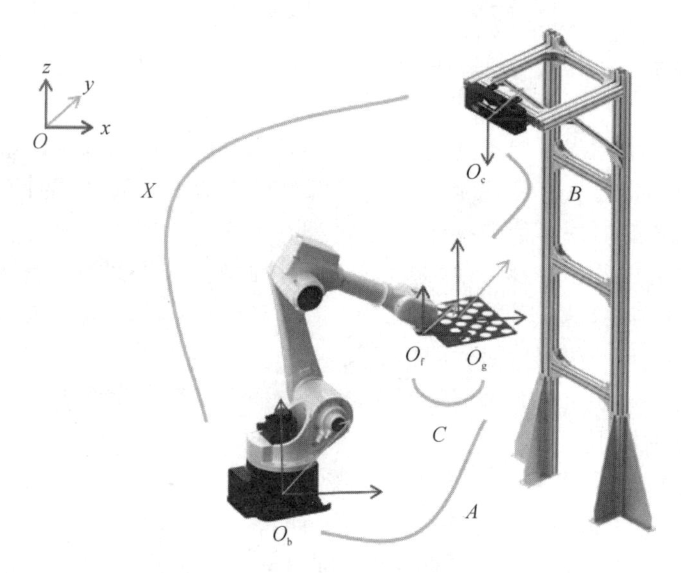

图 5.26 〈第一种方法〉空间位姿关系(ETH)

使用 TCP 触碰法标定时,标定板放置在工作平面,机器人末端加装已知尺寸的尖点,触碰标定板圆点,其原理如图 5.27 所示,其中 A、B 已知,求解 X 的值。标定板与机器人末端不固定,通过已知 TCP 坐标的尖点对标定板标志点进行触碰的方式计算得到 A 的数值。

(2) EIH 标定基本原理

机器人末端通过固定架将相机固定,此时机器人末端法兰中心与相机光心之间的位姿相对固定,即图中的未知变量 X;机器人末端法兰中心相对于机器人基坐标系的位姿为已知量 B。相机通过对标定板进行拍照,获得相机光心和标定板上每个

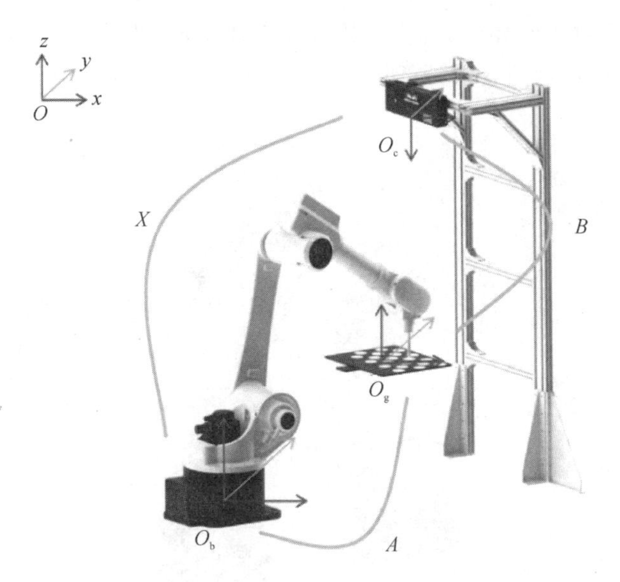

图 5.27　TCP 触碰法(ETH)

圆点之间的位姿关系，可得已知量 C；标定板平放在相机视野可达区域，其相对于机器人基坐标之间的位姿关系为一固定值 A；这样变量 A、B、C、X 构成闭环关系。下列等式中，由于 A 为固定值，将前两个等式合并，得到式中只有 X 为未知待求量。变换机器人末端位姿进行不同角度拍照，得到多组 A、B、C 的值，利用这些数值进行拟合计算，得到最优的 X 的值。位姿关系如图 5.28 所示。

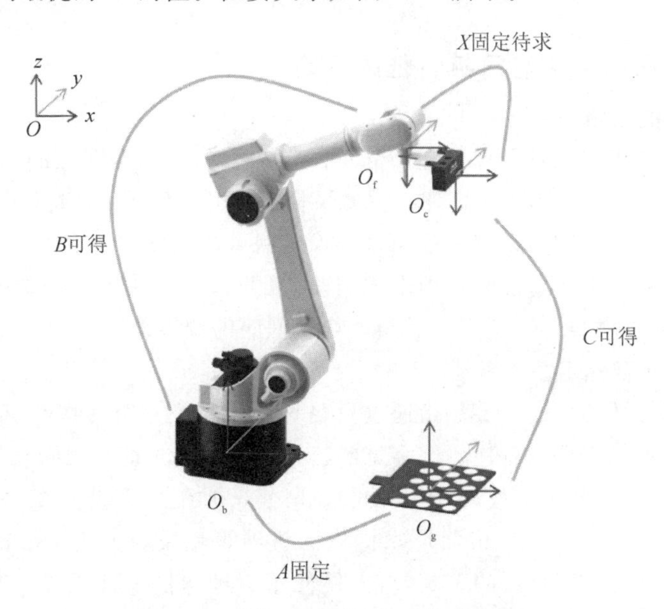

图 5.28　〈第二种方法〉位姿关系(EIH)

使用 TCP 触碰法标定时，标定板放置在工作平面，机器人末端加装已知尺寸的 TCP 尖点，触碰标定板圆点，其原理如图 5.29 所示，其中 A、B、C 已知，则 X 的值也可求得。

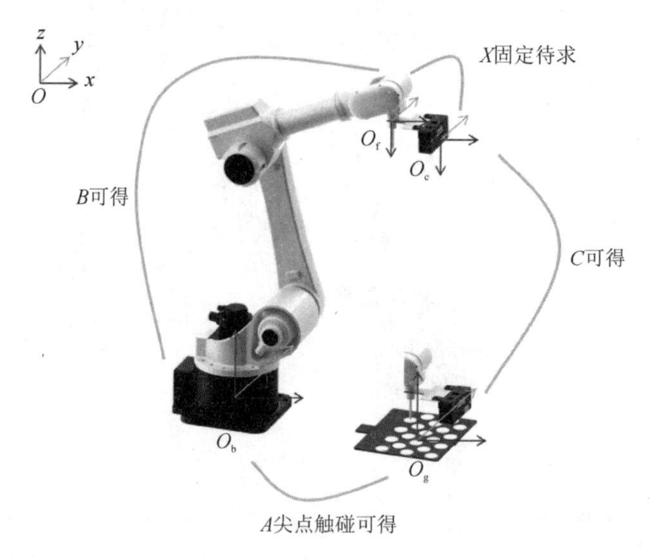

图 5.29 TCP 触碰法(EIH)

EIH 标定的是相机光心和机器人末端法兰中心之间的位姿关系。如果相机相对于机器人末端法兰中心坐标发生移动，对应的外参就会相应发生变化，此时需要重新标定外参。

3. 相机图像采集与目标特征的标定

(1) 图像的采集

图像采集指机器视觉图像处理部分对图像的获取。根据图像的用途，图像采集一般可分为两类：① 用于图像处理的图像采集；② 用于目标识别特征的图像采集。

用于图像处理的图像采集一般通过摄像头视频流的方式获取。用于目标识别特征的图像采集一般可通过加载本地图像、连接相机取图两种方式获取。该图像采集功能一般还可以存储图像，用于今后相关功能程序的调用。

(2) 目标特征标定基本概述

相机目标特征的标定主要是指通过对目标图像特征进行一些特殊标定，实现对图像中某些特征的定位或者检测。常见的特征识别标定功能有规则几何体的识别与检测、特征标定点的匹配与检测、距离的检测标定等功能。无论是 2D 机器视觉方案还是 3D 机器视觉方案，目前市面厂家提供的机器视觉模块方案一般都内置有对自定义目标特征进行深度学习的工具包，方便使用者进行目标特征的标定。以海康威视的 VisionMaster 3.1.0 二维机器视觉深度学习工具包为例，如图 5.30 所示，提供了缺陷检测、字符训练、图像分类、目标检测等四种目标识别特征的强化学习工具选项。其他视觉平台也都提供有类似的设计界面，感兴趣的读者可结合身边熟悉的视觉系统参考学习。

图 5.30　海康威视 VisionMaster 软件图像深度学习设计界面

5.4.3　视觉定位抓取

当复合机器人与机器视觉技术结合后，就如同一只不知疲倦的灵巧手臂有了一双慧眼，可以快速、敏捷、准确地执行一些定位抓取工作。在很多制造、服务、医疗等行业中，融合机器视觉技术的复合机器人有着极其广泛的应用。本小节针对面向定位抓取的机器视觉复合机器人进行介绍。

1. 机器视觉定位抓取系统介绍

复合机器人结合机器视觉的定位抓取技术主要是指利用机器视觉对目标物进行特征识别与匹配，通过计算出的坐标姿态及速度矢量等信息指导复合机器人规划出相应的路径，实现对目标物体的精准抓取。在实际复合机器人结合视觉的定位抓取应用中，一般会经历相机与机械臂的手眼标定、相机内参的设置校准、目标抓取物的特征录入、机器人轨迹示教或编程设置相应的动作路径、联机调试几个步骤。各种类型的视觉定位抓取的应用步骤基本类似，感兴趣的读者可以结合身边的复合机器人和视觉系统进行相应的实验学习。

2. 定位抓取的主要分类

复合机器人搭配机器视觉技术的定位抓取，主要分为基座可变化的静态抓取和动态抓取两大类。

在实际机器人定位抓取应用中存在很多基座变化的静态抓取，这类机器人基座通常安装在可移动的 AGV 搬运小车、滑轨传送带等可移动平台上，执行抓取任务前，通常先将机器人移动至目标抓取范围内，再使其基座相对抓取目标固定，然后执行视觉辅助的定位抓取工作。这类基座变化的静态抓取广泛应用于一些车间物料远距离转运配送、农业蔬果采摘、餐饮服务配送等场景中。

动态抓取是指机器人在对目标物识别定位抓取的过程中，机器人的基坐标相对于抓取目标物的坐标是运动的。根据机器人基坐标和目标物坐标相对于地球坐标系的运动情况可分为三种工作类型：目标物坐标动态变化机器人基坐标静止、目标物坐标静止机器人基坐标运动、目标物坐标和机器人基坐标均发生动态变化。视觉辅助复合机器人进行目标物坐标动态变化机器人基坐标静止的动态抓取，也是目前工业、农业等场景中广泛应用的动态抓取技术，技术相对成熟度也最高，例如对动态传送带上移动的零部件进行视觉抓取的工作。目标物静止机器人基坐标运动的动态抓取，相对实现难度较大，但伴随着机器人相关算法的进步，近些年逐渐有所应用和普及，例如一些搭载有机械臂的复合机器人或者足式机器人，能够在机器人移动平台运动过程中对一些静止目标物进行抓取。这类动态抓取技术的突破对移动定位抓取效率的提升极具应用价值。而对于目标物和机器人基坐标均移动变化的动态抓取，目前还主要停留在科研阶段，市面目前还很少有相关商用技术或方案。伴随着空间立体视觉、导航测绘算法、机器人等技术的进步，相信未来一定会有像人运动去抓取动态的物体一样的移动复合机器人出现。

机器人静态抓取与动态抓取相比，由于机器人基座和目标物均为静止状态，系统部署的难度低、部署操作简单，对相机性能的要求也不高，是目前复合机器人视觉定位抓取的主要方式。在很多动态抓取的场景，由于技术原因也会简化为静态抓取的形式，例如一些农业蔬果采摘的场景，通常是移动机器人底盘移动到某一目标工作位置静止后再进行定位抓取的工作。而动态抓取要考虑目标物移动或机器人基坐标的运动速度，对视觉系统和机器人运动算法的要求都较高，部署难度也较大，相对成本也高。目前主要应用在一些对抓取效率要求特别高的工作场景，例如对快速移动传送带上工件的抓取、快递仓储中对一些小型包裹的抓取等场景。伴随着动态抓取技术的发展，低成本机器人动态抓取技术将成为今后视觉辅助机器人抓取应用的主力技术。

5.5 复合机器人的多机协同控制

复合机器人多机协同作业系统是实现大规模复合机器人集群调度和协同作业的

关键技术。其核心功能包括将业务系统任务转换为机器人任务,分配任务给最适合的机器人,调度机器人集群。而场内通常存在大量的机器人和任务,因此如何保障其任务的均衡分配与及时性,如何协同多机器人在有限道路上行走及作业同时避免碰撞,往往是其中的关键问题。其典型的应用场景如图5.31所示。

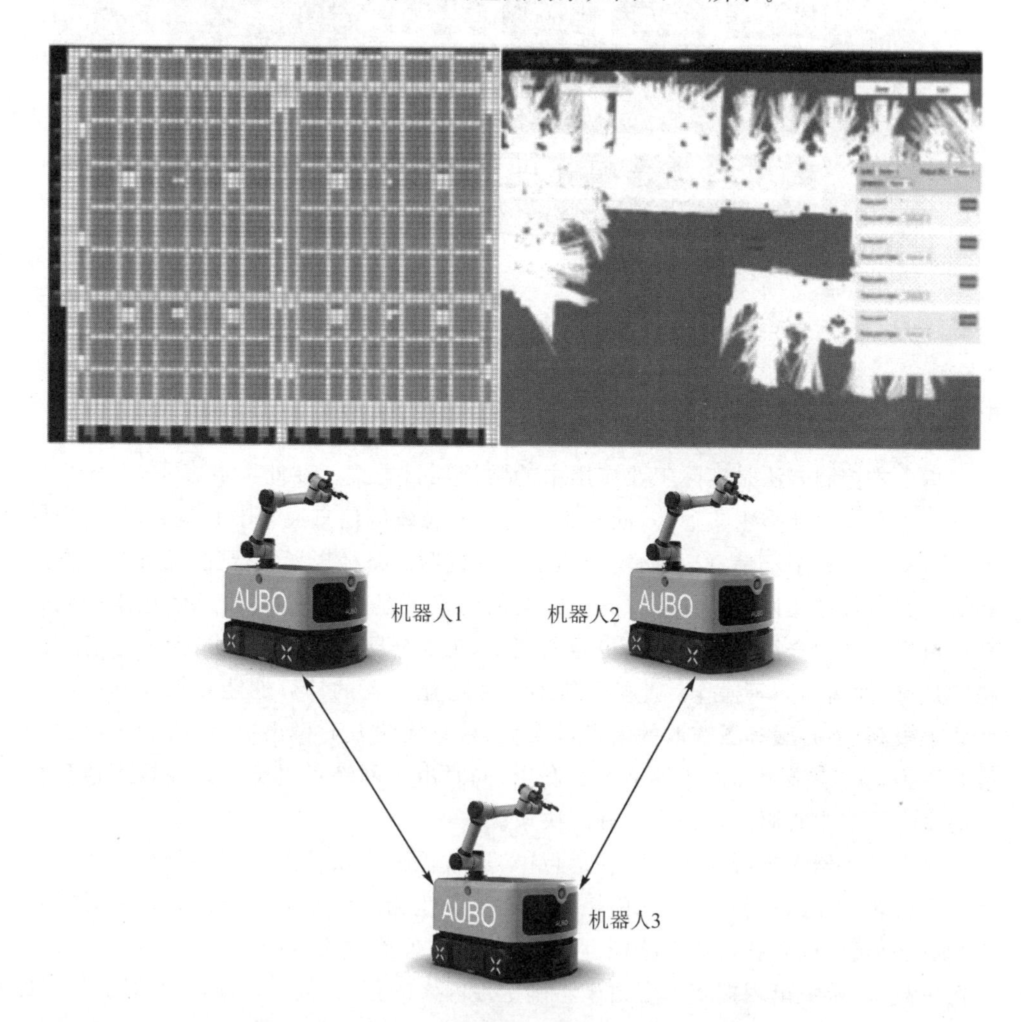

图5.31 复合机器人多机协同控制典型应用场景

多机协同作业系统构建了一个通过机器人提供多样化服务的规模化系统和平台,其架构设计如图5.32所示。其中,机器人本体是服务的实施者,而实际功能则根据服务的需要无缝地在机器人本体、MEC边缘计算和云计算之间分布和协同,软件平台对硬件层设备进行高度抽象,对应用提供统一的开发、调用、部署、服务接口,保证研发与产品化的高效和高质量。

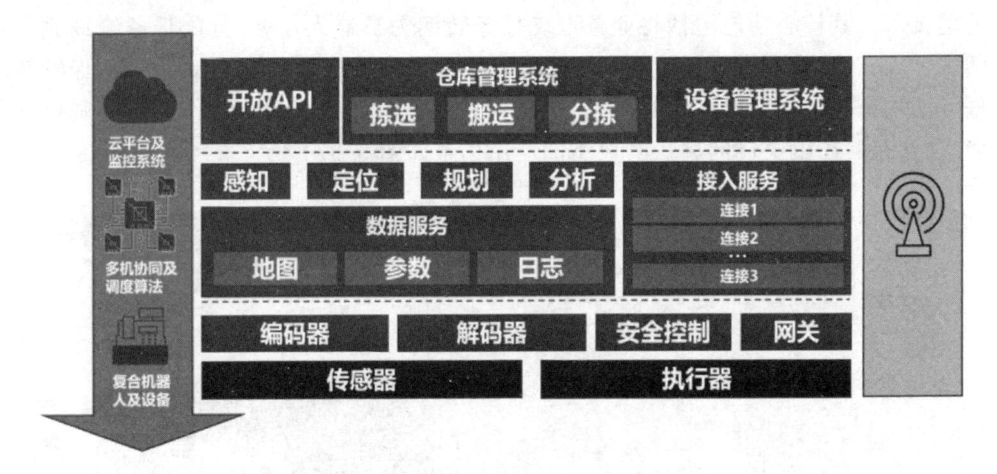

图 5.32　复合机器人多机协同作业系统架构及技术路线图

5.5.1　集中式多机器人控制方法

集中式控制方法是实际工业应用中的常用项目方案。在此类方案中，全场机器人与中心服务器保持密集通信，同时将实时状态位置等信息通知中心服务器，中心服务器可实时掌握全厂信息，从而实现集中式多机器人路径规划及行驶、任务统筹管理和实施交通管理及调度等任务。此类方案的优点是显而易见的，通过信息集中式管理可更好地做到全局任务管理及机器人调度，实现全局最优的任务分配，时空感知的路径规避、拥堵预防等操作。此类系统对于中心服务器的计算性能要求及网络实时性要求很高，中心服务器获取的信息量太大，一旦无法及时做出决策，将导致机器人接收不到下一段指令而停止等情况的发生，同时由于网络延迟等因素导致的信息滞后等也会干扰中心服务器做出正确的决策。

集中式机器人集群控制方法在运行中，通常拆分为路径预规划和路径重规划两个独立模块。在路径预规划中，由控制中心基于监测到的整体环境信息以及各机器人的状态信息，规划各机器人路径。其中，须预估各关键路段的拥塞率，尽量平衡各路段负载率，避免出现拥塞。但由于不确定性因素的存在，机器人预规划的路径往往难以精确执行，无法完全避免出现冲突，在必要时还需基于实时状态进行动态重规划。在路径重规划中，各机器人以一定周期向控制中心上报自身状态信息，控制中心据此维护基于“空间-时间”信息的机器人状态表，通过状态表判断是否有机器人处于或即将处于异常状态(如机器人故障或相互冲突)。若检测到异常，则重新规划相关机器人的路径(尽量只做局部调整)，同时记录系统数据，并基于历史数据深入挖掘，识别冲突频繁路段，为后续路径规划提供辅助信息。无论是路径的预规划还是重规划，其核心算法都是多智能体路径规划算法(Multi-Agent Path Finding，MAPF)。下面介绍几种核心算法：

① A^*算法　一种单智能体寻路算法，搜索效率高，在静态环境中可以求解出最短路径，通常可以用作 MAPF 算法的初始解。在 A^*算法中，每条路径的权重是两个代价之和：一个是从起始节点到当前节点的代价，另一个是启发式距离。通过多节点方向进行搜索，从起点开始，用估价函数得出拓展节点的值进行比较，选择最小值作为下一个扩展节点，循环此过程，直到搜索出终点，结束搜索，得到最终路径。

② CBS(Conflict-Based Search)算法　当前主流的一种 MAPF 算法，可以找到多个机器人之间时空不冲突的路径，在单次规划中通常可有不错的效果。CBS 算法是一个两层的算法，首先给每一个机器人规划一条最短路径，忽略另一个机器人或其他机器人，检查当前的最短路径是否有冲突，然后根据其中一个机器人是否执行当前指令，分别生成两个子树且加一个额外的约束。之后在各自的子树中，给受约束的机器人重新规划路线，其他机器人保持现有路径，直到解决所有冲突。通过重复之前的过程，直到找到一个节点，其中的路径没有任何冲突。

③ PBS(Priority-Based Search)算法　一种优先确定代理的预定义总优先级顺序，相比 CBS 算法，在确定的搜索方向上，复杂度更低且解质量较差。而不同的总优先级顺序可能产生质量更高的解决方案。本节将优先级规划的概念，从代理具有固定的总优先级顺序推广到具有所有可能的总优先级顺序。PBS 算法也采用两层搜索架构，首先进行高层搜索，高层构建一棵优先级树 PT(Priority Tree)，当面临冲突时，PBS 算法利用贪婪策略在局部快速搜索并选择应该给予哪个机器人更高的优先级。针对单个冲突，有效地增量构造部分优先级顺序，直到没有发现冲突为止。然后进行底层搜索，当机器人搜索路径时，不得与任何更高优先级的机器人发生路径冲突，并倾向于选择与其他未比较过优先级或优先级更低的机器人冲突路径数量最少的路径。必要时，优先级更低的机器人需要重新规划路径，以消除路径冲突。

5.5.2　分布式多机器人控制方法

分布式系统基于智能感知和自主决策的能力更完善，可以灵活自主地规划路线，适用于动态操作环境，适应性和鲁棒性较强。在分布式系统中，上位机调度系统和下位机运动控制器被集成在每一台自主移动机器人中，每一个机器人中都存在着完整的环境地图，在机器人接收到新任务发布后会自主地在多机间进行任务分配。任务分配完成后，本机的运动控制器接管这些任务，并且主动规划路径、执行任务。分布式系统的缺点是需要更加高效、稳定的机器人调度优化任务分配方法。

其运行中通常使用路径预规划和路径重规划两个步骤。在路径预规划中，机器人基于自身状态信息、自己观测到的局部环境信息、其他机器人分享的信息、历史统计信息等，自主规划自身路径。为尽量避免陷入拥塞，拟基于少数者博弈理论，对历史数据进行时间序列分析，估计其他机器人的选择，并基于估计结果预估各路段的拥塞系数，然后采用加权 A^*算法(考虑拥塞系数)实时规划自身路径，尽可能避开拥塞区域。机器人在运动过程中，还将根据实际拥塞程度动态修正拥塞系数，不断调整其路径。在路径重规划中,在分布式架构下,由于不存在统一的控制中心进行集中调整,各机器人须基于自身观测到的局部环境信息以及其他机器人分享的信息,不断调整自身路径,尽量避免冲突。若最终冲突仍然发生,拟采用自主价格协商的市场机制来解决冲突,即由冲突各方自主报价,报价高者获得路权,但须按其所报价格向其他冲突方支付费用(从其累积虚拟收益中扣除)。报价低者获得额外收益(累加进其虚拟收益),但须让出路权,自己重新规划一条路径至目标位置。各机器人的目标均为最大化其虚拟收益,因此在报价时需综合考虑自身任务紧急程度以及让出路权的机会成本等因素,任务紧急或机会成本较高者的报价相对更高,从而更有机会获得路权。该方法借鉴市场经济机制化解冲突,从而提升道路资源的利用率。得益于深度神经网络的成功应用,基于学习的算法近年来被用于解决传统路径规划器无法处理的实时性问题。

5.5.3 多机器人任务分配、资源分配优化方法

1. 任务分配方法

任务分配是指仓库中机器人任务与机器人之间的分配问题,场内通常同一时刻存在大量机器人任务和空闲机器人资源。任务分配方法旨在考虑到场内状态情况下建立多任务与多机器人的映射关系使得全局耗时最短。

多机器人协作系统在运行中,通常会将此部分拆分为滚动式任务分配与任务重分配两个环节分别考虑。在滚动式任务分配中,系统将基于机器人状态进行滚动式任务分配,其中机器人分为空闲、预备(已有任务但尚未真正开始执行)、忙碌三种状态。每隔一定周期,系统获取尚未分配的任务,以及虽已分配但尚未开始执行的任务,将上述任务分配至处于空闲或预备状态的机器人,其目标是使机器人总移动距离(基于估计值)最小化。值得注意的是,在上述过程中,某些虽已分配但尚未真正开始执行的任务有可能被重新分配给其他机器人。为保持任务分配方案相对稳定,一旦发生任务重分配,须额外增加一定的惩罚,从而保证仅在必要时(额外收益大于额外惩罚)才进行重分配。在以下两种情况下可能启动任务重分配机制:

① 被动重分配　若检测到某些机器人出现异常情况(发生故障或电量不足),则启动重分配机制,将异常机器人的任务重新分配给空闲或者即将空闲的机器人。

② 主动重分配　若某任务已分配至某机器人但尚未开始执行,如果将其分配给其他机器人有希望获得较大的额外收益(大于额外惩罚),则在滚动式任务分配时有可能将该任务重新分配给其他机器人。

2. 空间资源分配

智能仓储或智慧工厂在商用落地过程中通常需要先规划仓库布局,前期规划的完善程度将极大影响项目的推进效率以及后续实际运行效率。空间资源分配中,货架布局和道路设置是优化变量,当前的布局通常依赖专家经验,很难形成共识及做出

评估。在多复合机器人协同作业系统中通常涉及大量设备,包括机器人、工作台、货架、提升机、充电桩等。由于设备种类繁多,设备间配合协同复杂,系统可靠性要求高,如何合理分配不同种类设备的数量,以及如何确定其空间布局成为亟待解决的问题。

小　结

本章以复合机器人核心技术为主线,对复合机器人的若干核心技术进行了介绍。希望通过本章的介绍,能够让读者更全面具体地认识复合机器人的核心技术,把握技术发展方向和趋势,并为相关专业学生、相关从业者和爱好者提供参考。

第6章

复合机器人的重点应用领域与应用案例

6.1 机器人产业创新实践与案例分析

按照国家及北京市部署要求，经原中关村管委会批复，中关村机器人产业创新中心（以下简称“中心”）于2020年年底正式成立。成立至今，该中心坚持按照“围绕产业链部署创新链、围绕创新链布局产业链”的核心思路，聚焦机器人产业创新生态系统，结合机器人产业实际特点，布局产业链、创新链和公共服务三个板块内容。整合中关村机器人行业企业、高校、科研院所等多元化创新主体资源，引进国际化研发中心，以“软”“硬”结合的智能化机器人为发展重点，面向各行各业智能化转型和人民对美好生活的迫切需求，坚持问题导向、目标导向，推动机器人在各领域规模化应用，实现提质增效，促进业态的升级。

6.1.1 机器人产业创新实践

1. 构建机器人产用协同创新体系

聚焦用户特定场景和工艺需求，引导用户靠前参与、深度协同，精准服务于机器人、智能制造等硬科技企业，解决企业痛点，提升企业和区域的研发能力，加速技术的产品化和市场化过程，缩短产业化周期，吸引国内外高精尖的技术、人才和企业聚集，整合产业链上下游生态企业、高校和科研院所资源开展联合研发、技术服务、协同创新、产业孵化，联合攻克工业机器人相关核心“卡脖子”技术，开展包括产品设计、材料开发、工艺优化、批量生产和示范推广的“一条龙”行动，加快机器人创新成果的协同研发和推广应用。

2. 提供机器人与智能制造产业创新的公共服务

提供技术委托研发、标准研制和试验验证、知识产权协同运用、检验检测、企业孵化、人员培训、市场信息服务、可行性研究、项目评价等公共服务。通过搭建“机器人＋”应用体验中心和试验验证中心，加快实现特种机器人供需对接、产品试用、意见反馈、推广合作。搭建“机器人＋”应用供需对接平台，组织梳理各领域终端用户需求，进行精准的供需对接，探索采用“揭榜挂帅”等方式征集机器人应用场景解决方案，有效推动机器人应用落地。

3. 关注国产自主可控，加强机器人与智能制造产业前沿和共性关键技术研究

开展机器人与智能制造前沿技术研发及转化扩散，强化知识产权战略储备与布局，突破相关产业链关键技术屏障，支撑产业发展；面向国家高精尖产业发展需求，开展机器人与智能制造共性关键技术和跨行业融合性技术研发，突破产业发展的共性技术供给瓶颈，带动机器人和智能制造产业转型升级。

4. 促进机器人与智能制造技术转移和商业化应用

打通工业机器人技术研发、转移扩散和产业化链条，形成以市场化机制为核心的成果转移扩散机制。通过孵化企业、种子项目融资等方式，将创新成果快速引入生产系统和市场，加快机器人与智能制造创新成果大规模商用进程。

5. 输出“机器人＋”面向多场景的行业整体解决方案

为客户提供从咨询到服务、设计与原型制作到落地实施的端到端的行业综合解决方案。为客户提供高效、可靠的机器人与智能制造解决方案。

6. 加强机器人与智能制造行业数字化人才体系建设

聚集培养机器人与智能制造高水平领先人才与创新团队，开展人才引进、人才培养、人才培训、人才交流，建设人才培训服务体系，为区域乃至全国智能制造产业发展提供多层次创新人才。

6.1.2　代表案例

在复合机器人方面，该中心积极对接行业需求，形成以下代表应用场景。

案例一：采用履带式复合机器人替代人工完成金银花采摘作业

(1) 项目描述

为降低当地养殖金银花工作强度，替代人工，实现智慧农业。经研究，目前复合型机器人具备智能化程度高，适应当地种植地面环境，且无须进行前期改造。此项目作为某研究院课题研发，实现自动采摘，为当地农民提供便利，图 6.1 所示为履带式复合机器人替代人工完成金银花采摘作业。

(2) 难点及创新点

本项目采用履带式复合型机器人通过 3D－SLAM 算法实现自主路径规划、智能避障等功能。机器臂系统通过摄像头获取各处的图像数据，并将数据发送到远程图

图 6.1　履带式复合机器人替代人工完成金银花采摘作业

像处理服务器中。远程高性能服务器通过深度学习算法对图像数据进行处理，计算得出大概位置。随后远程服务器对机器人的当前位置与实际采摘对象位置做比较，并向移动底盘发送运动指令。移动底盘接收到指令后向目标点行进。到达目标点位后，远程服务器利用深度摄像头的位置判断能力，结合视觉识别算法，通过视觉伺服算法实时修正误差，实现控制机械臂抓取功能。

(3) 效益或影响

在“智慧农业”的发展中，农业机器人的应用愈发广泛，发挥了关键角色作用，完成了自动化、智能化的艰巨任务。目前，农业机器人已经能完成播种、种植、耕作、采摘、收割、除草、分选及包装等工作，主要应用于无人驾驶拖拉机、无人机、物料管理、播种和森林管理、土壤管理、牧业管理和动物管理等。在劳动力短缺、产业升级需求增长、前沿技术加快发展等多重因素影响下，农业机器人正加速拓展应用范围。如今，农业机器人百花齐放，不仅多元化、智能化，而且替代了人工，使“无人农场”成为现实，未来市场前景十分广阔。

案例二：采用复合机器人实现建筑领域无人喷漆作业

(1) 项目描述

随着劳动力结构的变化，人口老龄化对建筑业等劳动密集型产业的影响逐渐显现。根据国家统计局的数据，中国建筑工人数量在 7 年间减少近 1 000 万人，21～30 岁的建筑工人比例逐年减少，50 岁以上建筑工人的比例逐年增多。这一趋势导致了建筑行业的劳动力短缺。此外，工人技术水平参差不齐，质量难以保证。传统墙面喷涂施工以人工为主，对工人的手法要求极高，只有经过训练的专业人员才能进行作业。不同技术熟练程度的手法和对施工材料的认知，都会产生不同的施工质量，不能保证施工质量的一致性。同时，施工过程中需要施工人员通过肉眼观察喷涂的效果，而观察本身也存在偏差。此外，施工工期短，质量要求高。房产交易要求高质量快速交付业主，对项目的质量、进度要求持续提高。但墙面施工招聘人员难度大，流动性大，技术水平参差不齐，导致施工企业制度管理、安全管理、技术管理困难，进而不能全面控制项目进度、质量和成本。

室内喷涂作业，通过无人驾驶底盘＋喷涂供料系统＋供气系统＋喷枪及辅助臂＋中枢控制系统＋六自由度协作机械臂的复合集成机器人，集成激光建图、灵活标注、自动喷涂等一系列功能，能够适应多种室内喷涂环境，适用不同涂料颜色与涂料性能。应用上述复合集成机器人后，喷涂速度可达 80～100 m^2/h，相较于人工，效率提升了1倍，并在油漆用量上节约30%，在企业提质增效上成效显著。图6.2所示为复合机器人实现建筑领域无人喷漆作业。

图6.2 复合机器人实现建筑领域无人喷漆作业

(2) 难点及创新点

1）灵活转运·自动导航

机器人底盘搭载高扭矩伺服电机全向舵轮，可实现原地前行、横移、旋转等移动方式，并具备较强的爬坡和越障能力；机器人可自由切换为遥控、巡线导航和激光导航模式，作业过程中如遇钢梁交叉处，机器人可自动识别并绕过。

2）自主识别·智能喷涂

机器人配备3D视觉、激光测距仪等传感器，可自主识别钢梁位置、尺寸及离地高度，并根据测量结果自主调节底盘位置、喷涂姿态和升降高度；搭载的双协作式六轴机械臂可根据钢梁尺寸自主规划喷涂路径，通过控制机械臂运动速度、往返次数可有效调节喷涂厚度。相比传统人工喷涂，效率提升50%，喷涂质量稳定、优异。

3）绿色环保·安全可靠

对比传统工艺，机器人作业可有效避免高空作业风险和涂料对人体的健康危害，同时大幅减少材料浪费。此外，机器人配备了激光雷达传感器，可对洞口和临边实时探测，自动防撞击、防跌落。

(3) 效益或影响

1）有助于企业提质增效

无人化自动喷涂无须人工操作，可以关灯运行，并且能够适应多种喷涂环境，降低工人工作强度，减少因各种外部环境因素造成的工人工作质量不稳定情况发生的频率，同时能够大幅提升喷涂合格率，通过多、快、好、省的作业帮助企业提质增效。

2）有助于企业成本控制

由于无人化自动喷涂全程由机器进行，其喷涂损耗、喷涂效率、设备成本等指标较为稳定，在企业成本管控中能够很好地根据这些指标量化经营成本，合理进行成本预算，帮助企业进行精准的成本控制，提升经营效益。

3）有效降低综合成本

随着人力成本、漆料成本的不断攀升，企业综合经营成本也不断提高，智能化喷涂可以有效减少人工，降低人力成本，同时机器喷涂的精准度相比人工大幅提高，能够有效降低漆料损耗和材料成本，有助于提升企业利润。

4）推动涂装业绿色环保发展

“绿色涂装”理念就是涂装公害小（VOC、颗粒物、污水及废弃物等排放少）、能效高（CO_2 排放少），且优质高产、低成本，使涂装生产更优化，符合清洁生产标准。无人化涂装场景的应用，可以通过低耗高质的喷涂作业，降低涂装公害，减少能耗，使涂装行业绿色环保。

5）推动涂装业无人化智能化发展

在工业4.0的大环境下，面对建筑业制造业向智能化方向发展的大趋势，自动化喷涂是涂装行业发展的必然趋势。

案例三：复合机器人在金属加工行业的机床上下料应用

(1) 项目描述

在国内的金属加工行业，目前很多都是使用人工或专机进行机床上下料的传统方式，随着社会的进步和发展，使用人工或专机进行机床上下料暴露出了很多不足和痛点。例如：

① 自动化专机结构复杂、维修不便，不利于自动化流水线的生产。

② 不具备柔性加工特点，难以适应产品变化，不利于产品结构的调整。

③ 人工上下料的过程需要耗费较多的人力和时间，人力成本高，人工劳动强度过大，容易发生工伤事故，整体的生产效率低下。

④ 人工上下料存在一定的安全风险，人力操作受人为因素和环境因素影响较

大，操作不当可能会造成人身伤害。

⑤ 人工上下料的精度和稳定性受到操作人员的技能和经验的影响，会导致产品质量不稳定，不能满足大批量、高质量的生产需求。

通过灵活的“手、眼、脚、脑”配合，复合机器人轻松实现移动、识别、抓取等多种功能，可广泛应用于物料转运、CNC 上下料、视觉检测及设备操控等场景，高效完成生产制造环节中各种复杂或多个不同工位之间的任务，打造智能柔性生产流程。复合机器人在金属加工行业的机床上下料如图 6.3 所示。

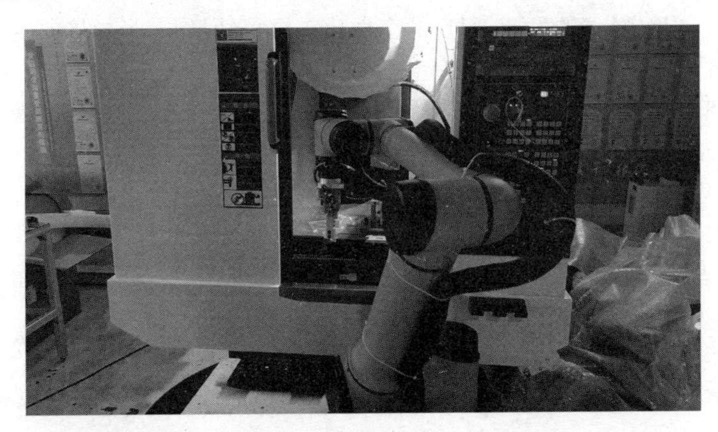

图 6.3　复合机器人在金属加工行业的机床上下料

(2) 难点及创新点

1) 手眼定位，保证较高的综合定位精度

该方案通过拍取视觉标定块完成手眼定位，对 AMR 平台的停车位置进行纠偏，视觉定位精度 0.1 mm 及以上。

2) 自适应多种误差，实现高一致性的作业效果

凭借高精度、高频响的工业级力控能力，该方案采用边定位或定位销控等力控放置的方式实现更高精度的待测板上料，最终定位精度可达丝级(0.01 mm)，可自适应可移动平台、来料尺寸、放置角度等带来的位置误差，有效避免划伤，上料节拍比传统定位方式降低 30%，综合良率可达 99.99%。

3) 兼顾多台设备，提升设备复用率

高通用性结合实时通信，使单台移动复合机器人可兼顾多台测试机的上下料任务，从而提升设备复用率和空间利用率，降低综合成本。

(3) 效益或影响

复合机器人不仅可以用于 CNC 上下料，而且可以用于多个制造环节，例如装配、搬运和包装等。与传统自动化设备相比，复合机器人更具灵活性和智能性，能够实现人机协作，提高生产效率和质量。

复合机器人简单易用、安全可靠、灵活柔性，已广泛应用于 3C 电子、半导体、机

床加工、一般工业、医疗康养等行业。相信随着智能制造的深入推进，复合机器人将凭借强大的性能优势，助力更多企业智能化程度再上新台阶。

6.2 半导体领域应用场景与案例分析

6.2.1 行业需求特征

随着我国国民经济的发展，用户的个性化需求持续增长，半导体的生产制造呈现小批量、多批次、短周期的特点；现有生产车间的过程物料人工周转方式，存在送料出错率高、效率低的短板，无法满足半导体及电子行业的生产线快速变线需求；同时，半导体及电子制造工厂关键零部件生产制造的质控要求越来越高，随着物流环节的物料存放标准化程度越来越高，引入智能物流运输设备，实现工厂物流环节数字化与智能化，成为需求趋势。

行业痛点

① 环境要求严格　车间对无尘等级、防震动、防静电要求严格。

② 人工效率低　人工作业震动大，易污染，作业不连续，准确率低。

③ 信息孤岛　生产过程离散、工艺流程复杂、数据不共享、生产设备种类多造成信息孤岛。

移动机器人底盘搭载不同适用半导体各流程所需的上层载具，形成行业专用的生产线物料周转智能设备，以满足智能移动机器人与不同生产线线边机台的智能对接与无人化上下料作业。以半导体封测为例，常见的应用场景有：晶圆盒搬运与上下料、辅料配送等。其中，搬运配送主要通过移动底盘搭载顶升背负装置对料车或移动料仓进行移载来实现，上下料则通过底盘搭载协作机械臂而成的复合机器人来完成。

6.2.2 市场需求预测

复合机器人作为新型物流设备，柔性程度高，适应能力强，融合了智能驱动导航等关键技术，可实现物料的自动搬运、智能分拣，已广泛应用于国际知名半导体行业，如前期的晶体制造，中期的封装集成，后期的组装包装、运输、机房数据管理（存储服务器数据取放）等都可见到复合机器人的身影。

根据中国移动机器人（AGV）产业联盟、新战略机器人产业研究所的数据统计，目前全球半导体行业中 AGV 与机械手组合的复合机器人的应用已经达到约 5 000 台，松下、西门子、富士通、环旭电子、华通科技、晶元光电等半导体企业，都已将相关的 AGV 机器人应用到生产中。

目前，半导体行业是复合机器人应用最多的领域，未来伴随半导体行业智能化升级，对复合型机器人的需求会爆发。

6.2.3　代表案例

案例一：新松某半导体企业复合机器人项目

(1) 项目描述

某半导体企业从 2015 年开始陆续应用了沈阳新松机器人自动化股份有限公司的复合机器人。复合机器人分别应用于工厂的加工和物流区域，主要用于半导体材料的搬运，通过机器手臂将物料自动抓取到各加工设备中，实现物料的自动转运。移动机器人本体及协作手臂均由新松机器人公司提供，如图 6.4 所示。

图 6.4　新松复合机器人

(2) 难点及创新点

① 采用激光 SLAM 导航技术，停车定位精度±10 mm；

② 机器臂末端采用 3D 视觉补偿，定位精度±0.5 mm；

③ 车间为洁净环境，设备洁净等级满足 Class 100；

④ 自动更换电池技术，复合机器人可连续 24 h 运行，满足用户 7×24 h 不间断工作；

⑤ 复合机器人运货量大，机械臂最大负载 20 kg，移动机器人最大负载 200 kg，综合性价比高；

⑥ 机械臂自动更换夹爪，可以搬运多种物料；

⑦ 行走速度 60 m/min 无级变速；

⑧ 为了满足不同物料，机械臂的臂展需加长，由于受到巷道宽度的限制，移动机器人的宽度受限，因此应考虑复合机器人的重心及稳定性设计。

(3) 效益或影响

复合机器人被推出当年,即成功应用到某企业的数字化智能工厂中,在该行业内起到一定的示范作用,同时也积累了复合机器人的应用经验。复合机器人是新松公司最早应用于半导体行业的,它推动了这一行业应用复合机器人的认可和使用。采用复合机器人搬运方式可大大减少车间人员数量(减少约 80%)和搬运次数(调度系统优化最优配送方案),提高作业准确率 200%。尤其在新冠疫情期间,很多企业面临人员不能正常到岗的情况下,复合机器人却可在用户企业的工厂里 24 h 穿梭,有效地保证了用户的生产效率和经济效益。

案例二:优艾智合晶圆盒搬运的机器人项目

(1) 项目描述

某全球领先半导体晶圆厂为解决每日繁重的 SMIF POD 上下机台任务,引入 YOUIBOT 智能物流解决方案,通过 3 台优艾智合晶圆盒搬运机器人,搭载 YOUI-FLEET 调度管理系统和 YOUTTMS 物流管控系统,完成机台与电子料架之间的自动化上下料和车间物流数据全流程精细化管理,实现晶圆车间柔性化智能化生产。晶圆盒搬运机器人在半导体车间的应用如图 6.5 所示。

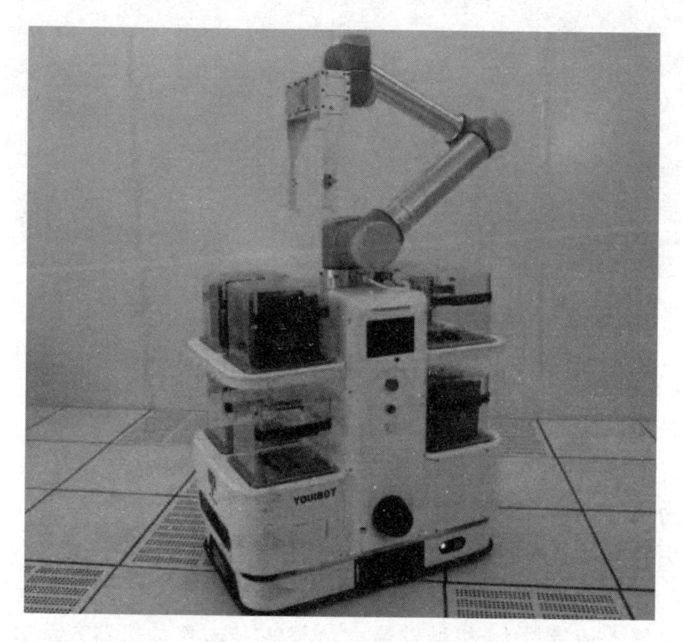

图 6.5 晶圆盒搬运机器人在半导体车间的应用

(2) 难点及创新点

难 点

① 视觉定位精度要求±1 mm;

② 高频次转运需求对节拍要求严苛,人工一次只能搬一个晶圆盒,晶圆盒搬运

机器人一次最多可搬运8个晶圆盒；

③ 震动容易使晶圆产生裂纹，晶圆搬运过程对震动要求极其严格，晶圆盒搬运机器人在作业时稳定运输状态震动均值远小于0.1g（地球表面重力加速度的十分之一）。

创新点

① 市面普通机器人最多设有4储位，部分工艺晶圆流转需求达到6个SMIF Pod，无法满足工艺需求，晶圆盒搬运机器人拥有目前业界最多的储位，设有8储位以及料位智能化管理，满足所有工艺晶圆流转需求。

② 可取放高度为300～2 300 mm，是目前业界最高晶圆盒上下料作业高度和最低作业高度优势，提高了FAB的空间利用率。

③ 人工维修高架地板会产生坑洞，晶圆盒搬运机器人自带检测坑洼的传感器，防止跌入。

④ 打通不同工艺流程之间物质流和信息流，生产物流数据全流程可追溯，实现车间生产可视化和生产过程运营管控。

(3) 效益或影响

半导体生产车间洁净等级高、布局复杂、空间狭小、设备种类繁多，优艾智合通过移动机器人多机协同打通离散生产环节，高效助力企业柔性生产。同时，利用移动操作机器人实现工艺设备间的自动传送、存储及分发，打通制程中的复杂工序，有效提升设备稼动率（一定时间内处于生产状态的时间比例），降低人工错误发生率。做到零辐射，避免人工搬运方式存在的人体辐射伤害风险；零污染，减小无尘车间污染带来的风险，提升良品率；震动小，避免人工搬运带来的损坏问题，降低50%震动风险；提效，减少操作员30%无效行走；提升空间利用率，提高电子料架利用率66%。

案例三：达明复合移动机器人用于晶圆盒上下料项目

(1) 项目描述

某著名半导体工厂应用了达明复合机器人TM12M进行晶圆盒上下料，基于激光SLAM的混合定位导航技术，实现室内±5 mm的重复定位精度，有效对接各种设备；达明复合机器人导入TM landmark专利应用，且到达指定工作位置后，利用其集成的视觉系统，执行晶圆盒的高精度上下料操作，如图6.6所示。

(2) 难点及创新点

① 导入达明自带视觉协作机器手臂TM12M及TM landmark后，复合机器人可轻松应用于高精作业工序，并且可以十分轻松地完成调试及复制。

② 空间定位精度±0.5 mm（AGV定位精度±5 mm；通过TM vision + TM landmark，将空间定位精度做到±0.5 mm以内）。

③ 达明机器人通过Eye In Hand/ New Base（Golden Port）快速示教，轻松地完成调试及复制。

④ 更简易的部署：自动构建地图，无须场景改造；具备多种应用模块与通用标准

图 6.6 达明复合机器人应用于晶圆盒上下料

接口，直接对接企业 MES / WMS 信息系统，无须定制开发。

⑤ 更智能的控制：最新一代移动机器人分布式控制系统，使机器人单机作业与多机调度切换自如。

⑥ 更平稳的移动：采用 6 轮悬挂系统，过缝过坎平稳顺滑，减轻振动；自动均衡负载，移动更加平稳。

⑦ 更安全的防护：搭载两颗安全激光雷达，覆盖机器人 360°无死角。

⑧ 更强大的调度：智能划分作业场景，不同场景下自动切换工作模式，动态任务分配、智能交通管制、同场景多机调度，支持 100 台机器人的实时监控与调度。

⑨ 更持久的工作：每一台机器人都支持自动充电、手动充电和快速换电，最快 30 s 即可让机器人重新回到工作站点，保证 24 h 连续运行与快速响应。

(3) 效益或影响

为客人打造专属的智能设备，创造共生互利的竞争优势，制造效能的提升或制造良率的提升，对整个制造业有一个很积极的影响，得到了客户的肯定，并为客户带来智慧物流方案，帮助合作伙伴节省人力，共同迈进关灯智能工厂。

案例四：迦智科技国内知名半导体晶圆生产企业的内部智能物流搬运项目

(1) 项目描述

国内知名的半导体晶圆生产企业面对市场柔性化的生产需求，亟须提升厂内物料搬运的灵活性和稳定性。

迦智科技为其提供了涵盖数台复合移动作业机器人、EMMA400 举升车、EMMA400 升降辊筒车以及自动充电桩、服务器、调度系统 CLOUDIA 等在内的整套智能物流解决方案，如图 6.7 所示；高效解决了生产原料、半成品等在晶圆生产线各工序设备间的自动化流转和上下料，大幅提升了生产效率。

图 6.7　迦智科技复合机器人

(2) 难点及创新点

① 无尘洁净车间高效作业：迦智科技的自然导航 AMR 满足百级无尘车间的作业环境标准，无须提前改造，即可快速部署于现有生产线中，并可随时满足用户生产线优化调整需要，降低二次投入成本。

② 全程无人参与，安全稳定运输：针对半导体行业物料易碎易损的特点，迦智全柔性自然导航 AMR 底盘＋协作机械臂的智能集成，采用自研的激光 SLAM 融合导航技术，路径规划灵活，环境适应力强，支持多机协作、人机协作，智能停避障，保障了物料配送的及时安全性，所有物流信息通过可视化的实时管理一目了然。

③ 实现对半导体精密元件的精准抓取、放置，满足产品良率要求：通过视觉辅助技术和机械臂伺服运动规划，成功达到了用户需求的 1 mm 级高精度对接要求，确保物料转运安全稳定，非常适用于 3C、泛半导体领域等高精密度作业需要。

(3) 效益或影响

项目成功实施后，充分满足了用户的排产需求，助力生产线提高生产效率，有效降低人力成本，增强企业柔性生产能力。

案例五：优艾智合弹夹转运机器人

(1) 项目描述

针对某被动元器件国内龙头企业，优艾智合助力该企业实现黄光一体化车间自动化升级改造，实现黄光车间印刷、曝光、显影三大工序机台的自动化上下料以及工序机台间的物料转运，解决现有员工上料不及时、上错料、信息跟踪困难的问题。

物料转运系统由 YOUITMS 物流管理系统、YOUIFLEET 调度系统和移动操作机器人组成。YOUITMS 物流管理系统对接客户 MES 系统，获取生产订单进行排程调度，并将合并后的订单下发给 YOUIFLEET 调度系统；YOUIFLEET 调度系统调度移动操作机器人(移动机器人本体设有多个料篮(生产物料载体)缓存位)完成物料的转运及自动上下料。图6.8所示为优艾智合弹夹转运机器人OM-T12在半导体分立器件车间的应用。

图6.8 优艾智合弹夹转运机器人OM-T12在半导体分立器件车间的应用

(2) 难点及创新点

难 点

① 客户车间均为紧凑型车间,复合机器人需在1 100 mm的过道中上下料。

② 客户的机台上下料位置很低且空间狭小,通过末端执行机构的特殊结构设计解决了此问题。

③ 机台对于上下料的精度有严格要求。

创新点

① 移动操作机器人对物料上的识别码进行确认与记录,业务系统可通过看板跟踪物料流转信息。

② 移动操作机器人通过YOUIFLEET调度系统可以轻松通过半导体车间内的窄小过道,不会在过道形成拥堵,多台机器人可根据不同业务需求协同配合。

③ 移动操作机器人高精度定位与机械臂上的视觉补偿支持自动化上下料对接,YOUITMS物流管理系统对接客户的MES系统,接受任务订单,传递物料运转信息。

④ 数据分析,实时反馈生产物流数据。

⑤ 在智能移动机器人系统实践过程中,巧妙利用工业相机、传感器和智能化决策系统等多种关键技术优势,使得机器人具有更大智能范围的能力。这一创新应用帮助更大制造企业实现“智造”升级。

(3) 效益或影响

大大降低工人的工作强度,减少操作人员30%的无效行走;打通各个环节的物料交接信息流，省去了大量人工交接时的纸质单据；减少人工作业，实现自动化上下料，提高生产效率 33%，提升产品良率 78%；实时反馈生产数据，提高信息透明度，降低机台出错率；节约白班和夜班工人 20 人；投资回报率为回本周期 1.6 年。

6.3　3C 电子领域应用场景与案例分析

6.3.1　行业需求特征

随着 3C 产品定制化和个性化需求的不断增长，对机器人及自动化等设备和生产线的柔性化要求越来越高。与此同时，3C 行业对物流搬运提出了新的需求：大批量定制、生产周期缩短对于柔性化、矩阵式生产，要求物流具备快速应变能力；为了降低风险，生产线拆解更细分，物流频次上升，要求更高效率；可与 MES 系统对接，将生产信息准确映射为生产作业，精准控制供应链和生产节拍。

行业痛点

① 车间布局紧凑　生产设备密集，物流通道小，作业空间有局限性。

② 制造流程工艺复杂　工艺周期更新较快，生产布局会随着工艺的改变而更改，对柔性物流要求高。

③ 物品种类繁多　各工艺段物品种类繁多，人工运输效率低，准确率低。

3C 电子行业的自动化痛点及难点如图 6.9 所示。在 3C 行业，复合机器人主要应用在组装、螺丝锁缚、搬运测试、机床上下料等环节。

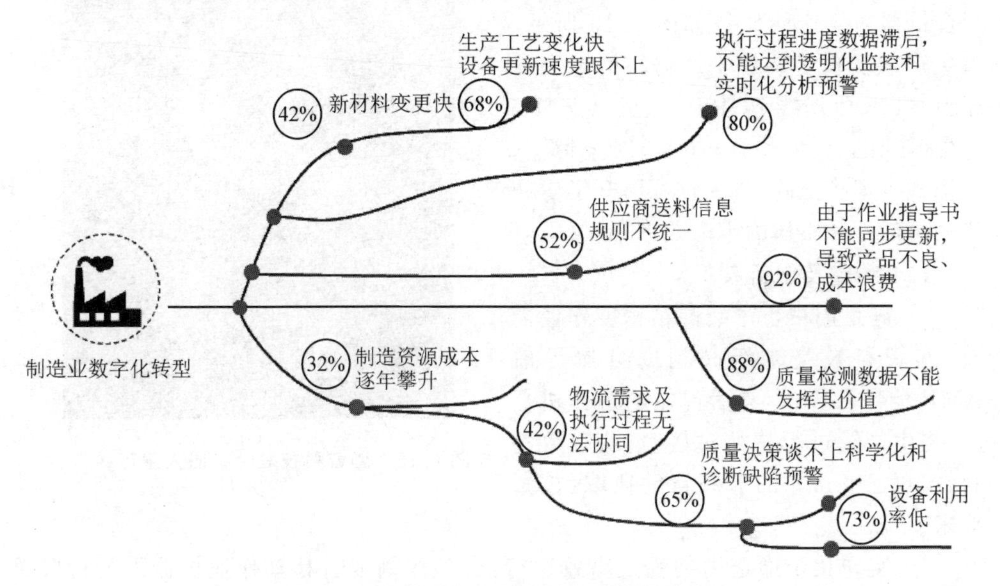

图 6.9　3C 电子行业的自动化痛点及难点

6.3.2 市场需求预测

尽管目前以智能手机、平板电脑、传统 PC 等为代表的传统 3C 行业已经逐步走进存量争夺的红海市场，行业的基数已经足够大，但行业的景气度依然延续。传统 3C 产品未来的发展将以创新和优化为导向，尤其在硬件领域的技术争夺和竞争将愈加激烈，这将直接带动硬件生产设备的需求，上游设备将迎来新机遇。

2020 年度，3C 电子行业的工业应用移动机器人（AGV/AMR）市场占比超过 9%，成为行业的第三大应用市场。

不过目前应用于 3C 行业的工业应用移动机器人（AGV/AMR）保有量与汽车行业相差太大，按 3C 行业 2 000 万人的产业工人计算，AGV 500 人/台（日本电子行业数据），未来 3C 行业的需求将是 4 万套 AGV/AMR。

6.3.3 代表案例

案例一：迦智科技知名电声龙头企业智能物流转运和上下料项目

(1) 项目描述

为满足知名电声龙头企业积极推进数字化、智能化改造需求，迦智科技联合艾思博武汉提供了涵盖若干复合机器人、自动充电桩和调度系统 CLOUDIA 等在内的智造物流整体解决方案。迦智科技复合机器人生产线作业如图 6.10 所示。该生产线实现了装载生产物料的卡夹在原料 STK、生产线 PORT 口、成品 STK、待检区间的有序、快速、精准、安全运输，大幅减少了员工的劳动强度，提升了生产线的灵活性和整体的生产效率。

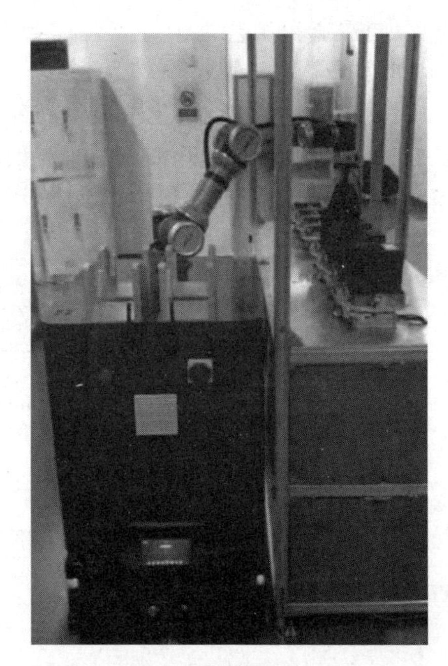

图 6.10 迦智科技复合机器人生产线作业

(2) 难点及创新点

① 满足用户生产线高精密度作业需要：迦智科技毫米级高精度自然导航 AMR 的导入，结合灵活智能的协作机器人，与生产线进行精准对接、精确取放物料，实现±1 mm 的卡夹自动抓取、放置要求。

② 实现狭窄通道内的稳定高效运行：合理规划复合移动作业机器人的行驶路径，解决了用户现场有限通道内的多台机器人同时在线作业，支持人机物混杂的复杂动态作业场景，大幅提升搬运效率。

③ 实现生产线工序的高效衔接：复合移动机器人的准确到点精度，保障了后道工业机械臂抓取作业的紧密衔接，构建了高效的制造生产线，提升了综合效能。

(3) 效益或影响

本项目中，复合移动机器人在实现厂内物流智能升级，减少人工成本的同时，提高了物料运输的及时性、准确性，保障了生产节拍需要。此外，提升了整体生产线的智能化水平，促进生产效率的增长。

案例二：仙工智能SMT生产车间项目

(1) 项目描述

西南某外资电子元件生产企业，需要将中段环节——电镀工艺车间做升级改造。将原来由人工搬运料篮变为由复合机器人搬运和自动上料；待加工完成，再由复合机器人从下料口将料篮取出。现场目前完成一条生产线改造，投入一台复合机器人及4台线边配合缓冲设备。仙工智能复合机器人应用如图6.11所示。

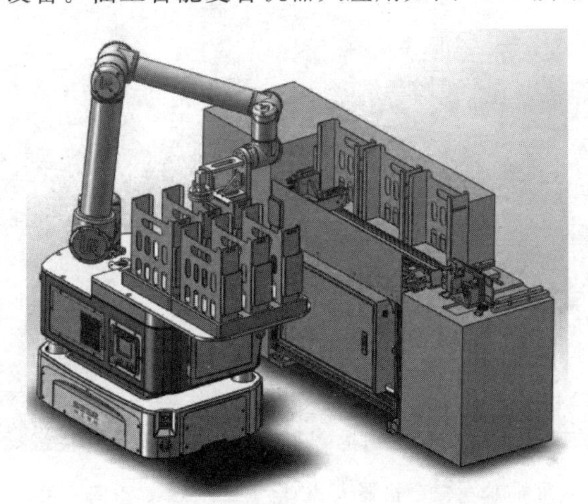

图6.11　仙工智能复合机器人应用示意图

(2) 难点及创新点

现场设备是工厂为人工搬运设计的线体，不具备完整的自动化设备对接能力，需要复合移动机器人系统适应其上下料方式。车间内，围绕线体，运行线路呈环形，线路沿线分布4个工作站点。各工作站点所需的工作时间，随着累计运行，各自的节拍时间会相互影响，产生变化，要求复合移动机器人系统有一定弹性适应能力。基于以上情况，创新性提出“主线运输，线边配合”的主副设备方案，即在每个工位，设置一个受复合移动机器人调度系统统一控制的自动缓冲设备，具备“缓冲”“对接”“监控”的能力，解决了以上问题，平稳了复合移动机器人主机的运输节拍，满足了设备上料需求。

(3) 效益或影响

目前该项目已经投入使用，减少了现场操作人员的数量，降低了操作人员的工作强度，提高了生产线自动化程度，为下一步整场自动化运输做好准备。

案例三:艾利特复合移动机器人3C电子工厂CNC车间项目

(1) 项目描述

某知名电子OEM工厂,由艾利特公司为其定制的、结合斯坦德AGV集成的复合机器人20台。该项目采用了协作机器人与SLAM小车结合的复合机器人方案,一台复合机器人对应8台机床,代替人完成7×24 h的机床上下料。整套系统由MES系统驱动,调度系统驱使复合机器人到指定取料点将上一道工序的物料移至复合机器人料仓中,复合机器人到达指定位置后,通过视觉系统完成位置补偿,双爪完成成品的下料和半成品的上料,完成一个循环后,将料仓中的成品交接给下一道工序。复合机器人3C电子工厂CNC车间应用如图6.12所示。

图6.12　复合机器人3C电子工厂CNC车间应用

(2) 难点及创新点

复合机器人作为一个应用平台,包含机械臂、移动小车、视觉、夹爪、料仓、安全等系统,涉及的部件种类很多,需要根据不同的场景进行定制,例如料仓设计、视觉方案、交互设计和运维。电子行业产品生命周期短,快速部署、简易交互和运维设计成为最大的挑战。该方案中采用了模块化的设计,载具自动输送系统完成物料快速转运;码标视觉系统简化标定和调试工作;紧凑的末端执行器模块、集成光源、相机和双爪,具备简易、快捷调试部署和切换的优点,同时兼具了扩展性。

(3) 效益或影响

复合机器人上下料系统的上线,替代了之前人工作业上下料,降低了人员工作强度,提高了生产线的生产效率和生产质量,产能提高20%以上;同时,该系统为模块化架构,针对未来产品变种和不同工艺,该平台具备很好的兼容性,最大化地保护了客户的投资。

6.4 智能巡检领域应用场景与案例分析

6.4.1 行业需求特征

智能巡检是复合机器人应用的主要市场之一，智能巡检的范围很广，包括电力巡检，以及园区、数据中心及矿山等行业的巡检运维。其中，电力行业是目前应用机器人巡检最多的领域，巡检机器人各领域应用占比如图 6.13 所示。

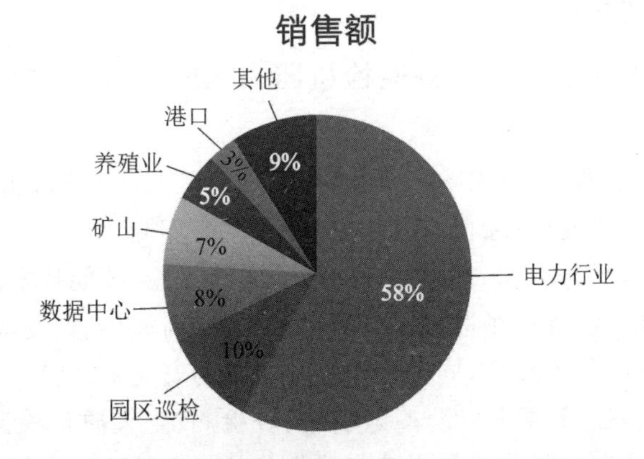

图 6.13　巡检机器人各领域应用占比（CMR 产业联盟数据）
（新战略移动机器人产业研究所统计）

机器人在电力行业的应用主要集中在输电、变电及配电环节。不同环节对于巡检机器人的需求也有不同。

输电环节：对于高空输电，目前主要用无人机对架空线路、塔架进行隐患排查；对于地下输电，一般用隧道机器人对电力管廊内的设备进行监控。对于输电线路损坏等问题，可以通过带电作业机器人进行维修。

变电环节：变电站是各级电网的核心枢纽。变电站巡检机器人在室外环境下工作，需要具备自主移动、智能检测、分析预警等功能。

配电环节：配电站是电网的末端站点，数量众多。配电站巡检机器人在室内环境下工作，在小型化、轻量化、环境交互系统等方面与变电站巡检机器人存在差异。

在电力行业的三大环节中，机械臂＋移动平台式的复合移动机器人主要应用在室内的配电环节，如电箱开柜检测等；优艾智合以移动底盘＋机械臂的复合机器人可在末端接入不同的配件以满足巡检中的其他需求；搭载了视觉识别功能的巡检机器人可以在二维进行移动，末端配件实现开锁功能，可进行电柜状态检测。

6.4.2 市场需求预测

国家电网自 2013 年开始对变电站巡检机器人首次招标，巡检机器人市场开始进入全面推广阶段。2013—2015年间，国家电网对变电站智能巡检机器人集采数量分别为100、280、430台，到2016年已投入运行约1 000台，市场规模快速增长。2018—2020年国内巡检机器人市场总需求约为477亿元，年均需求约159亿元，分别对应变电站巡检机器人9 000台，市场空间72亿元；配电站巡检机器人8.1万台，市场空间405亿元。

电力行业需求呈稳步增长趋势，其他领域如数据中心、园区等近年来对机器人巡检的认知度也在不断提高，未来应用空间广阔，复合型移动机器人也将大有可为。

6.4.3 代表案例

案例一：优艾智合工业设备巡检机器人 ARIS-IS 火电厂应用

(1) 项目描述

工业设备巡检机器人 ARIS-IS 在国内某火电厂投入使用，实现区域设备无人值守巡检，保障了企业安全、绿色、高效的智能化生产环境。

火电厂人工巡检受人员心理素质、责任心、工作经验、技能技术水平影响较大，存在漏检、误勘的可能性，且现场巡视环境恶劣，区域内高温环境、设备位置复杂等因素导致人工勘查的难度大大提高，同时也给巡检人员的安全带来隐患。

机器人 ARIS-IS 主要集成设备识别、仪表检测、空气质量检测、振动检测等功能，通过预先设定的巡检任务代替人工完成设备状态和环境状态的检测，并通过数据分析对异常情况发出警告。工业设备巡检机器人 ARIS-IS 应用场景如图6.14所示，采用激光SLAM＋动态算法＋惯性的组合导航控制方案，能根据场景的特征自动生成环境地图，适应火电厂环境动态变化、智能检测识别障碍物、主动停驶。

图6.14 工业设备巡检机器人 ARIS-IS 应用场景

(2) 难点及创新点

项目难点在于精确识别火电厂内种类繁多的设备仪表,例如常规表、异形表、数显表、刀闸等,需要对设备的运行状态进行高效精准的诊断和反馈,并且有些设备还对机器人提出了操作要求,不同的设备需要对应不同的操作工具。火电厂现场环境复杂多变,面积大,需要机器人适应现场环境动态变化,并进行精准导航,ARIS-IS在导航上利用SLAM技术+动态算法+惯性组合的方案,可以实现10万平方米面积快速建图及精准定位。

(3) 效益或影响

实现无人值守区域覆盖巡视,减少安全事故隐患。数据实时监控分析,提前安全预警,降低安全事故发生概率。机器人7×24 h不间断作业,增加巡检频次,相对人工巡检效率提高40%,确定巡检标准后准确率高达99%,降低人工因素对巡检结果的影响,减少误判。智能数字化的识别系统,便于信息化管理,提高管理效率,便于信息查询。

案例二:新松国网数据中心巡检机器人项目

(1) 项目描述

北京国网数据中心,在2018年采购了两台由新松公司生产的复合机器人用于数据中心的巡检工作,复合机器人采用激光SLAM导航技术,最大运行速度1 m/s。新松国网数据中心巡检复合机器人如图6.15所示。

图6.15 新松国网数据中心巡检复合机器人

复合机器人手臂上安装有高清摄像机、温度传感器、拾音器及开门装置,复合机器人自动运行到需要巡检的机柜前,首先通过机器手臂上的开门装置自动打开服务器机柜门,然后机器手臂自上而下,通过高清摄像机拍摄服务器运行指示灯的工作状态,通过温度传感器识别各服务器的工作温度,通过拾音器识别各服务器工作的声音。对出现的异常情况，复合机器人通过无线传输将故障信息传送到监控中心。

复合机器人可以不定期地对数据中心的设备及环境进行巡查，可以实现数据中心无人值守，确保数据中心运行稳定。

(2) 难点及创新点

这是首个应用于数据中心机房巡检的复合机器人项目。复合机器人采用激光SLAM导航技术，没有对数据中心机房环境进行破坏，移动机器人的柔性运行路线，便于数据机房的升级及调试。通过机器手臂对服务器机柜门进行自动开关作业，减少了数据中心改造的费用，机器手臂开门要求移动机器人重复定位精度高，同时在机器手臂上安装高清摄像机和温度传感器，便于从多个角度进行识别，确保识别的准确性。创新性，机器手臂既承担了机器人手臂的工作，又承担了机器人眼睛的工作，对于机房内出现的故障不但能够查看、发现，还能做简单处理。

(3) 效益或影响

机房巡检复合机器人不仅应用于电力行业，还应用于各行业的大数据中心，替代了数据机房人员的体力工作，提高了无人值守的安全性，复合机器人的应用能弥补对于人员不能及时到达或人工疏忽造成的损失，提升了这一领域的智能化程度。

案例三：节卡变电所巡检机器人项目

(1) 项目描述

协作节卡机器人公司与合作伙伴开展具备牵引变电所应急操作功能系统的开发研究，基于JAKA Zu 3协作机器人、AGV、多传感器、红外测温、图像识别、物联网等，实现无人巡检及无人操作，解决应急状态时无法操作、故障延时长的问题。节卡公司与合作伙伴打造的巡检机器人如图6.16所示。

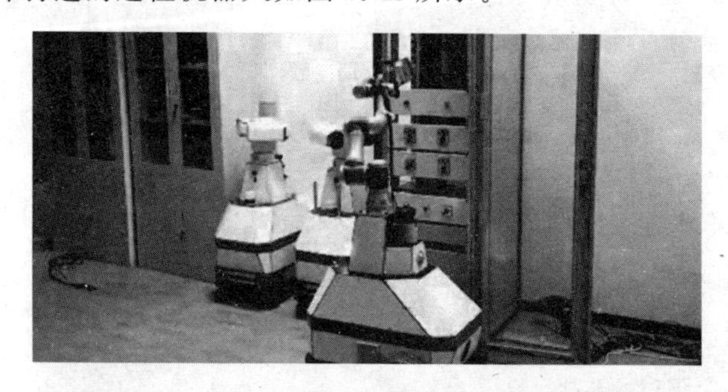

图6.16　节卡公司与合作伙伴打造的巡检机器人

当处于应急状态时，通过AGV自主导航，运行至指定位置，JAKA Zu 3协作机器人断开指定开关，实现对成套设备(开关柜)、综合自动化系统屏柜的面板按钮、转换开关的操作功能。操作功能可由牵引供电调度系统、综合自动化系统或远程集控中心进行指挥。

(2) 难点及创新点

目前变电所人工巡检存在着很多不足。传统人工巡检方式存在劳动强度大、工作效率低、检测质量分散、手段单一等不足，人工检测的数据也无法准确、及时地接入管理信息系统。随着无人值守模式的推广，巡视工作量越来越大，巡检到位率、及时性无法保证。此外，在高原、缺氧、寒冷等地理环境或恶劣天气条件下，人工巡检还存在较大安全风险，缺乏有效的巡检手段。在大风、雾天、冰雪、冰雹、雷雨等恶劣天气，也无法及时进行人工巡检，难以满足现代化智能牵引变电所安全运行要求。

将智能应急操作装置引入变电所，融合当前最新的机器人技术和人工智能技术，创造性地克服了以往牵引变电所人工巡检的诸多弊端，满足了用户提出的新需求。

(3) 效益或影响

JAKA Zu 3 协作机器人，自重 12 kg，小巧轻便，与 AGV 匹配度高；重复定位精度为±0.02 mm，在执行命令时，可精准完成定位；防护较好，适用于工业环境。通过这种解决方案，有效降低了人工维护成本，相比部署传统巡检系统具有简单灵活和成本低的优势，极大提升了变电所运维智能化水平和应急响应水平，为无人值守变电所的全面推广提供了强有力的保障，对于进一步提升整个智能化水平和高科技形象有着重要意义。

案例四：艾利特复合机器人轨道巡检应用

(1) 项目描述

提到地铁安防，人们通常都会想到进站安检、监控摄像，其实对于现代地铁的安防设施建设，单有监控摄像、进站安检，是远远不够的。巡检人员对地铁进行实地检查，仍然是无可替代的重要环节。每寸铁轨、每颗螺丝都事关地铁行车安全，巡检只能用脚步丈量，没有捷径可走。虽然地铁看上去就两条轨道，很简单，但是需要检查的项目很多，是一个劳动强度大、对人力依赖程度高的工种。位于华北的一家城市地铁运营公司就面临着这样的问题。艾利特复合机器人应用于轨道巡检如图 6.17 所示。

图 6.17　艾利特复合机器人应用于轨道巡检

(2) 难点及创新点

目前地铁大部分还是使用人工检测，每条线路需要 10～20 名轨道检修工每天凌晨进入隧道步行检修，每小时只能检测 5 km 轨道线路，存在作业效率低、人身安全风险高、无客观标准、原始数据无翔实记录、人工成本增加、夜间作业难免漏检等诸多弊端。而复合机器人的整套方案充电一次可连续运行 8 h，基本能确保完成一条完整地铁线路的检测。该应用集成艾利特 EC66(6 kg 负载的)协作机器人，自重仅为 17.5 kg，相较于同负载传统工业机器人(功率 250 W)，不到传统工业机器人功率的 1/4，确保 AGV 小车运行时可达到更高的续航时间。此外，该艾利特协作机器人的机械臂提供了 48 V 直流电，可与 AGV 集成，省略机器人控制柜由小车直接供电，使系统更加紧凑。

(3) 效益或影响

目前客户开始使用这套设备对轨道线路道床、扣件和钢轨常见巡道的三大系统的十多项标准进行精准检测，无论是扣件缺失、断裂、浮起，还是钢轨出现裂缝，道床出现积水、异物等，都能及时发现并报送。使用协作机器人＋AGV 方案替代人工检车，实现了轨道巡检过程中的“安全、高效、精准”，将人员从繁重、恶劣的工作环境中解放出来，从而提升了整体运营效率。

案例五：优艾智合电力开关柜操作机器人 ARIS - SR 应用

(1) 项目描述

ARIS - SR 开关柜操作机器人应用于电力输配电过程中高压开关室、中低压开关室、配电的带电作业任务。ARIS - SR 具备机械臂及自主识别能力，可以完成开关柜的分合闸操作，实现点按按钮功能和旋转旋钮功能。严格遵照带电作业安全规程，依据调度任务进行精准定位和设备状态智能识别，自主完成分闸、合闸，操作旋钮、按钮的一系列任务，最大限度地保障一线作业人员的人身安全。电力开关柜操作机器人 ARIS - SR 应用场景如图 6.18 所示。

图 6.18　电力开关柜操作机器人 ARIS - SR 应用场景

配合优艾智合智能巡检系统 YOUI INS 可实现仪表识别、指示灯识别、开关按钮识别及操作、设备声纹分析、致热缺陷识别、局放检测等功能，涵盖了电力行业巡检主要功能需求。

(2) 难点及创新点

电力行业巡检中，机器人的巡检功能已经基本趋于成熟，但是开关柜的操作尚属难点，电力巡检机器人 ARIS－SR 通过利用自动换工装的技术，将分闸、合闸，操作旋钮、按钮等一系列动作集成于一体，实现了机器人对按钮、旋钮、分合闸等部件的操作，针对不同的客户及场景，只需定制不同的工装末端即可实现不同类型开关柜的操作。

不同类型的开关柜对机器人运动灵活性、控制能力、稳定性以及定位精度等提出了高要求。机器人要结合仪表、指示灯状态、开关状态等多种元素才能进行异常判断，对机器人的智能化也提出了高要求。优艾智合电力巡检机器人将仪表识别、指示灯识别、开关按钮识别及操作、设备声纹分析、致热缺陷识别、局放检测等功能集成于一体，几乎涵盖了电力行业巡检操作业务的主要功能诉求。

(3) 效益或影响

智能数字化的识别系统，有效提升了识别的精确性。在以往的电厂巡检中，每天至少进行三个班次三个人员巡检任务，且人员抄表、读数等操作存在漏检、误读等风险，引入 ARIS－SR 机器人后，有效提升了巡检效率和精度，实现了仪表读数的数字化、智能化，能够及时对读数异常的仪表进行智能预警。机器人反馈的数据便于信息化管理，具有良好的可追溯性，可用于事故调查，也可以根据机器人反馈的数据制定预防措施，防患于未然，降低事故的发生率。

案例六：节卡高铁变电站巡检机器人项目

(1) 项目描述

在国内某高铁站内，协作机器人搭载 AGV 和机器人视觉系统，变身智能巡检机器人，可自行设定路线，实现自主巡逻。智能巡检机器人长为 0.86 m、宽为 0.66 m、高为 1.12 m，利用超声波雷达，实现机体 360°避障与防跌落功能，完成巡查变电站设备情况的任务。变电站巡检机器人如图 6.19 所示。当电量不足时，智能巡检机器人可选取最短路径到达充电室进行自主充电。同时，智能巡检机器人配备可见光摄像机及红外热成像仪，可进行数据采集和智能分析诊断，并通过远程无线传输，进行智能巡检，使管理人员在远程即可全面掌握现场运维情况，并可远程对变电所设备进行操作。

(2) 难点及创新点

为提升配电站的智能化运维，实现智能巡检及远程监控，节卡机器人与合作伙伴开发了配电站机器人智能监控系统。智能巡检机器人是配电站机器人智能监控系统的核心单元之一。

配电站机器人智能监控系统以集中监控平台、站端管理平台为核心，结合在线监

图 6.19 变电站巡检机器人

测系统、视频监控系统、智能巡检机器人系统等，实现对配网配电站室电路运行状态、运行环境及安防环境的一体化监控；同时结合站室环境、设备、安防、门禁等系统对配电室进行不间断监测及灾害预警、处置。

智能巡检机器人的机械臂采用国产的 JAKA Zu 7 协作机器人。该机器人具有小巧轻便、灵活部署、安全协作、碰撞保护等特性，通过远程无线传输，进行智能巡检，使管理人员在远程即可全面细致掌握现场运维情况，大大提高了巡检人员的安全系数和巡检效率，降低了巡检人员工作强度，也大幅提高了设备巡检及管理的智能化水平。

JAKA Zu 7 协作机器人重复定位精度较高为±0.02 mm，在执行命令时，可精准完成，且防护较好，适用于工业环境。

(3) 效益或影响

目前中国高铁正在快速发展，牵引变电所越建越多，变电所人工巡检存在着很多不足。传统人工巡检方式存在劳动强度大、工作效率低、检测质量分散、手段单一等不足，人工检测的数据也无法准确、及时地接入管理信息系统。随着无人值守模式的推广，巡视工作量越来越大，巡检到位率、及时性无法保证。

此外，在高原、缺氧、寒冷等地理环境或恶劣天气条件下，人工巡检存在着较大安全风险，缺乏有效的巡检手段。在大风、雾天、冰雪、冰雹、雷雨等恶劣天气条件下，也无法及时进行巡检，难以满足现代化智能牵引变电所安全运行要求。

通过引入智能巡检机器人，有效降低了人工维护成本，相比部署传统巡检系统具有简单灵活和成本低的优势，极大提升了运维智能化水平和应急响应水平。同时，为无人值守巡检的全面推广提供了创新技术检测手段，进一步提高了巡检的可靠性和安全性。

6.5　其他行业应用场景案例分析

除以上典型行业外，作为智能厂内物流解决方案的最后一环，复合机器人在工业制造领域各细分行业的应用也在不断深入。与此同时，基于其“手脚兼具”的特性，各场景也在探索一些创新应用，如消杀、自动充电等。

代表案例

案例一：蓝芯科技复合机器人浆料自动取样送检

(1) 项目描述

在某工厂的浆料检测环节，蓝芯科技复合机器人代替人工完成浆料的取样、送检工作。工作人员通过电脑系统下达取样任务，复合机器人接到指令自动前往指定机台，利用机械臂夹爪从机台上取出玻璃烧杯，放在机器人托盘内。取样后，机器人将样品转运至检测台，利用机械臂夹爪将机器人托盘内的烧杯一个个取出，并整齐地摆放在检测台上，供检测员检测。蓝芯科技复合机器人如图 6.20 所示。

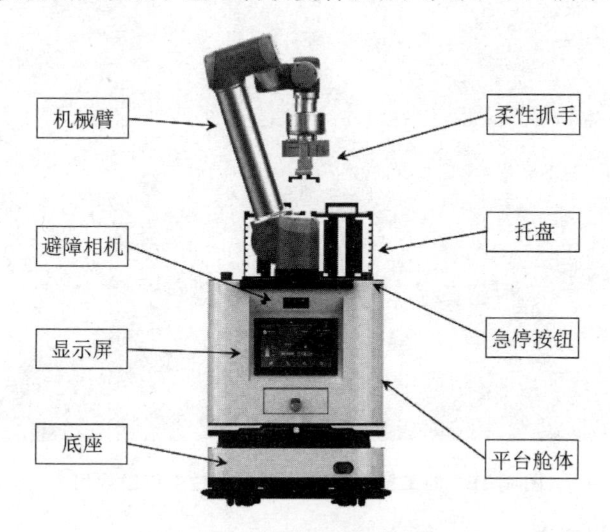

图 6.20　蓝芯科技复合机器人

(2) 难点及创新点

难　点

① 到位精度高，移动机器人必须停靠在指定位置；

② 抓取精度高，机械臂必须准确定位烧杯位置。

创新点

① 机器人集移动定位、检测定位、抓取、转移、摆放功能于一体；

② 搭载蓝芯科技自研的3D移动机器人视觉,辅助移动机器人准确避障,最大限度地保障机器人安全行驶以及人员、设备的安全。

(3) 效益或影响

释放员工资源:将员工从简单重复的取样送检工作中解放出来从事更重要的工作,既减少了人力资源的消耗,又提高了检测效率。

规范取样送检:机器人严格按照取样送检的既定流程操作,规避了人工不规范操作带来的工伤风险,同时也提高了送检的及时性。

案例二:仙工智能复合机器人柔性生产线应用

(1) 项目描述

国内著名工业集团项目的核心特点为工业生产柔性。为了具体体现这个特点,仙工智能公司为该工业集团特别定制了一套解决方案。仙工智能复合机器人柔性生产线应用如图6.21所示。使用两台功能不同的复合移动机器人,作为最终交付设备,打通整条产线最后重要一环,将定制化的产品最终交付至客户取件储物柜中。

图6.21 仙工智能复合机器人柔性生产线应用

(2) 难点及创新点

复合机器人需要适应不同形式的对接工站,其中有处于水平状态的取件对接机台,还有竖直方向上的储物柜格口。同时,交付复合机器人需要自主判断目标格口是否被占用,确认为空以后才能放入产品。为解决此问题,利用原本作为视觉位置引导的视觉相机,配合在储物格口内的特征点,自主判断格口空满情况,完成任务。同时,设计水平与竖直的立体坐标系变换计算,兼容水平和竖直两个平面上的货物取放。通过调度系统的交通调控,实现多车现场配合和在狭小空间内车体调度的可能。

(3) 效益或影响

具体阐述了下一代工业现场的最新发展方向，展示了一种新的工业现场智慧物流交付思路。

案例三：艾利特复合移动机器人武汉方舱医院及社区检测与消杀

(1) 项目描述

2020年春节疫情期间，艾利特机器人公司联合库柏特公司，在短短15天内研发出智能远程医疗机器人平台。双方合力打造的智能远程医疗机器人平台，由自主移动小车(SlamSLAM AIV)与协作机器人、中控计算机及算法软件和远程通信核心部件构成，根据实际需要可快速接入虹膜、红外热像仪，检测及消毒等设备，实现一机多用、快速部署和调整。智能远程医疗机器人平台如图6.22所示。该款产品可用于人员和隔离区的消毒、身份识别，医护人员与病人的沟通等。

图6.22 智能远程医疗机器人平台

(2) 难点及创新点

该智能远程医疗机器人平台(后称平台)提供的是一个远程无人操作平台，具有自主性强、智能化程度高、平台扩展性好的特点，能够快速地扩展部署，实现消毒、配送、身份识别、医疗检测等功能。

该平台统一由移动小车锂电池供电，通过5G网络将平台数据以及车载设备数据上传至远程服务器用于监视，也可用于远程的诊疗和对话；基于SLAM的移动小车，可自主实现路径规划、碰撞避免、乘坐电梯切换楼层以及自主充电等功能；六自由度协作机器人具备灵活自由的球形工作区间，自重小，功耗低，接口开放，可实现遥操作，可增强平台的功能，比如远程的仪器操作(例如床旁B超)、药品的分发、隔离区消毒等。中控计算机及软件则基于可扩展的架构设计，能兼容各类医疗和检测设备的接口和快速的功能扩展。

(3) 效益或影响

目前市面上绝大多数产品还是相对独立的产品，如自主移动小车加紫外线等设备进行消毒或者自主移动小车加料斗进行物料的配送，而协作机器人则主要用于工业、零售等行业，专门的医疗机器人则更多地用于手术辅助定位。多功能和可扩展的智能远程医疗机器人平台目前比较少，但技术新颖，硬件和软件架构的可扩展性能够保证平台可快速部署用于消毒、运送和床旁检测等，在国内外也是应用的一大创新。需求侧，面对未来的传染病，特别是类似新冠这类潜伏期长、传染性强的，人类无法事先预知具体的需求，智能远程医疗机器人平台功能定制模块化且高效；对于需要人为控制的环节，需通过摇操作实现保留最大化的柔性。

案例四：蓝芯科技复合移动机器人电动汽车自动充电项目

(1) 项目描述

电动汽车进入充电站指定停靠点，通过手机端程序下达充电任务，复合机器人接到指令，自动前往电动汽车停靠点，利用机械臂夹爪准确识别、抓取充电头插入汽车充电孔，对汽车进行充电。充电完成后，复合机器人自动前往汽车，拔出充电头。

(2) 难点及创新点

难　点

① 到位精度高，移动机器人必须停靠在指定位置；

② 抓取精度高，机械臂必须准确识别、定位充电头；

③ 充电孔定位精度高，机械臂必须对准汽车充电孔位。

创新点

① 集移动定位、检测定位、抓取、转移功能于一体；

② 搭载蓝芯科技自研的3D机械手视觉，辅助机械臂完成检测、定位、识别；

③ 搭载蓝芯科技自研的3D移动机器人视觉，辅助移动机器人准确避障，最大限度地保障机器人安全行驶以及人员、设备的安全。

(3) 效益或影响

成本下降：机器人替代人解决了企业用工短缺、工伤风险高等问题。

体验提升：有助于提高服务质量，使顾客获得良好的体验。

案例五：视比特、华为、电信智慧工厂5G+AI+机器视觉项目

(1) 项目描述

无人商超场景要求拣选机器人根据用户订单在不同货架的不同位置进行商品的快速拣选以及商品自动补货上架，视比特一体化拣选机器人如图6.23所示。

图 6.23 视比特一体化拣选机器人

(2) 难点及创新点

传统方案在海量商品识别、不同类型商品(如瓶装、袋装、盒装等)的柔性抓取及放置、动态避障等方面都无法满足客户需求。视比特打造一体化拣选机器人,可以在大规模商超场景内进行多台机器人联合路径规划和定位;搭载视比特 SpeedVision3D 相机,可以在不同光照条件下对海量商品进行准确识别和位姿计算,独特的虚拟锁像技术可以在抓取过程中提供精准避障,实现商品高效稳定的抓取和放置,完成货架商品的自动取货与补货。可支持上千种商品和动态新增,用户可快速调整拣选机器人配置,以适应不同场景需求。除此之外,与市面上常见的订单拣货机器人只有拣货功能不同,视比特研发的移动智能拣选机器人同时具备订单拣货和货架补货功能。货架补货涉及不同类型物品(如纸盒包装、袋装食品、瓶装饮料等)在货架上的整齐放置。而各型物品的整齐、稳定放置,是机器人领域的世界性难题。视比特研发了吸盘-软体夹手相结合的柔性夹具,同时配合基于 3D 视觉的高精度手眼标定、目标物体的准确识别和位姿计算、目标物体的抓取放置点判断、基于深度强化学习的"手眼协同""吸夹协同"放置控制算法,完美实现了多品类物体的敏捷、轻盈、整齐、稳定摆放,相关技术处于世界领先水平。

此外,采用控制云化 AGV 搭载工业机器人,在 3D 视觉引导下进行自动导航定位、精确识别分类、柔性抓取放置,并可以实现多机器人协同作业。机器人可以高成功率、快节拍实现料筐到货架的补货功能、货架到料筐的拣货功能以及料筐到料筐的拣选功能。

(3) 效益或影响

视比特联合电信、华为完成了"5G+云+AI+边"的行业解决方案开发,调用了在北京、江苏、广东三地的资源实现工业机械臂控制、机器视觉处理、AGV 控制等设备的云端部署，完成了端、网、云、边应用的一体化集成，解决了海量 SKU 商品及药品的精准识别及抓取摆放，实现了无人化、自动化。该产品线为视比特带来了数百万的订单，为 AI+3D 视觉在无人值守的仓储、零售、无人药房等场景的应用开辟了新的路线。

案例六：复合机器人在生物制药领域的应用展望

(1) 行业特征简介

当前是我国生物医药产业重点发展的时期，实现生物制药的智能制造是助力中国生物制药企业走向全球化的关键。当前国内生物制药企业自动化、信息化、智能化程度普遍不高，大多数生物制药企业还停留在设备控制的单体自动化阶段，自动化水平较低，存在对整体生物制药生产过程自动化的需求。距“制药工业 4.0”尚有差距。

生物制药智能工厂需要以智能装备为基础，利用自动化、信息化、大数据等先进技术，结合生物药品生产工艺与 GMP 等法规要求，实现从原料到仓储全流程环节的柔性化、定制化、智能化药品生产。生物制药流程图如图 6.24 所示。借助物流自动化技术和装备，可以更大限度地帮助制药企业实现生产过程的自动化、无人化作业。

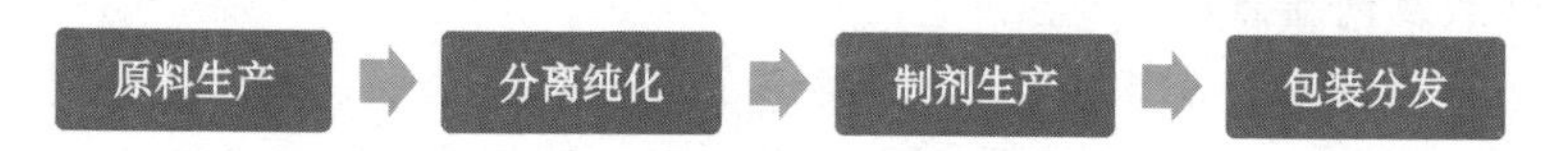

图 6.24 生物制药流程图

(2) 行业需求痛点

① 随着药品种类的增加，生产工艺流程多样，使得制药企业的生产流程控制和原料管理越来越复杂。② 通常情况下，医药原料与半成品药、成品药在存储和管理上都需要采取特别措施，对设备的洁净度有一定要求。

复合机器人用于药物生产过程中原材料和包装材料的分拣配送，消除药品生产过程中的混药和交叉污染，减少室内尘埃细菌污染。

(3) 市场需求预测

2020 年，我国生物医药产值约为 3.57 万亿元，较 2019 年增长 8.54%。“十四五”期间，打造新一代生物医药与健康、现代农业等十大战略性支柱产业集群，加快培育十大战略性新兴产业集群。推动制造业加速转型，精密模具、医疗器械等新兴产业迅速崛起，逐渐完善医疗设备领域产业链，与人工智能、大数据等高新技术融合发展，加速培育生物医药产业集群，推动行业稳定发展。预计到 2026 年，我国生物医药产值规模将达到 5.79 万亿元。2021—2026 年中国生物医药行业市场规模变化趋势如图 6.25 所示。

在智能化技术趋势影响下，制药行业逐渐进入全面转型升级新阶段。但从我国制药工业自动化与信息化的水平与现状来看，“智能制造”之路的探索才刚刚开始，实现制药工业真正意义的“智能制造”和“智能工厂”将会经历一个循序渐进和不断完善的过程，而在这个过程中，复合机器人等智能化设备将大有可为。

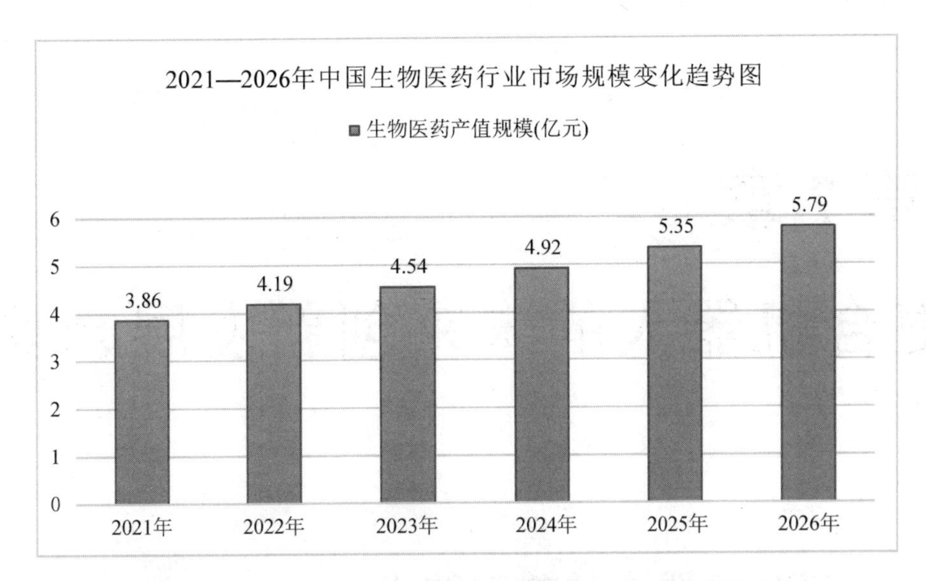

图 6.25 2021—2026 年中国生物医药行业市场规模变化趋势图

小 结

复合机器人具有“手脚眼”的一体化集成功能，能安全地执行行走—搬运—操作等一系列复杂的动作，与传统的移动机器人和多关节工业机器人相比，优势更加明显。复合机器人需要依据不同类型的需求及痛点提供具体化的解决方案，主要市场需求应用场景类型可分为劳动密集型且生产波动明显场合、劳动强度大且环境恶劣场合、物流及场地成本较高场合、作业流程标准化程度较高场合和精细化管理要求高场合这五种场景。在 3C 电子制造领域与应用案例、半导体领域与应用案例、新能源(汽车)行业与应用案例、国防及航空航天领域与应用案例以及其他的典型应用领域具有广泛的应用。

第 7 章 复合机器人的未来创新发展趋势

7.1 复合机器人的前沿技术

7.1.1 移动机器人前沿技术与展望

1. 技术与应用深度融合,形成紧贴行业需求的解决方案

纵观移动机器人的发展过程,可以看到移动机器人技术正在与各种应用深度融合,从而形成多种多样的行业解决方案。通过这种融合,移动机器人能够快速与人工智能、云计算、物联网等技术相结合,形成众多能够贴合具体应用需求的有影响力的产品。如适合新能源电池生产的自动挂接机器人、能进行快速分拣的料箱机器人、双车联动重卡装配线机器人等。未来几年,这种技术与应用深度融合的趋势将会延续和发展。移动机器人行业将会打造更明确的价值输出,通过各种创新平台加速实现技术与应用之间的整合,而这种核心技术与应用场景横向结合的方式,也正是移动机器人行业普及发展的一个重要特点。

2. 自然导航走向 3D,需要适应变化的环境

移动机器人能够高效、智能、灵活地运行,依赖于其导航技术。目前,2D 视觉导航和 2D 激光导航在移动机器人领域的应用已经十分广泛,但 3D 视觉导航和 3D 激光导航还处于发展阶段。3D 导航技术由于具有更好的环境适应性,预计未来会有更大的发展空间。在 3D 视觉导航方面,基于特征点的 3D 导航技术最早得到应用,在光照条件较好的情况下,已能够在一定范围内实现机器人的自动导航运行。通过全局优化和回环处理,改善 3D 建模的质量,提高定位精度,通过人工智能方法提高机器人在不同环境光照条件下的鲁棒性,这将是视觉导航技术发展的方向。在 3D 激光导航方面,现已取得非常明显的进展,并在一部分场景中开始投入实际应用。3D

激光导航克服了2D导航的缺点，适应复杂环境的能力显著增强，是移动机器人近期发展的主要方向。相对来说，3D激光导航的成本较高，相关的计算也更加复杂，但随着自动驾驶技术的发展，相关部件的成本有可能进一步降低，届时3D激光导航的应用将更加普及。动态环境是移动机器人自然导航所面对的主要困难之一。动态环境中既包含行人、车辆等高频运动的物体，也包含一些缓慢/低频移动的物体，如移动的生产线等。有效克服动态环境带来的困难，未来Life long SLAM技术将走向应用。这种技术是指在移动机器人使用过程中全程启用对环境模型的自动修改和更新，这对SLAM技术的准确性和可靠性提出很大挑战。该技术的发展和应用将进一步扩展移动机器人的应用领域，为在众多动态环境场景中使用移动机器人打下基础。

3. 从物料搬运到作业单元，末端识别将在应用层次深度迭代

移动机器人在诞生之初主要用于物料的搬运输送，即使执行一些其他作业也是比较简单的操作(如托盘移载或顶升)。随着技术提升，移动机器人越来越多地直接作为末端的精确操纵工具被使用，如具有视觉调整能力的复合机器人、高位自调整无人叉车等。在这些应用中，移动机器人不再是简单的搬运设备，而是成为一种具有感知和调整能力的作业单元。这要求移动机器人不仅具有末端精确检测与定位的能力，而且具有对其执行机构(如车载机械手)的实时调整能力。可以预见的是，机器视觉、人工智能等技术越来越多地成为末端精准定位的技术支撑，移动机器人技术与AI、视觉等技术密切结合，给未来发展带来更大空间。

4. 强大的管理调度，通过算法指挥硬件发挥最大效能

在未来的移动机器人应用中，成百上千台机器人规模化集群作业将成为发展必然。这不仅需要调度系统能够接入各种类型的机器人，在统一的环境下完成作业调度，还需要更加智能的多机器人调度算法，使众多机器人能够准确、高效地协同工作；同时，移动机器人管理系统还将面临运行路线和任务频繁变更的挑战，以及要求移动机器人具有避障绕行能力，而所有这一切都将由管理调度系统来完成。随着当前智能制造、工业互联网及人工智能技术的推广，移动机器人调度系统技术也将快速发展，成为未来移动机器人系统管理性能提升的核心保障。

7.1.2　机器人技能学习前沿技术

通过分析已有的机器人操作技能学习研究工作，机器人操作技能学习问题主要聚焦于两个方面：

- 如何使机器人学习得到的技能策略具有更好的泛化性能；
- 如何采用较少的训练数据、较小的训练代价学习得到新的操作技能。

解决这两方面的问题是机器人操作技能学习的研究重点。为此，列举了如下的未来研究方向。

1. 高效学习算法设计

以兼具感知、决策能力的深度强化学习为核心算法的机器学习方法在机器人操作技能学习领域取得了一定进展，但由于采用深度学习方法对价值函数或策略函数进行拟合，通常需要通过多步梯度下降方法进行迭代更新，采用强化学习得到机器人不同状态所要执行的最优动作也需要机器人在环境中经过多步探索得到，这就导致了该类算法的学习效率较低。例如人类花费数小时学会的操作技能，机器人需花费数倍时间才能到达同等水平。

现有的深度强化学习算法，诸如 DQN、DDPG、A3C、TRPO、PPO 等均为通用的深度强化学习算法，既适用于电子游戏，也适用于虚拟环境下的机器人控制策略训练。但在机器人实际操作环境中，存在数据样本获取困难、数据噪声干扰大等特点，导致现有操作技能学习方法学习效率低，学习效果欠佳。因此，结合机器人操作技能学习的固有特性及先验知识设计高效学习算法，实现有限样本下操作技能策略的快速迭代和优化对于机器人操作技能学习具有重要价值。

2. 技能迁移学习

基于机器人操作技能学习中的迁移学习主要包含两个方面：

- 基于环境，将虚拟环境中学到的操作技能迁移到真实环境中；
- 基于任务，将在一种任务上学到的操作技能迁移到另一种任务上。

在仿真环境中，机器人操作技能学习的训练成本低廉，并可避免使用真实机器人训练所带来的诸多不便性和危险性。但由于仿真环境与机器人真实工作场景不同，导致在仿真环境中学到的操作技能策略在真实环境中表现效果欠佳，为此如何将在虚拟环境中学到的策略较好地应用于真实环境是机器人操作技能学习中研究的关键问题之一。

通过基于一种或多种任务学习的技能策略初始化新任务技能策略，可加快机器人对新任务操作技能策略的学习效率，但这仅限于机器人的任务类型和工作环境存在极小差异的情况。为此，如何在具有一定差异的不同任务之间实现操作技能的迁移，并且避免可能出现的负迁移(negative transfer)现象也是机器人操作技能学习中要解决的重要问题。

3. 层次化任务学习

在机器人的操作技能学习任务中，复杂操作任务都可以分解成若干简单子任务。例如，机器人倒水操作任务可以分解成机器人从当前位置移动到水杯位置、机器人末端夹手抓住水杯、移动机器人到指定容器位置、转动末端夹手将水倒入容器中；机器人开门操作任务可以分解成移动机器人夹手到门把手位置、夹手抓住门把手、转动末端夹手将门打开。上述任务虽不相同，但均包含机器人末端执行器到达、末端夹手夹持等子任务，为此对机器人要执行的任务进行层次化分解可有利于操作技能的学习。针对复杂操作技能任务，训练学习将复杂任务分解成多个子任务的高级策略和执行子任务的低级策略,可使操作技能的学习过程更加高效。

4. 元学习

元学习作为一种学会学习(learning to learn)的方法,在机器人操作技能学习领域已取得了一定的进展。将元学习思想应用于机器人操作技能学习领域,可能存在的问题基于以下两方面:

- 确定机器人操作技能学习的训练环境和训练数据集的数据形式。
- 设计适宜的元学习网络结构。目前在计算机视觉领域,研究者提出了多种类型神经网络结构,而在基于机器人操作技能学习领域的特定神经网络结构还不多见。为此,借鉴其他研究领域,设计学习效率高,性能优异的元学习神经网络结构是机器人操作技能学习的重要研究方向。

元学习作为一种少数据学习方法,当前还仅限于面对新任务的测试阶段,需少量数据,而在元学习的训练阶段,仍需提供大量训练数据。为此,基于训练环境、训练数据形式及网络结构等方面,设计高效的元学习训练算法,实现真正的少数据学习,是机器人操作技能学习的未来发展方向之一。

7.1.3　复合机器人抓取前沿技术

复合机器人的重要特性是能够感知环境并与之交互。在机器人的众多功能中,抓取是机器人最基础也是最重要的功能。在工业生产中,机器人每天要完成大量繁重的抓取放置任务,如为老年人和残疾人提供便利的家用机器人,也是以日常抓取任务为主。因此,赋予机器人感知能力并通过感知信息更好地完成抓取一直是机器人和机器视觉领域的重要研究内容之一。

复合机器人抓取系统主要由抓取检测系统、抓取规划系统和抓取控制系统组成。其中,抓取检测系统为后面两个子系统的规划和控制提供了目标和机器人的相对位置信息,是抓取任务顺利进行的前提。抓取规划系统和控制系统与运动学和自动化控制学科关系密切,本书只讨论与机器人视觉相关的抓取检测系统子系统的实现。

抓取检测系统的实现根据实际的应用场景有所不同。目前常见的抓取场景可分为两大类:2D 平面抓取和 6 DOF 空间抓取。

1. 2D 平面抓取

在该场景下,机械臂竖直向下,从单个角度去抓目标物体,如工业场景中流水线上的分拣和码垛。二维平面抓取,目标物体位于平面工作空间上,抓取受到一个方向的约束(支撑平面约束)。在这种情况下,夹持器的高度是固定的,夹持器的方向垂直于一个平面。因此,基本信息从 6D 简化为 3D,即 2D 平面内位置和 1D 旋转角度。

2. 6 DOF 空间抓取

在该场景下,机械臂可以从任意角度抓取目标物体。无论是 2D 平面抓取还是 6 DOF 空间抓取,抓取检查系统都需要完成三个任务:目标定位、目标位姿估计和抓取位置估计。或者说物体定位、位姿估计到抓取位姿估计。

大多数机器人抓取方法首先需要目标对象在输入数据中的位置。这涉及三种不同的情况:无分类的对象定位、对象检测和对象实例分割。无分类的对象定位只输出目标对象的潜在区域,而不知道它们的类别。对象检测提供目标对象及其类别的边界框。对象实例分割进一步提供了目标对象像素级或点级区域及其类别。

如果物体的外部轮廓已知,可以采用拟合形状基元法。首先提取出图像所有封闭的轮廓,其次用拟合方法得到潜在可能是目标的物体,如果存在多个候选,则可以使用模板匹配去除干扰。如果物体轮廓未知,则可以采用显著性检测方法,显著性区域可以是任意形状。2D显著性区域检测的目的是定位和分割出给定图像中最符合视觉显著性的区域,可以依据一些经验例如颜色对比、形状先验来得到显著性区域。

基于3D点云的定位方法,其与2D类似,只是维度上升到三维。针对有形状的物体(如球体、圆柱体、长方体等),将这些基本的形状作为三维基元,通过各种方法进行拟合来定位。而基于3D显著性区域检测方法,需要从完整的物体点云中提取显著性图谱作为特征。

有两种主流的算法:第一种是基于区域候选的方法,通过使用滑动窗口策略获得候选矩阵框,然后针对每个矩形框进行分类识别。为了在不同观测距离处检测不同的目标,一般会使用多个不同大小和宽高比的窗口。而矩形框中的特征,常使用SIFT、FAST、SURF和ORB等。第二种是使用回归的方法,采用端到端的深度学习,进行神经网络训练,直接一次预测出边界框和类别分数,如我们熟知的YOLO算法。

3D物体检测的目的是找到目标物体的包围盒,也就是找到一个立方体刚好能够容纳目标物体。基于区域候选的方法,使用3D区域候选,通过人工设计的3D特征,例如Spin Images、3D Shape Context、FPFH、CVFH、SHOT等,训练诸如SVM之类的分类器完成3D检测任务,代表方法为Sliding Shapes。随着深度学习的发展,可以直接通过网络预测物体的3D包围盒及其类别概率,其中比较有代表性的是VoxelNet。VoxelNet将输入点云划分成3D voxels,并且将每个voxel内的点云用统一特征表示,再用卷积层和候选生成层得到最终的3D包围盒。

物体实例分割是指检测某一类的像素级或点级实例对象,与对象检测和语义分割任务密切相关。存在两种方法,即两阶段方法和一阶段方法。两阶段方法是指基于区域候选的方法,一阶段方法是指基于回归的深度学习方法。

区域候选法借助目标检测的结果生成包围盒或候选区域,在其内部计算物体的mask区域,然后使用CNN来进行候选区域的特征提取与识别分类。另一种直接使用端到端的深度学习方法进行分割,预测分割的mask和存在物体的得分。其中,比较有代表性的算法有DeepMask、TensorMask、YOLACT等。

基于点云数据的区域候选法,在点云目标检测的基础上,对包围盒区域进行前后景分割来得到目标物体的点云。比较经典的算法有GSPN和3D-SIS。GSPN在生成3D候选区域后，通过PointNet进行3D物体的实例分割。3D－SIS使用二维和三维融合特征进行物体高位盒检测和语义实例分割。

在一些2D平面抓取中，目标对象被约束在2D工作空间中并且没有堆积，对象6D位姿可以表示为2D位置和平面内旋转角度。这种情况相对简单，基于匹配2D特征点或2D轮廓曲线可以很好地解决。在其他2D平面抓取和6 DOF抓取场景中，需要得到6D物体姿态信息，这有助于机器人了解目标物体的位置和朝向。6D物体位姿估计分为基于对应、基于模板和基于投票的三种方法。

基于对应关系的目标6D位姿估计涉及在观察到的输入数据与现有完整3D对象模型之间寻找对应关系的方法。当基于2D RGB图像解决这个问题时，需要找到现有3D模型的2D像素和3D点之间的对应关系。然后通过Perspective-n-Point（PnP）算法计算出位姿信息。当要从深度图像中提取的3D点云来进行位姿估计时，要找到观察到的局部视图点云和完整3D模型之间的3D点的对应关系，此时可以通过最小二乘法预测对象6D姿态。

基于对应关系的方法主要针对纹理丰富的目标物体，首先将需要计算位姿的目标物体的3D模型投影到N个角度，得到N张2D模板图像，记录这些模板图上2D像素点和真实3D点的对应关系。当单视角相机采集到RGB图像后，通过特征提取（SIFT、FAST、ORB等），寻找特征点与模板图片之间的对应关系。通过这种方式，可以得到当前相机采集图像的2D像素点与3D点的对应关系。最后使用PnP算法即可恢复当前视角下图像的位姿。除了使用显示特征的传统算法外，也出现了许多基于深度学习来隐式预测3D点在2D图像上的投影，进而使用PnP算法计算位姿的方法。

基于3D点云的方法与2D图像类似，只是使用了三维的特征来进行两片点云之间的对应。在特征选择方面也分为传统特征提取（如Spin Images、3D Shape Context等）和深度学习特征提取（3D Match、3D Feat－Net等）的方法。

基于模板的对象6D姿态估计是从已有的对象6D姿态模板库中找到最相似模板的方法。在2D情况下，模板可以是来自已知3D模型的投影2D图像，模板内的对象在相机坐标中具有相应的对象6D姿态。因此，6D物体姿态估计问题转化为图像检索问题。在3D情况下，模板可以是目标对象的完整点云。我们需要找到将局部点云与模板对齐的最佳6D姿态，因此将对象6D姿态估计成为一个部分到整体的粗配准问题。

LineMode方法是基于2D图像的代表，通过比较观测RGB图像和模板RGB图像的梯度信息，寻找到最相似模板图像，以该模板对应的位姿作为观测图像对应的位姿，该方法还可以结合深度图的法向量来提高精度。而在模板匹配的过程中，除了显式寻找最相似的模板图像外，也有隐式地寻找最近似的模板，代表性方法是AAE。该方法将模板图像编码形成码书，输入图像转换为一个编码和码书进行比较，寻找到最近似的模板。当然，也可以通过深度学习方法，直接从图像中预测目标物体的位姿信息。该方法可看作是从带有标签的模板图像中寻找和当前输入图像最接近的图像,并且输出其对应的6D位姿标签的过程。

当以3D点云为输入数据时,传统的点云部分配准方法将采集到的部分点云与完整点云模板进行对齐匹配,在噪声较大的情况下具有很好的鲁棒性,但是算法计算过程耗时较长。在这方面,一些基于深度学习的方法也可以有效地完成部分配准任务。这些方法使用一对点云,从3D深度学习网络中提取具有代表性和判别性的特征,通过回归的方式确定对点云之间的6D变换,进而计算目标物体的6D位姿。

综上所述,目前复合机器人抓取系统都与给定的场景深度绑定,不存在一种抓取系统能够一劳永逸适用于多场景下的抓取任务。因此,针对机器人抓取系统的研究一定是在某个给定场景下,针对给定场景构建基于视觉的物体定位、位姿估计和抓取估计算法。

物体定位方面,定位但不识别算法,要求物体在结构化场景中或者与背景具有显著差异,因此限制了其应用场景,而实例级的目标检测算法,需要大量目标物体训练集,且算法只对训练集上的物体具有良好的检测精度,对于新的识别目标,需要重新进行训练,比较耗时。

位姿估计方面,当目标物体具有丰富的纹理和几何细节时,基于对应关系的方法是一个很好选择。当目标对象具有弱纹理或几何细节时,可以使用基于模板的方法。当对象被遮挡且仅部分表面可见时,可以选择投票的方法进行位姿估计。

抓取估计方面,在有精确的3D模型的情况下,可以精确地估计目标物体的6D姿态。然而,当现有的3D模型与目标模型不同时,估计的6D姿态会产生较大的偏差,因而导致抓取失败。在这种情况下,需要通过对部分视点云进行补全,以获得完整的形状。在重建的完整3D形状上生成抓取点。

虽然目前对基于视觉端到端的抓取检测系统研究较多,但是依然存在很多没有解决的问题。如在日常化的抓取场景中,不是每个抓取的物体都能实现在系统中存有3D模型。同时,基于深度学习的方法大多是在开放抓取数据集上进行性能测试,而我们日常生活中的对象远不是这些数据集所能表征的。

另外,目前的抓取系统对于透明物体的辨识还有待提高,主要因为深度传感器很难获取它们的三维信息。因此,要将复合机器人的抓取系统直接应用于日常的抓取场景还有很长的路要走。

7.2 复合机器人的创新趋势

随着工业4.0的不断深化,机器人从第三阶段向第四阶段过渡,解决柔性生产。而回归我国制造业的现实情况,目前的发展策略是力争实现弯道超车,自动化、信息化、智能化同步推进,在《中国制造2025》中明确提出,以智能制造为主线,加快两化融合。在此大背景下,“手脚兼具”的复合移动机器人将有很大的应用空间和很好的发展前景。从发展趋势看,未来复合移动机器人将朝着以下方向发展。

7.2.1 复合移动机器人标准化

当前市场上的复合移动机器人企业基本以移动机器人厂商为主,在合作开发中一般也是移动机器人厂商主导,协作机器人厂商配合。

在共同开发的过程中,由于移动机器人底盘与协作机器人的接口并不相同,协作机器人厂商要根据底盘厂商的需求做适配性设计。而除了协作机器人与底盘之间的接口不同外,不同协作机器人厂商的接口也各不相同,这也是当前移动机器人在采购不同厂家的协作机器人面临的主要问题。同时,不同的机械臂厂商都有自己的系统,使用方法和功能都不同,这些都给复合移动机器人的开发带来了一些问题。

目前复合移动机器人的应用开发是相对封闭的。复合移动机器人无法面对丰富、多元的应用场景和需求。因此,复合移动机器人应用开发的模式,需要向 IT 领域看齐——通过标准化、开放化的方式,降低开发门槛,让更多的人能够参与到应用设计和开发的过程中。在开发民主化的未来格局下,检测、抓取、移动等通用化能力,有望成为未来开发环境中核心软件和能力模块,让开发者能够像调用 API 般快速配置、随时调用。

当前,为了进一步推动复合移动机器人的发展,中国移动机器人(AGV/AMR)产业联盟组织企业制定了相关标准,于 2021 年年底发布。

7.2.2 成本进一步下降

技术的进一步成熟以及行业应用的增多,应用端对于复合移动机器人的认知程度正在不断提高,当前阻碍复合移动机器人应用的一大因素在于居高不下的成本。目前复合移动机器人应用较多的领域大多集中在资金雄厚的半导体以及电力等行业,未来随着相关产业的进一步发展,尤其是机械臂成本的进一步降低,复合移动机器人的整体成本将更为优化。

7.2.3 对工艺的深度理解

复合移动机器人天生就不是为替换单一工位而生,它的价值在于使用一台机器人取代多个人工或者多台机器人的应用场景,尤其是取消了传送带的孤岛式柔性智造生产线。另外,对于一些高风险环境下的人员操作,也可以用单臂或双臂 AGV 复合移动机器人取代。

但目前,应用复合移动机器人的行业并不多,主要集中在半导体、3C 电子、汽车整车、汽车零部件(非电子)等行业。目前,松下、西门子、富士通、环旭电子、华通科技、晶元光电等半导体企业,都将相关的 AGV 机器人应用到了生产中。半导体行业对于精细化操作更为严苛,且大都是高科技前沿企业,无论是规模还是销售利润都更能支持这一产品,但在其他行业的应用仍然在小规模探索当中。

复合移动机器人面临着市场认知、工艺应用、软硬件迭代部署与复杂工艺、精度、大负载、耐用等问题，导致了目前复合移动机器人应用面尚未完全拓展开，但经过一定时间的市场培育后，相信一定会迎来爆发。

7.3 “5G＋云＋AI”与复合机器人的融合发展

当前，数字经济正席卷全球，带动经济社会迈入新时代。2018 年我国数字经济总量达到 31.3 万亿元，GDP 占比达到 34.8%。数字经济对我国国民经济发挥关键作用的同时，也驱动着产业向着网络化、平台化和智能化的方向不断发展。

“5G＋云＋AI”成为推动数字经济发展的重要引擎。5G 的可靠网络、云计算的海量算力、AI 的应用智能正相互协同，深入各行各业之中，创造出新的业务体验、新的行业应用以及新的产业布局。从数字政务到智慧城市，从工业自动控制到农业智慧管理，“5G＋云＋AI”的融合创新发展将打开千百行业的新发展空间，为政企转型和产业升级注入新的动力。

7.3.1 5G 让连接无处不在

移动通信技术的不断升级，加速了社会数字化发展的进程。1G 时代，采用模拟信号传输，通信时面临安全性差和易受干扰等问题，且各个国家的 1G 通信标准不一致不能全球通信。2G 从模拟调制进入数字调制，手机具备了上网功能，但是传输速率很慢为 10～15 kb/s。随着图片和视频传输需求的诞生，人们对于通信传输速率的要求也越来越高，于是 3G、4G 相继而生。3G 的通信标准将信息的传输速率提高了一个数量级，上网成了手机的主要功能。4G 相对于 3G 速率进一步提升，可以快速地传输高质量的图像、音频和视频等，满足用户对于无线网络服务的要求。但是，随着用户日益增长的使用需求，以及智能化设备的登场，未来数据流量必然会爆发式增长。目前每个 4G 用户每人每月需要 3 GB 左右的流量，如果运营商全面开放 4G 上网套餐，则至少需要 20 GB 才能满足用户需求，以 4G 的网络能力肯定是无法承受的，从根本上解决用户日益增长的使用需求与运营商网络提供能力不足的矛盾，最好的解决方式就是 5G。

5G 有三大特性(见表 7.1)：大带宽高速率、低时延高可靠和海量连接。网络速度提升，用户体验与感受才会有较大的提高。5G 速率较 4G 全方位提升，下行峰值速率可达 20 Gb/s，上行峰值速率可能超过 10 Gb/s。对网络速度要求很高的业务能在 5G 时代被推广，例如，云 VR 的呼声一直很高，但是目前 4G 速度不足以支撑云 VR 对视频传输和即时交互的要求，用户还是需要依靠昂贵的本地设备进行处理。依托于 5G 的高速率，云 VR 将能够获得长足发展。5G 支持单向空口时延最低 1 ms 级别、高速移动场景下可靠性 99.999%的连接。5G 超低时延的特性可以支持敏感业务的调度，为车联网、工业控制、智能电网等垂直行业提供更安全、更可靠的网络连接。同时,使得自动驾驶、远程医疗等应用场景走向现实。5G 网络每平方公里百万级的连接数使万物互联成为可能。5G 网络面向的不仅仅是个人用户,还有企业用户和工业智能设备,5G 将为 C 端和 B 端的用户或智能设备提供网络切片、边缘计算等服务。5G 每平方公里百万级数量的连接能力和多种连接方式,拉近了万物的距离,实现了人与万物的智能互联。

表 7.1　5G 的特点(数据来源:IMT－2020(5G))

场　景	关键特征
大宽带高速率 eMBB	• 用户体验速率:1 Gb/s; • 峰值速率:上行 20 Gb/s,下行 10 Gb/s; • 流量密度:每平方米 10 Mb/s
低时延高可靠 uRLLC	• 空口时延:1 ms; • 端到端时延:毫秒量级; • 可靠性:接近 100%
海量连接 mMTC	• 连接数密度:每平方公里 100 万台; • 超低功耗,超低成本

5G 将拉动产业链上下游高速持久的经济增长,带动我国实体经济转型,为社会带来价值。据中国信息通信研究院测算,预计 2020—2025 年间,我国 5G 商用将直接带动经济总产出 10.6 万亿元,直接创造经济增加值 3.3 万亿元;间接带动经济总产出约 24.8 万亿元,间接带动的经济增加值达 8.4 万亿元;就业贡献方面,预计到 2025 年,5G 将直接创造超过 300 万个就业岗位。由此可见,5G 对于经济增长的贡献潜力巨大,5G 技术正在改变人们日常的生活和生产方式,甚至会给社会带来根本性的变革。未来,5G 将成为全面构筑经济社会数字化转型的关键基础设施。

5G 使得海量数据的有效传输成为可能,为垂直行业的高质量发展带来新的契机。自动驾驶、智慧城市、智能家居等垂直应用已经走了很长一段时间,但暂时还没有取得突破性的进展。其中,关键问题就在于网络连接,在现有的网络下,虽然速度一直在提升,但由于功耗高、可用频段少和高时延等限制,很难将所有硬件设备连接在一起,它们只是单独获得了连接能力,并没有实现真正的连动。5G 的多种连接技术可支持海量机器类通信,满足机器类通信所需的低成本和低功耗要求。其次,在万物具备互联能力的基础上,大连接、低时延的 5G 网络可以实时传输前端设备产生的海量数据,提升数据采集的及时性,为流程优化、能耗管理提供网络支撑。5G 具有媲美光纤的传输速度、万物互联的泛在连接和接近工业总线的实时能力,同时 5G 可以与云计算、人工智能技术深度融合,向垂直行业领域加强渗透,为垂直行业的高质量发展带来新契机,助推城市的智能升级和企业数字化转型。

7.3.2　云让计算触手可及

如果从 2006 年 IBM 和谷歌联合推出云计算这个概念开始算起,云计算已经进入第二个10年,在第一个10年里,云计算从被质疑到成为新一代IT标准,从单纯技术上的概念到影响整个业务模式。虽然到目前为止,还有很多不成熟的地方值得探索,但云计算在第一个10年里已经正式确立了它的地位,被广泛接受并用于实践。现如今,我们正处在一个全新的时代,数据呈现爆炸式增长,人类对计算的需求大大增加,并且希望随时随地获取,这将直接推动云计算成为数字经济时代的新型信息基础设施,并作为公共服务支撑下一波数字经济的发展,推动人类走入数字化时代。

随着云计算的不断发展,云计算的服务模式也在不断调整。IT基础设施被要求更大规模的扩展、更高的密度、更低的功耗以及更低的成本,同时要有灵活、弹性、直观与深入的管理方式,并以标准化、通用化的形式将服务提供给客户,这将在很大程度上解决传统计算的服务模式固化、资源整合能力不足、资源分配时间成本高、平台化效率低等问题。云计算发展至今,其特点主要呈现为以下几个方面:

① 虚拟化。云计算支持用户在任意位置、使用各种终端获取应用服务。

② 规模化整合。云里的资源非常庞大,在一个公有云中可以有几十万甚至上百万台服务器,在一个小型的私有云中也可拥有几百台甚至上千台服务器。

③ 高可靠性。云计算使用了多副本容错技术、计算节点同构可互换等措施来保障服务的高可靠性,使用云计算比使用本地计算机更加可靠。

④ 高可扩展性。云计算具有高效的运算能力,在原有服务器基础上增加云计算功能可使计算速度迅速提高,最终实现动态扩展虚拟化的层次,达到对应用进行扩展的目的。

⑤ 按需服务。云计算是一个庞大的资源池,使用者可以根据需要来购买。

2018年,以IAAS、PAAS和SAAS为代表的全球公有云市场规模达到1 363亿美元,增速23.01%。未来几年市场平均增长率在20%左右,2022年市场规模超2 700亿美元,如图7.1所示。

我国的云计算市场仍处于快速发展期,保持较高的抗风险能力。据中国信息通信研究院数据显示,2022年中国云计算市场规模达4 550亿元,较上年末增长达40.9%。其中,公有云市场规模增长49.3%至3 256亿元,私有云增长25.3%至1 294亿元。从细分领域来看,PAAS、SAAS的增长潜力巨大。2022年,IAAS市场收入稳定,市场规模为2 442亿元,增速达51.2%,预计长期增速将趋于稳定。PAAS市场受容器、微服务等云原生营业带来的刺激而强势增长,2022年的总收入为342亿元,同比增长74.5%。2022年的SAAS市场营收472亿元,增长27.6%,在政策对中小企业数字化转型驱动下,预计将迎来激增。从公有云IAAS竞争格局来看,阿里云、天翼云、移动云、华为云、腾讯云和联通云占据了中国公有云IAAS市场份额的前六位。此外,2022年中国电信运营商云计算市场增长迅猛,天翼云、移动云和联通云分别营收579亿元、503亿元、361亿元,增速均超100%,远超行业平均水平。

我国云计算应用正从互联网行业向政务、金融、工业、轨道交通等传统行业加速渗透。政务行业是云计算应用最为成熟的领域,全国超九成省级行政区和七成地市

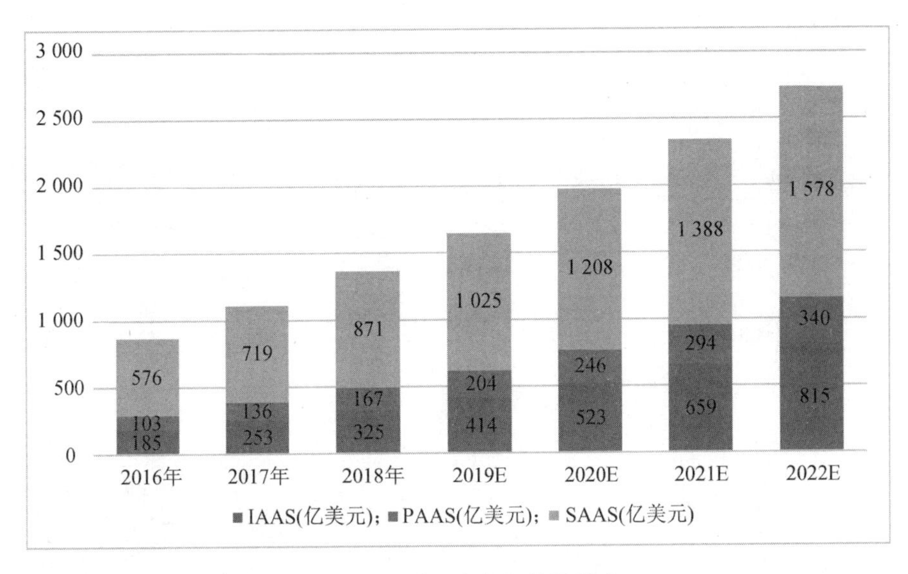

图 7.1　全球云市场规模及增速

级行政区均已建成或正在建设政务云平台；金融行业是云计算深化应用的重要突破口，《金融科技发展规划（2022—2025 年）》指出，面向互联网场景的主要信息系统尽可能迁移至云计算架构平台；工业云是推动两化深度融合、发展工业互联网的关键抓手。在国家政策的指引下，全国各地方政府纷纷进行工业云发展规划，积极推进工业云的发展；轨道交通是城市运转的命脉，轨道交通信息化已经成为国家信息化重要布局，轨道交通云正处于蓬勃发展、方兴未艾的关键时期。

目前云计算正成为政府和企业实现数字化转型的重要信息基础设施。对于政府来说，一方面，云计算助力政府打破信息孤岛，实现数据共享共治，通过电子政务云平台，提高电子政务信息共享的效率，扩大信息共享范围；另一方面，依托云平台有效推动“互联网＋政务服务”建设，极大提升了政务服务的便捷性。对于企业来说，信息化成为不少传统企业的短板，云计算能够大幅降低企业信息化建设成本，有效降低了企业的时间成本和资源成本，逐渐颠覆传统行业 IT 部署的方式。除此之外，云计算还可以帮助企业优化运营管理流程，企业利用云资源可以实现弹性扩张，依托云计算资源池的共享机制，有效解决了企业业务量波动性强带来的成本不可控问题，帮助企业降低运营支出。

7.3.3　AI 让智能无所不及

AI，即人工智能，可以理解为用机器不断感知、模拟人类的思维过程，使机器达到甚至超越人类的智能。随着以深度学习为代表的技术的成熟，人工智能开始应用到数字经济的各个组成部分，促进产业内价值创造方式的智能化变革。

AI 自诞生至今的 60 多年历史中，各行业的专家学者们进行了大量探索与实践，

AI 的发展也经历了多次起伏。

AI 最早于 1956 年夏天在美国达特茅斯大学的一场学术会议上被提出并获得肯定,标志着人工智能科学正式诞生。人工智能的发展历程如图 7.2 所示。

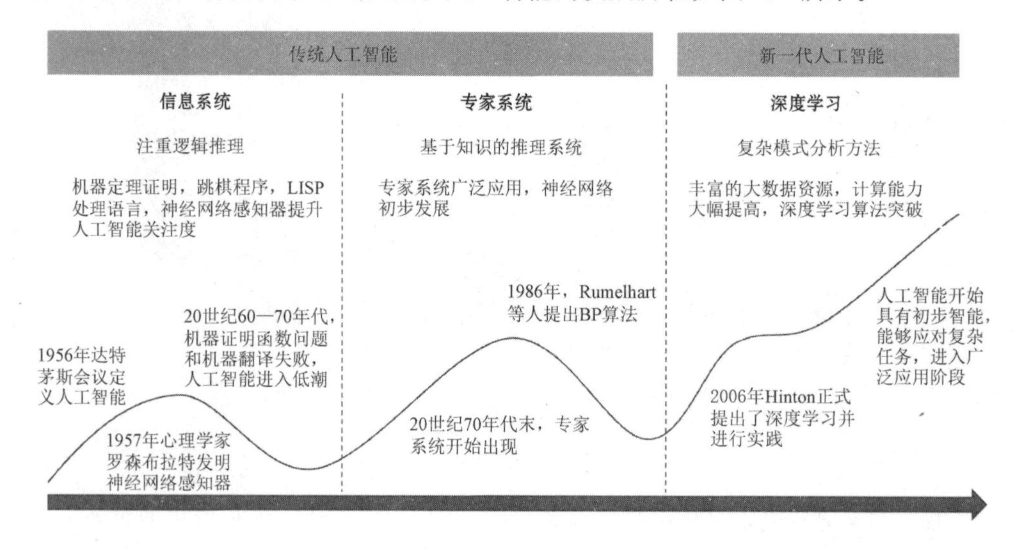

图 7.2　人工智能发展历程

1956 年到 20 世纪 60 年代初,机器定理证明、跳棋程序等研究成果大大提高了人们对人工智能的关注度。

但在随后的 10 年中,对人工智能过高的期待使人们设立了许多不切实际的研发目标,例如用机器证明函数问题、依靠机器进行翻译等。这些挑战不出意外地相继落空,使人工智能的发展步入了低谷。

到了 20 世纪 70 年代末期,专家系统的出现让人工智能成功地从理论研究走向了实际应用。专家系统通过模拟人类专家的知识和经验解决了特定领域的问题,让人们开始在医疗、化学、地质等领域享受人工智能带来的价值。

20 世纪 80—90 年代,随着美国和日本立项支持人工智能研究,人工智能进入第二个发展高潮期。其间,人工智能相关的数学模型取得了一系列重大突破,如著名的多层神经网络、BP 反向传播算法等,使算法模型准确度和专家系统获得了进一步优化。

如今,得益于算法、数据和算力三方面共同的进步,人工智能发展到了新的阶段,呈现出专业性、专用性和普惠性的特点。

专业性指人工智能具有了等同甚至超越人类专业水平的能力。随着深度学习等技术的成熟,人工智能已不仅能够进行简单的重复性工作,而且可以完成专业程度很高的任务。例如,阿尔法狗(AlphaGo)在围棋比赛中战胜了人类冠军,人工智能系统诊断皮肤癌达到了专业医生水平,人工智能程序在大规模图像识别和人脸识别中有了超越人类的表现。

专用性指目前一种人工智能应用通常仅限于一个领域，而无法实现通用。面向特定任务(比如下围棋)的专用人工智能系统由于任务单一、需求明确、应用边界清晰等形成了人工智能领域的单点突破。虽然在信息感知、机器学习等“浅层智能”方面进步显著，但是在概念抽象和推理决策等“深层智能”方面的能力还很薄弱，存在着明显的局限性，与真正通用的智能还相差甚远。

普惠性指人工智能技术能够与不同的产业相结合产生新的应用，对各行各业都产生普惠效应。图像识别、语音识别、自然语言理解等人工智能技术能够根据不同行业的需求，形成具体的应用，在各式各样的场景中发挥作用。例如，图像识别在制造行业的产品检测应用能够节省大量人力，在交通行业的车牌识别应用能够简化认证流程，在零售行业的刷脸支付应用能够优化购物体验。

7.3.4　“5G＋云＋AI”技术融合加速复合机器人产业发展

不同经济时代的发展依赖着不同的核心资源。从农业经济时代的土地和奴隶到工业经济时代的石油、煤、天然气，对核心资源的利用推动着经济的发展。而数字经济时代的核心资源——数据，自然也需要与之相配套的生产工具。在数据产生、传输、存储、计算、分析和应用的整个生命周期中，5G、云和AI相互融合，形成了数字经济新时代从终端、边缘到中央云的一体化生产工具。

1. 5G负责对数据进行高效地传输

工业经济时代的公路、铁路使人们摆脱了依靠双腿运输燃料的局面。5G大带宽、低延迟的特性，为数据提供了一条高速通道。一方面，5G负责将海量的数据从客户端传送到云端处理；另一方面，又能把处理的结果和生成的应用迅速分发到边缘供人们使用。

2. 云负责对数据进行计算和存储

工业经济时代的工厂负责对原材料进行集中加工，解决了零散小作坊的效率和成本问题。云计算规模化的计算资源在对数据处理能力上同样与独立私有部署形成了天壤之别。依托于云计算技术，人们总能在短时间内获得足够的计算资源，在降低成本的同时，极大地提升了计算效率。

3. AI负责对数据进行分析和挖掘

工业经济时代的蒸汽机和内燃机改变了燃料应用情况，将燃烧的热效率从3%提升到40%以上。AI对数据的分析挖掘能力，同样带来了不同于一般统计分析的成果。某些原本只有七成左右正确率的系统，依靠深度学习等技术能够将正确率提升至95%以上，使应用的实用性获得了显著提升，进而提升了数据的价值。

4. “5G＋云＋AI”技术融合创造更大价值

资源的价值大小，很多时候取决于开采工具的经济性。5G、云和AI各自的发展和成熟让它们的相互融合成为可能。就像工业经济时代公路、工厂和机器的协同曾把石油等燃料的用途从照明拓展到动力世界，5G、云和AI的融合也正从数据中“精炼”出更多的应用价值，以数字溢出的形式加速企业、行业以及供应链等不同层面生产力的提升，成为推动经济增长的引擎。

5G、云和AI技术的碰撞和融合将为社会带来数字溢出效益。从微观层面上看，“5G＋云＋AI”技术是复合机器人构建数字业务体验平台、政府服务模式创新的重要保障；从宏观层面上看，“5G＋云＋AI”将加速农业、工业、服务业三大产业供应链的智能化，将数字产品和服务的理念从最初的生产者传递到最终的用户。

7.4 工业视觉等智能传感器与复合机器人的融合发展

视觉感知规划系统主要由传感、感知、规划系统等三部分组成。鉴于复合机器人的功能多样性和可扩展性，视觉规划系统应采用模块化的设计方法，构建高精度视觉感知规划系统的分层体系结构，包括核心算法层、软硬件平台层及应用层。在核心算法层面，进行成像算法、识别算法以及轨迹规划算法等的深入研究；在软硬件平台层面，形成包括高精度3D相机、视觉算法软件以及机器人规划软件等搭建起来的视觉规划体系；在应用层面，形成具有不同功能的视觉组件，对应的产品通过提前定义的通信协议进行互联互通，最终实现通过视觉引导复合机器人的任务规划与动作执行，实现复合机器人更完善的应用。

随着工业智能化的迅速发展，机器视觉技术广泛应用于工业生产各领域，其作为一种现代化检测手段，越来越受到重视。

机器视觉通过光学设备和传感器获取到目标物体的图像信息，然后将图像信息转化成数字化信息，进而通过计算机分析数据显示在电子屏幕上或者通过控制单元指导机器完成任务。机器视觉偏重于信息技术工程化和自动化，但又构建在计算机技术视觉效果方法论的基础上，它的重点是感知目标物体的位置信息、大小形态、颜色信息及存在状态等数据信息。

7.4.1 工业机器视觉产业链不断完善

中国机器视觉产业仍处于发展初期，从产业链来看，可以分为上游零部件及软件、中游工业机器视觉装备和下游系统解决方案及应用三大环节。上游零部件及软件企业整体规模实力和技术水平仍有待提高；中游工业机器视觉装备需要持续提高产品的综合性能，不断提升产品的智能化水平；下游主要应用行业在半导体、消费电子和汽车领域。

7.4.2 工业机器视觉技术产品加速迭代推动应用更加深入

政策加力支持和需求持续增长为工业机器视觉创造了良好发展环境。一方面，国家和地方政府出台了一系列政策支持工业机器视觉的发展,如《"十四五"智能制造发展规划》部署了"加强自主供给,壮大产业体系新优势"等4大重点任务,并在"智能制造装备创新发展行动"中重点强调研发高分辨率视觉传感器等基础零部件和装置,体现了对工业机器视觉产业的重视和支持。

另一方面,中国国民经济延续恢复发展态势,2022年一季度全国规模以上工业增加值同比增长6.5%,规模以上工业企业利润增长8.5%,作为工业机器视觉重点应用领域的新能源汽车产量同比增长140.8%、工业机器人产量同比增长10.2%,下游应用领域的持续增长为机器视觉的应用带来更大的发展空间。

工业场景对机器视觉技术的需求持续推动着工业机器视觉产品向标准化、模块化方向发展。工业机器视觉客户的使用需求丰富多样,具有较大特异性,客户均希望供应商针对自身需求进行一定程度的定制优化。因此,对工业机器视觉定制化产品的开发速度直接决定了企业业绩的增长速度。

为解决这一痛点,业内领先企业大力推动产品标准化、模块化发展,从非标准化的产品中尽可能地组合出标准化的模块,再由标准化的模块向客户输出解决方案,由此来提高自身产品和存货的周转率,提高企业对外供给解决方案的能力,进而提高企业的运营效率。

工业机器视觉的技术水平已成为直接影响多种装备进一步智能化发展的关键因素。近年来,机器人、无人机等装备的智能化水平不断提高、应用场景不断丰富,对工业机器视觉解决方案的综合性能提出了更高、更紧迫的需求。

例如,石化巡检机器人在化工厂区巡逻的过程中,需要对复杂管线的"跑冒滴漏"等问题进行精准识别,而识别的及时性和精准性直接决定了石化巡检机器人的实用性和该类型机器人的市场前景。

又例如,在煤矸石处理生产线上,机器人不仅要对煤矸石的位置、大小进行识别,还需要对质量不一、形状各异的煤矸石找出最合适的夹取位置、判断机械爪施加夹取力的大小,这样才能真正有效地代替人工作业。

7.4.3 机器视觉在复合机器人中的应用

机器视觉在复合机器人中的主要应用是帮助机器人精确定位。一般分为基于2D图像的物体定位方法、基于3D图像的物体定位方法和高精度精确定位方法。

1. 基于2D图像的物体定位方法

典型的基于2D图像的物体定位方法包括以Mask RC-NN为例的实例分割方法,以Faster R-CNN、YOLO、SSD为例的检测方法以及以FCN等为例的分割网络。其中,又以Mask R-CNN等实例分割网络应用范围最广,下面对Mask R-CNN网络进行详细阐述。

Mask R-CNN是一个实物分割(instance segmentation)算法,实物分割是一种在像素层面识别目标轮廓的任务,其不仅能分不同的类,而且能把同一类物体中的多个不同物体分别标记出来。

Mask R－CNN 方法通过添加一个与现有目标检测框回归并行的，用于预测目标掩码的分支来扩展；Faster R－CNN 通过添加一个用于在每个感兴趣的区域(ROI)上预测分割掩码的分支来扩展 Faster R－CNN，就是在每个感兴趣的区域(ROI)进行一个二分类的语义分割，在这个感兴趣的区域同时做目标检测和分割，这个分支与用于分类和目标检测框回归的分支并行执行，如图 7.3 所示(用于目标分割的 Mask R－CNN 框架)。

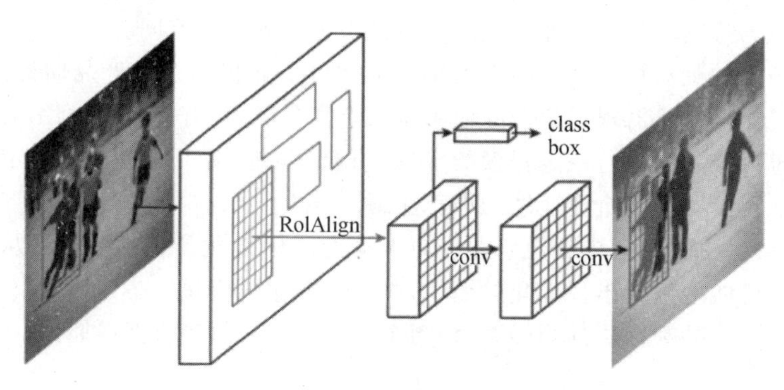

图 7.3　Mask R－CNN 框架

其主要步骤如下：

① 输入预处理后的原始图片；

② 将输入图片送入特征提取网络得到特征图；

③ 对特征图的每一个像素位置设定固定个数的 ROI(也可以叫 Anchor)，然后将 ROI 区域送入 RPN 网络进行二分类(前景和背景)以及坐标回归，以获得精炼后 ROI 区域；

④ 对步骤③中获得的 ROI 区域执行 ROIAlign 操作，即先将原图和 feature map 的 pixel 对应起来，然后将 feature map 与固定的 feature 对应起来；

⑤ 最后对这些 ROI 区域进行多类别分类，候选框回归和引入 FCN 生成 Mask，完成分割任务。

2. 基于 3D 图像的物体定位方法

典型的基于 3D 图像的物体定位方法包括传统的 PPF，基于深度学习的 PointNet 等方法，相对于基于 2D 图像的物体定位方法，基于 3D 图像的物体定位方法可以直接获取物体的位姿，不需要额外的转换。

下面分别以 PPF 以及 PointNet 为例，对于 3D 图像的物体姿态估计方法进行阐述。

基于 PPF(Point Pair Features)的 6D 姿态估计方法，是在机器视觉领域应用广泛的一种物体位姿提取方法。PPF 的思路如下：

Model Gobally 的本质是通过定义 Point Pair Feature，来构建特征矢量的集合以及每个特征矢量对应的点对集，作为 Global Model Desciption。所以，首先定义 PPF。PPF 描述了两个有向点(oriented points)的相对位置和姿态。

有了 PPF 后，便可以用其来定义全局模型的描述，其实现方法为：第一步，计算 model 表面所有 point pairs 的特征矢量 $\boldsymbol{F}$，其中 distances 和 angles 分别以 ddist 和 dangle 的步长做采样；第二步，建哈希表(hash table)，将具有相同 feature vector 的 point pair 放在一起，即哈希表的键(key)为 feature vector，值(value)为具有相同特征矢量的点对集。

在上述基础上，便可以进行匹配。

3. 高精度精确定位方法

典型的 3D 物体精确定位方法包括 ICP 方法和基于深度学习的 6D 姿态方法。其中，典型 ICP 的思路如下：

ICP 称为 Iterative Closest Point，顾名思义，是通过最近邻法来估计对应点的。对 Source 点云中的一点，求解其与 Target 点云中距离最近的那个点，作为其对应点。当然，这样操作的时间复杂度很高，为了加速计算，我们不需要计算 Target 点云中每个点到 Source 点云中一点的距离。可以设定一个阈值，当距离小于阈值时，就将其作为对应点。

针对复合机器人应用场景，采用深度学习与模式识别相结合的方式，分别对场景物体进行粗匹配与精匹配，从而保证最终的识别定位精度。

上述是针对以机器人视觉为代表的智能传感器在复合机器人上的典型应用。

小　结

复合机器人继承了 AGV、AMR 等设备的关键核心技术，运用底盘的灵活作业结合机器臂的精确柔顺控制技术，使得复合机器人在众多的场景中有着广泛的应用，在将来和“5G＋云＋AI”相结合，与 5G 的可靠网络、云计算的海量算力、AI 的应用智能相互协同，复合机器人将是数字化经济的重要引擎；工业视觉等新型智能传感器将提升复合机器人的控制精度与效果，增加复合机器人的功能多样性和可扩展性。

参考文献

[1] 赵杰.我国工业机器人发展现状与面临的挑战[J].航空制造技术,2012(12):26-29.

[2] Wang T M,Tao Y,Liu H. Current Researches and Future Development Trend of Intelligent Robot:A Review[J]. International Journal of Automation & Computing,2018,15(9):1-22.

[3] 王田苗,陶永.我国工业机器人技术现状与产业化发展战略[J]. 机械工程学报,2014,50(9):1-13.

[4] 刘建伟,徐兴元,庞京玉,等. 专家控制系统研究进展[J].微型机与应用,2005(11):4-5,19.

[5] 王田苗,刘进长. 机器人技术主题发展战略的若干思考[J]. 中国制造业信息化,2003,(01):31-36.

[6] 蔡自兴. 机器人学基础[M]. 北京:机械工业出版社,2009.

[7] John J Craig. 机器人学导论[M]. 负超,等译. 北京:机械工业出版社,2006.

[8] 陈秀琴.使用机器人的经济价值及普遍意义[J].中国经济问题,1987(01):64-65,24.

[9] 施一青.试论机器人的出现对社会发展的意义[J].哲学研究,1984(09):9-13,70.

[10] 张振华,曹彤,陈华,等. 形状记忆合金驱动的微创手术腕式机构的设计[J]. 生物医学工程学杂志,2013(3):611-616.

[11] 程启良,于复生,王波,等. 码垛机器人在工业生产中的应用研究综述[J]. 机电技术,2016(02):135-138.

[12] 李欣. 美国工业机器人产业发展及相关政策研究[D]. 呼和浩特:内蒙古师范大学,2018.

[13] Burnstein Jeff.美国机器人产业的发展及展望[J]. 机器人产业,2018(5):

20-25.

[14] 吕品,许嘉,李陶深,等. 面向自动驾驶的边缘计算技术研究综述[J]. 通信学报,2021,42(3):190-208.

[15] 肖明珠,朱文敏,范秀敏. 人机时空共享协作装配技术研究综述[J]. 航空制造技术,2019,62(18):24-32.

[16] 王珏. 日本机器人产业发展及对我国的启示[D]. 长春:吉林大学,2019.

[17] 邱澜,曹建国,周建辉,等. 机器人柔弹性仿生电子皮肤研究进展[J]. 中南大学学报(自然科学版),2019,50(5):1065-1074.

[18] 伍泓宇,张辉,沈兰萍. 机器人柔性压力传感皮肤的研究开发现状[J]. 合成纤维,2017,46(7):44-50.

[19] 肖立志. 机器人手臂柔性触觉传感器阵列的研究[D]. 天津:河北工业大学,2017.

[20] 段星光,韩定强,马晓东,等. 机械臂在未知环境下基于力/位/阻抗的多交互控制[J]. 机器人,2017,39(4):449-457.

[21] 张文. 基于多传感器融合的室内机器人自主导航方法研究[D]. 合肥:中国科学技术大学,2017.

[22] 夏凌楠,张波,王营冠,等. 基于惯性传感器和视觉里程计的机器人定位[J]. 仪器仪表学报,2013,34(1):166-172.

[23] 侯猛,张书文,孙宏建,等. 基于光纤光栅的机器人腕部多维力传感器[J]. 半导体光电,2021,42(2):219-224.

[24] 刘振宇,李中生,赵雪,等. 基于机器视觉的工业机器人分拣技术研究[J]. 制造业自动化,2013,35(17):25-30.

[25] 董文辉. 基于机器视觉的工业机器人抓取技术的研究[D]. 武汉:华中科技大学,2011.

[26] 伍锡如,黄国明,孙立宁. 基于深度学习的工业分拣机器人快速视觉识别与定位算法[J]. 机器人,2016,38(6):710-718.

[27] 张广军,田叙. 结构光三维视觉及其在工业中的应用[J]. 北京航空航天大学学报,1996(06):16-20.

[28] 2020年中国工业机器人产业发展白皮书(附下载)_分析[EB/OL]. [2021-5-16]. https://www.sohu.com/a/436875880_120056153.

[29] 2020年全球服务机器人行业市场现状及竞争格局分析欧洲企业数量遥遥领先发展_前瞻趋势:前瞻产业研究院[EB/OL]. [2021-5-16]. https://bg.qianzhan.com/trends/detail/506/201231-efeb8bf9.html.

[30] 赵敏. 装配机器人作业过程控制系统应用与软件开发[D]. 南京:东南大学,2016.

[31] Ji P, Zeng H, Song A, et al. Virtual exoskeleton-driven uncalibrated visual

servoing control for mobile robotic manipulators based on human-robot-robot cooperation[J]. Transactions of the institute of measurement and control, 2018,40:4046-4062.

[32] Yamamoto T, Nishino T, Kajima H, et al. Human Support Robot (HSR) [C]//ACM SIGGRAPH 2018 Emerging Technologies. SIGGRAPH'18. New York, 2018.

[33] Bonci A, Cen Cheng P D, Indri M, et al. Human-Robot Perception in Industrial Environments: A Survey[J]. Sensors, 2021,21(5):1571.

[34] Weng W, Huang H, Zhao Y, et al. Development of a Visual Perception System on a Dual-Arm Mobile Robot for Human-Robot Interaction. Sensors, 2022,22(23):9545.

[35] Rubagotti M, Tusseyeva I, Baltabayeva S, et al. Perceived safety in physical human-robot interaction-A survey[J]. Robotics and Autonomous Systems, 2022,151:104047.

[36] Monje C A, Pierro P, Balaguer C. A new approach on human-robot collaboration with humanoid robot RH-2[J]. Robotica, 2011,29:949-957.

[37] Xing H, Torabi A, Ding L, et al. An admittance-controlled wheeled mobile manipulator for mobility assistance: Human-robot interaction estimation and redundancy resolution for enhanced force exertion ability[J]. Mechatronics, 2021,74:102497.

[38] Zhou Z, Yang X, Wang H, et al. Coupled dynamic modeling and experimental validation of a collaborative industrial mobile manipulator with human-robot interaction [J]. MECHANISM AND MACHINE THEORY, 2022, 176:105025.

[39] Kang M, Kim T, Suh H, et al. Implementation of HRI System for Mobile Manipulator to be Operated in the Elevator[J]. Journal of Institute of Control, Robotics and Systems, 2022,28:714-723.

[40] Brantner G, Khatib O. Controlling Ocean One: Human-robot collaboration for deep-sea manipulation[J]. Journal of Field Robotics, 2021,38:28-51.

[41] Zekhnine C, Berrached N E. Human-Robots Interaction by Facial Expression Recognition[J]. International Journal of Engineering Research in Africa, 2020,46:76-87.

[42] De Schepper D, Schouterden G, Kellens K, et al. Human-robot mobile co-manipulation of flexible objects by fusing wrench and skeleton tracking data[J]. International Journal of Computer Integrated Manufacturing, 2023,36:30-50.

[43] Hentout A, Benbouali M R, Akli I, et al. A Telerobotic Human/Robot In-

terface for Mobile Manipulators: A Study of Human Operator Performance [C]//2013 International Conference on Control, Decision and Information Technologies (CoDIT). IEEE ,2013:641-646.

[44] Chen M, Liu C, Du G. A human-robot interface for mobile manipulator[J]. Intelligent Service Robotics, 2018,11:269-278.

[45] Zhang H, Sheng Q, Hu J,et al. Cooperative Transportation With Mobile Manipulator: A Capability Map-Based Framework for Physical Human-Robot Collaboration[J]. IEEE-ASME Transactions on Mechatronics, 2022, 27: 4396-4405.

[46] Sirintuna D, Giammarino A, Ajoudani A. Human-Robot Collaborative Carrying of Objects with Unknown Deformation Characteristics[C]//2022 IEEE/RSJ International Conference on Intelligent Robots and Systems (IROS). IEEE, 2022:10681-10687.

[47] Xing H, Torabi A, Ding L,et al. Human-Robot Collaboration for Heavy Object Manipulation: Kinesthetic Teaching of the Role of Wheeled Mobile Manipulator[C]//2021 IEEE/RSJ International Conference on Intelligent Robots and Systems (IROS). IEEE, 2021:2962-2969.

[48] Schlossman R, Kim M,Topcu U, et al. Toward Achieving Formal Guarantees for Human-Aware Controllers in Human-Robot Interactions[C]//2019 IEEE/RSJ International Conference on Intelligent Robots and Systems (IROS). IEEE, 2019:7770-7776.

[49] Seto F, Hirata Y,Kosuge K. Motion generation for human-robot cooperation considering range of joint movement[C]//2006 IEEE/RSJ International Conference on Intelligent Robots and Systems. IEEE, 2006:270-275.

[50] Waarsing B, Nuttin M, Van Brussel H,et al. From biological inspiration toward next-generation manipulators: Manipulator control focused on human tasks[J]. IEEE Transactions on Systems Man and Cybernetics Part C-Applications and Reviews, 2005,35(1):53-65.

[51] Sirintuna D, Giammarino A, Ajoudani A. An object deformation-agnostic framework for human-robot collaborative transportation[J]. IEEE Transactions on Automation Science and Engineering, 2024,21(2):1986-1999.

[52] 王田苗,陈殿生,陶永,等. 改变世界的智能机器:智能机器人发展思考[J]. 科技导报,2015,33(21):16-22.

[53] 王树国,付宜利. 我国特种机器人发展战略思考[J]. 自动化学报,2002(S1): 70-76.

[54] Cremer S,Saadatzi M N, Wijayasinghe I B, et al. SkinSim: A Design and

Simulation Tool for Robot Skin With Closed-Loop pHRI Controllers[J]. IEEE Transactions on Automation Science and Engineering, 2021, 18 (3): 1302-1314.

[55] Asfour T, Waechter M, Kaul L, et al. ARMAR-6: A High-Performance Humanoid for Human-Robot Collaboration in Real-World Scenarios[J]. IEEE Robotics & Automation Magazine, 2019, 26(4):108-121.

[56] Chen T L, Ciocarlie M, Cousins S, et al. Robots for Humanity Using Assistive Robotics to Empower People with Disabilities[J]. IEEE Robotics & Automation Magazine, 2013, 20(1):30-39.

[57] Seto F, Hirata Y, Kosuge K. Motion generation method for human-robot cooperation to deal with environmental/task constraints[C]//2007 IEEE International Conference on Robotics and Biomimetics (ROBIO). IEEE, 2007:646-651.

[58] Li Z J, Ming A G, Xi N, et al. Collision-tolerant control for hybrid joint based arm of nonholonomic mobile manipulator in human-robot symbiotic environments[C]//2005 IEEE International Conference on Robotics and Automation (ICRA), IEEE, 2005:4037-4043.

[59] Suay H B, Sisbot E A. A Position Generation Algorithm Utilizing A Biomechanical Model For Robot-Human Object Handover[C]//2015 IEEE International Conference on Robotics and Automation (ICRA). IEEE, 2015: 3776-3781.

[60] Cruz-Ramirez S R, Ishizuka Y, Mae Y, et al. Dismantling interior facilities in buildings by human robot collaboration[C]//2008 IEEE International Conference on Robotics and Automation. IEEE, 2008:2583-2590.

[61] Szczurek K A, Cittadini R, Prades R M, et al. Enhanced Human-Robot Interface With Operator Physiological Parameters Monitoring and 3D Mixed Reality[J]. IEEE Access, 2023, 11: 39555-39576.

[62] Lunchi G, Marin R, Di Castro M, et al. Multimodal Human-Robot Interface for Accessible Remote Robotic Interventions in Hazardous Environments[J]. IEEE Access, 2019, 7:127290-127319.

[63] Cen Cheng P D, Sibona F, Indri M, et al. A framework for safe and intuitive human-robot interaction for assistant robotics[C]//2022 IEEE 27th International Conference on Emerging Technologies and Factory Automation (ETFA). IEEE, 2022:1-4.

[64] Dehais F, Sisbot E A, Alami R, et al. Physiological and subjective evaluation of a human-robot object hand-over task[J]. Applied Ergonomics, 2011, 42

(6):785-791.

[65] Mangalindan D H, Rovira E, Srivastava V. On Trust-aware Assistance-seeking in Human-Supervised Autonomy[C]//2023 American Control Conference (ACC). IEEE, 2023:3901-3906.

[66] Lu L, Wen J T. Human-Robot Cooperative Control for Mobility Impaired Individuals[C]//2015 American Control Conference (ACC). IEEE, 2015: 447-452.

[67] Ricardez G A G, Eljuri P M U, Kamemura Y, et al. Autonomous service robot for human-aware restock, straightening and disposal tasks in retail automation[J]. Advanced Robotics, 2022,36(17/18): 936-950.

[68] Armleder S, Dean-Leon E, Bergner F, et al. Interactive Force Control Based on Multimodal Robot Skin for Physical Human-Robot Collaboration[J]. Advanced Intelligent Systems, 2022,4(2):2100047.

[69] Matsumoto S, Washburn A, Riek L D. A Framework to Explore Proximate Human-Robot Coordination[J]. ACM Transactions on Human-Robot Interaction, 2022,11(3):1-34.

[70] Washburn A, Adeleye A,An T, et al. Robot Errors in Proximate HRI: How Functionality Framing Affects Perceived Reliability and Trust[J]. ACM Transactions on Human-Robot Interaction, 2020,9(1).

[71] Dragan A D, Thomaz A L, Srinivasa S S. Collaborative Manipulation: New Challenges for Robotics and HRI[C]// 2013 8th ACM/IEEE International Conference on Human-Robot Interaction (HRI). IEEE, 2013:435-436.

[72] Guglielmelli E, Dario P,Laschi C, et al. Humans and technologies at home: From friendly appliances to robotic interfaces[C]//Proceedings 5th IEEE International Workshop on Robot and Human Communication. RO-MAN'96 TSUKBA. IEEE, 2002:71-79.

[73] Jiang L, Wu X, Liu Y,et al. Deep Learning Based Human-Robot Co-Manipulation for a Mobile Manipulator[C]//2020 5th IEEE International Conference on Advanced Robotics and Mechatronics (ICARM). IEEE, 2020:214-219.

[74] Mustafa M, Ramirez-Serrano A. Autonomous Control for Human-Robot Interaction on Complex Rough Terrain[C]//Jeschke S, Liu H H, Schilberg D, et al. 2011 4th International Conference on Intelligent Robotics and Applications (ICIRA). Intelligent Robotics and Applications: II, 2011, 7102: 338-347.

[75] Cremer S, Mirza F, Tuladhar Y,et al. Investigation of Human-Robot Interface Performance in Household Environments[C]// 3rd Sensors for Next-

Generation Robotics Conference held at the SPIE Defense + Commercial Sensing (DCS) Symposium. 2016,9859.

[76] Lim G H, Pedrosa E, Amaral F, et al. Human-Robot Collaboration and Safety Management for Logistics and Manipulation Tasks[C]//2017 3rd Iberian Robotics Conference. 2018,2,694: 15-27.

[77] Nozaki K, Murakami T. A Motion Control of Two-wheels Driven Mobile Manipulator for Human-Robot Cooperative Transportation[C]//2009 35th Annual Conference of the IEEE-Industrial-Electronics-Society. IEEE, 2009,1-6: 1574-1579.

[78] Fukaya N, Ummadisingu A, Maeda G, et al. F3 Hand: A Versatile Robot Hand Inspired by Human Thumb and Index Fingers[C]//2022 31st IEEE International Conference on Robot and Human Interactive Communication (RO-MAN): Social, Asocial, and Antisocial Robots. IEEE, 2022:101-108.

[79] He K, Simini P, Chan W P, et al. On-The-Go Robot-to-Human Handovers with a Mobile Manipulator[C]//2022 31st IEEE International Conference on Robot and Human Interactive Communication (RO-MAN): Social, Asocial, and Antisocial Robots. IEEE, 2022:729-734.

[80] Nguyen H, Kemp C C. Bio-inspired Assistive Robotics: Service Dogs as a Model for Human-Robot Interaction and Mobile Manipulation[C]//2008 2nd Biennial IEEE RAS & EMBS International Conference on Biomedical Robotics and Biomechatronics (BioRob 2008). IEEE,2008:542-549.

[81] Karami H, Darvish K, Mastrogiovanni F, et al. A Task Allocation Approach for Human-Robot Collaboration in Product Defects Inspection Scenarios[C]// 2020 29th IEEE International Conference on Robot and Human Interactive Communication (RO-MAN). IEEE, 2020:1127-1134.

[82] Djezairi S, Akli I, Zamoum R B, et al. Mission allocation and execution for human and robot agents in industrial environment[C]//2018 27th IEEE International Symposium on Robot and Human Interactive Communication (RO-MAN). IEEE, 2018:796-801.

[83] Elliott S, Toris R, Cakmak M. Efficient Programming of Manipulation Tasks by Demonstration and Adaptation[C]//2017 26th IEEE International Symposium on Robot and Human Interactive Communication (RO-MAN). IEEE, 2017:1146-1153.

[84] Williams K, Breazeal C, Robotics S O J. A Reasoning Architecture for Human-Robot Joint Tasks using Physics-, Social-, and Capability-Based Logic [C]//2012 25th IEEE/RSJ International Conference on Intelligent Robots and

Systems (IROS). IEEE, 2012:664-671.

[85] Andersen R S, Bøgh S, Moeslund T B, et al. Task Space HRI for Cooperative Mobile Robots in Fit-Out Operations Inside Ship Superstructures[C]// 2016 25th IEEE International Symposium on Robot and Human Interactive Communication (RO-MAN). IEEE, 2016:880-887.

[86] Yamamoto T, Takagi Y, Ochiai A, et al. Human Support Robot as Research Platform of Domestic Mobile Manipulator [C]//2019 23rd Annual Robot World Cup International Symposium (RoboCup), 2019:457-465.

[87] Claes D, Tuyls K. Human Robot-Team Interaction Towards the Factory of the Future[C]//2014 1st International Symposium on Artificial Life and Intelligent Agents (ALIA), 2015:61-72.

[88] Ritter C, Sharma S. Hand-Guidance of a Mobile Manipulator Using Online Effective Mass Optimization[C]//2019 19th International Conference on Advanced Robotics (ICAR). IEEE, 2019: 192-197.

[89] Yoshida H, Inoue K, Arai T, et al. Mobile manipulation of humanoid robots-Optimal posture for generating large force based on statics[C]//Proceedings 19th IEEE International Conference on Robotics and Automation (ICRA). IEEE, 2002:2271-2276.

[90] Agah A, Tanie K. Human interaction with a service robot: Mobile-manipulator handing over an object to a human[C]//Proceedings of International Conference on Robotics and Automation (ICRA): Teaming to Make an Impact. IEEE, 1997:575-580.

[91] Szczurek K A, Prades R M, Matheson E, et al. From 2D to 3D Mixed Reality Human-Robot Interface in Hazardous Robotic Interventions with the Use of Redundant Mobile Manipulator [C]//Proceedings of the 18th International Conference on Informatics in Control, Automation and Robotics (ICINCO), 2021:388-395.

[92] Stueckler J, Droeschel D, Graeve K, et al. Increasing Flexibility of Mobile Manipulation and Intuitive Human-Robot Interaction in RoboCup @ Home [C]// 2013 17th International Symposium on Robot World Cup (RoboCup), 2014:135-146.

[93] Lim G H, Pedrosa E, Amaral F, et al. Rich and Robust Human-Robot Interaction on Gesture Recognition for Assembly Tasks[C]//2017 17th IEEE International Conference on Autonomous Robot Systems and Competitions (ICARSC). IEEE, 2017:159-164.

[94] Pupa P, Breveglieri F, Secchi C. An Optimal Human-Based Control Approach

for Mobile Human-Robot Collaboration[C]//Borja P, DellaSantina C, Peternel L, et al. 2022 15th International Workshop on Human-Friendly Robotics (HFR): Human-Friendly Robotics. 2023, 26:30-44.

[95] James J, Weng Y, Hart S, et al. Prophetic Goal-Space Planning for Human-in-the-Loop Mobile Manipulation [C]//2015 15th IEEE-RAS International Conference on Humanoid Robots (Humanoids). IEEE , 2015:1185-1192.

[96] Kim H, Li C. RaaS (Robot-as-a-Service) focusing on the human-robot collaboration in industrial sites[C]//2022 14th International Conference on Knowledge and Smart Technology (KST). IEEE, 2022:143-146.

[97] Chen X, Yang C, Fang C, et al. Impedance Matching Strategy for Physical Human Robot Interaction Control[C]//2017 13th IEEE Conference on Automation Science and Engineering (CASE). IEEE, 2017:138-144.

[98] Lee W, Park J, Park C H. Acceptability of Tele-assistive Robotic Nurse for Human-Robot Collaboration in Medical Environment[C]//2018 13th Annual ACM/IEEE International Conference on Human-Robot Interaction (HRI). ACM, 2018:171-172.

[99] Novoa J, Wuth J, Escudero J Pablo, et al. DNN-HMM based Automatic Speech Recognition for HRI Scenarios[C]//Proceedings of the 13th Annual ACM/IEEE International Conference on Human-Robot Interaction (HRI). ACM, 2018:150-159.

[100] Huang J. Enabling Rapid End-to-End Programming of Mobile Manipulators [C]//Proceedings of the 12th Annual ACM/IEEE International Conference on Human-Robot Interaction (HRI). ACM, 2017:343-344.

[101] Huang J, Cakmak M. Code3: A System for End-to-End Programming of Mobile Manipulator Robots for Novices and Experts[C]//Proceedings of the 2017 12th Annual ACM/IEEE International Conference on Human-Robot Interaction (HRI). IEEE, 2017:453-462.

[102] Khatib O, Brock O, Chang K C, et al. Robots for the human and interactive simulations[C]//2004 11th World Congress in Mechanism and Machine Science, 2004:1572-1576.

[103] Chen Y. Human-Robot Collaboration in Automotive Assembly[D]. South Carolina: Clemson University, 2021.

[104] Vu H M. Control of an Anthropomorphic Manipulator Involved in Physical Human-Robot Interaction[D]. Braga: Universidade do Minbo, 2012.

[105] Kanajar P. Neptune: Mobile manipulator with advanced human robot interaction[D]. Arlington: The University of Texas at Arlington, 2011.

[106] Al-Hussaini S. Automated Alert Generation to Improve Decision-Making in Human Robot Teams[D]. South Carolina: University of Southern California,2023.

[107] Li L, Liu J. Consensus tracking control and vibration suppression for nonlinear mobile flexible manipulator multi-agent systems based on PDE model [J]. Nonlinear Dynamics, 2023, 111: 3345-3359.

[108] Baumgartner J, PetričT, Klančar G. Potential Field Control of a Redundant Nonholonomic Mobile Manipulator with Corridor-Constrained Base Motion [J]. Machines, 2023,11(2):293.

[109] Zhang K B, Chen L, Dong Q. Input-Constrained Hybrid Control of a Hyper-Redundant Mobile Medical Manipulator[J]. Journal of Shanghai Jiaotong University (Science), 2023,28:348-359.

[110] Soliman A, Ribeiro G A, Gan D M, et al. Feasibility Design and Control of a Lower Leg Gait Emulator Utilizing a Mobile 3-Revolute, Prismatic, Revolute Parallel Manipulator[J]. Journal of Mechanisms and Robotics-Transactions of the ASME, 2023,15(1): 014502.

[111] Galicki M. Finite-time control of mobile manipulators subject to unknown/unstructured external disturbances[J]. International Journal of Robust and Nonlinear Control, 2023,33(3):1930-1956.

[112] Liu Y, Wang R, Ma W, et al. An Autonomous Hydraulic Mobile Manipulator Control System for Steel Manufacture[C]//Proceedings of the 2022 International Conference on Autonomous Unmanned Systems (ICAUS), 2023: 3186-3195.

[113] Toan V N, Jeong J H, Jo J. An efficient approach for the elevator button manipulation using the visual-based self-driving mobile manipulator[J]. Industrial Robot: The International Journal of Robotics Research and Application, 2023,50(1):84-93.

[114] Bildstein H, Durand-Petiteville A, Cadenat V. Multi-camera Visual Predictive Control Strategy for Mobile Manipulators[C]//2023 AIM IEEE/ASME International Conference on Advanced Intelligent Mechatronics. IEEE,2023: 476-482.

[115] Rizzi G, Chung J J, Gawel A, et al. Robust Sampling-Based Control of Mobile Manipulators for Interaction with Articulated Objects[J]. IEEE Transactions on Robotics, 2023,39(3):1929-1946.

[116] Hamad M, Kurdas A, Mansfeld N, et al. Modularize-and-Conquer: A Generalized Impact Dynamics and Safe Precollision Control Framework for

Floating-Base Tree-Like Robots[J]. IEEE Transactions on Robotics, 2023, 39(4):3200-3221.

[117] Qin D D, Jin Z H, Wu X, et al. A Distributed Unscented Predictive Cooperation Approach for Networked Mobile Manipulators[J]. IEEE Transactions on Control of Network Systems, 2023,10(3): 1462-1471.

[118] Mazur V, Panchak S. Control System of Mobile Platform Manipulator[C]// 2023 17th International Conference on the Experience of Designing and Application of CAD Systems (CADSM). IEEE,2023.

[119] Kumar S A, Chand R, Chand R P, et al. Linear manipulator: Motion control of an n-link robotic arm mounted on a mobile slider[J]. Heliyon, 2023, 9(1): e12867.

[120] Rodriguez-Abreo O, Ornelas-Rodriguez F, Ramirez-Pedraza A, et al. Backstepping control for a UAV-manipulator tuned by cuckoo search algorithm [J]. Robotics and Autonomous Systems, 2022,147:103910.

[121] Osinde N O, Etievant M, Byiringiro J B, et al. Calibration of a multi-mobile coil magnetic manipulation system utilizing a control-oriented magnetic model[J]. Mechatronics, 2022,84:102774.

[122] Galicki M. Energy optimal control of mobile manipulators subject to compensation of external disturbance forces[J]. Mechanism and Machine Theory, 2022,167:104550.

[123] Zhu X, Ding C, Ren C, et al. Implementation of a robust data-driven control approach for an ommi-directional mobile manipulator based on koopman operator[J]. Measurement and Control, 2022,55(9/10):1143-1154.

[124] Algrnaodi M, Saad M, Saad M, et al. Extended state observer-based improved non-singular fast terminal sliding mode for mobile manipulators[J]. Transactions of the Institute of Measurement and Control, 2023:785-798.

[125] Mohammad Hosseini S, Ehyaei A F, Park J H, et al. A constrained model predictive controller for two cooperative tripod mobile robots[J]. Transactions of the Institute of Measurement and Control, 2023,45(10):1999-2011.

[126] Li M H, Qiao L J. A Review and Comparative Study of Differential Evolution Algorithms in Solving Inverse Kinematics of Mobile Manipulator[J]. Symmetry, 2023,15(5):1080.

[127] Wolf A, Romeder-Finger S, Szell K,et al. Towards robotic laboratory automation Plug & play: Survey and concept proposal on teaching-free robot integration with the lapp digital twin[J]. SLAS Technology, 2023, 28(2): 82-88.

[128] Chen H L, Zang X Z, Liu Y B, et al. A Hierarchical Motion Planning Method for Mobile Manipulator[J]. Sensors, 2023,23(15):6952.

[129] Liu T R, Ji Z W, Ding Y, et al. Real-Time Laser Interference Detection of Mechanical Targets Using a 4R Manipulator[J]. Sensors, 2023,23(5):2794.

[130] Vatavuk I, Stuhne D, Vasiljevic G, et al. Direct Drive Brush-Shaped Tool with Torque Sensing Capability for Compliant Robotic Vine Suckering[J]. Sensors, 2023,23(3):1195.

[131] Ji J J, Zhao J S, Misyurin S Y, et al. Precision-Driven Multi-Target Path Planning and Fine Position Error Estimation on a Dual-Movement-Mode Mobile Robot Using a Three-Parameter Error Model[J]. Sensors, 2023, 23(1):517.

[132] Fang Z G, Wu Y G, Su Y Y, et al. Omnidirectional compliance on cross-linked actuator coordination enables simultaneous multi-functions of soft modular robots[J]. Scientific Reports, 2023,13:12116.

[133] Sleiman J P, Farshidian F, Hutter M. Versatile multicontact planning and control for legged loco-manipulation[J]. Science Robotics, 2023, 8(81): eadg5014.

[134] Malvido Fresnillo P, Vasudevan S, Mohammed W M, et al. Extending the motion planning framework-MoveIt with advanced manipulation functions for industrial applications[J]. Robotics and Computer-Integrated Manufacturing, 2023,83:102559.

[135] Ning Y M, Li T J, Du W Q, et al. Inverse kinematics and planning/control co-design method of redundant manipulator for precision operation: Design and experiments [J]. Robotics and Computer-Integrated Manufacturing, 2023,80:102457.

[136] Förster J, Ott L, Nieto J, et al. Automatic extension of a symbolic mobile manipulation skill set[J]. Robotics and Autonomous Systems, 2023,165: 104428.

[137] Yang Y M, Merkt W, Ivan V, et al. Planning in Time-Configuration Space for Efficient Pick-and-Place in Non-Static Environments with Temporal Constraints[C]//2018 IEEE-RAS 18th International Conference on Humanoid Robots (Humanoids). IEEE, 2018:893-900.

[138] Yang Y. Motion synthesis for high degree-of-freedom robots in complex and changing environments[D]. Edinburgh: University of Edinburgh, 2017.

[139] Yang H, Staub N, Franchi A, et al. Modeling and Control of Multiple Aerial-Ground Manipulator System (MAGMaS) with Load Flexibility[C]//2018

25th IEEE/RSJ International Conference on Intelligent Robots and Systems (IROS). IEEE, 2018:4840-4847.

[140] Jung H R, Jeon J, Yumbla F, et al. Efficient Base Repositioning for Mobile Manipulation based on Inverse Reachability[J]. The Journal of Korea Robotics Society, 2021, 16(4): 313-318.

[141] Jin T. Design and Implementation of Back-stepping Control for Path Tracking of Mobile Manipulator of Logistics and Manufacturing[J]. Journal of The Korean Society of Industry Convergence, 2021,24(1):301-306.

[142] Jin J, Gong J Q. An interference-tolerant fast convergence zeroing neural network for dynamic matrix inversion and its application to mobile manipulator path tracking[J]. Alexandria Engineering Journal, 2021,60(1):659-669.

[143] Jin J. A robust zeroing neural network for solving dynamic nonlinear equations and its application to kinematic control of mobile manipulator[J]. Complex & Intelligent Systems, 2021,7: 87-99.

[144]Jiayu X. Stochastic Modeling for Mobile Manipulators[D]. Wisconsin: Marguette University, 2021.

[145] Jiao Z Y, Zhang Z Y, Wang W Q, et al. Efficient Task Planning for Mobile Manipulation: a Virtual Kinematic Chain Perspective[C]//2021 IEEE/RSJ International Conference on Intelligent Robots and Systems (IROS). IEEE, 2021:8288-8294.

[146] Jiao Z Y, Zhang Z Y, Jiang X, et al. Consolidating Kinematic Models to Promote Coordinated Mobile Manipulations[C]//2021 IEEE/RSJ International Conference on Intelligent Robots and Systems (IROS). IEEE,2021: 979-985.

[147] Jian S, Yang X S, Yuan X W, et al. On-Line Precision Calibration of Mobile Manipulators Based on the Multi-Level Measurement Strategy[J]. IEEE Access, 2021,9:17161-17173.

[148] Jang K, Kim S, Park J. Reactive Self-Collision Avoidance for a Differentially Driven Mobile Manipulator[J]. Sensors, 2021,21(3):890.

[149] Jang D, Yoo S. Integrated System of Mobile Manipulator with Speech Recognition and Deep Learning-based Object Detection[J]. Journal of Korea Robotics Society, 2021,16(3): 270-275.